国家"双高计划"水利水电建筑工程专业群系列教材

水力分析与计算

主　编　吴长春　王中雅
副主编　董相如　顾　颖　周　娟

中国水利水电出版社
www.waterpub.com.cn
·北京·

内 容 提 要

本书是中国特色高水平高职学校和专业建设计划（简称"双高计划"）水利水电建筑工程专业重点建设教材。按照"双高"专业——水利水电建筑工程及专业群人才培养方案要求，对照水力分析与计算课程教学标准编写。根据水利水电工程中水力分析与计算的工作任务组织教材内容，各项目学习内容均明确知识目标、能力目标和素养目标，并附课后测试题和知识拓展内容，以及微课资源。本书共有水力分析与计算导学、静水压强与静水总压力分析与计算、水动力学基础、有压管道水力分析与计算、明渠水流水力分析与计算、堰闸泄流能力分析与计算和泄水建筑物下游消能水力分析与计算7个学习项目。

本书可作为高职水利水电建筑工程及专业群教材，也可供水利类各相关专业教学使用，同时可作为水利工程技术人员的参考用书。

图书在版编目（CIP）数据

水力分析与计算 / 吴长春，王中雅主编. -- 北京：中国水利水电出版社，2023.7
ISBN 978-7-5226-1692-6

Ⅰ.①水… Ⅱ.①吴… ②王… Ⅲ.①水力计算－高等职业教育－教材 Ⅳ.①TV131.4

中国国家版本馆CIP数据核字(2023)第141867号

书　　名	国家"双高计划"水利水电建筑工程专业群系列教材 **水力分析与计算** SHUILI FENXI YU JISUAN
作　　者	主　编　吴长春　王中雅 副主编　董相如　顾　颖　周　娟
出版发行	中国水利水电出版社 （北京市海淀区玉渊潭南路1号D座　100038） 网址：www.waterpub.com.cn E-mail：sales@mwr.gov.cn 电话：（010）68545888（营销中心）
经　　售	北京科水图书销售有限公司 电话：（010）68545874、63202643 全国各地新华书店和相关出版物销售网点
排　　版	中国水利水电出版社微机排版中心
印　　刷	天津嘉恒印务有限公司
规　　格	184mm×260mm　16开本　13.5印张　329千字
版　　次	2023年7月第1版　2023年7月第1次印刷
印　　数	0001—3000册
定　　价	**49.00元**

凡购买我社图书，如有缺页、倒页、脱页的，本社营销中心负责调换
版权所有·侵权必究

前 言

本书是国家"双高计划"水利水电建筑工程专业课程改革重要成果之一。为贯彻落实《职业教育法》、国务院印发的《国家职业教育改革实施方案》、教育部财政部发布的《关于实施中国特色高水平高职学校和专业建设计划的意见》、教育部印发的《高等职业学校专业教学标准》和全国职业教育大会精神，全书以学生能力培养为主线，以实际工程案例为载体，以工作任务为导向，融入课程思政元素，践行"三教"改革，具有鲜明的时代特点，体现出实用性、实践性、创新性的教材特色，是一部紧密联系工程实际，面向高等职业院校水利工程类专业教学的立体化教材。

本书立足高职水利教育实际，基于水利水电工程设计、施工、管理中水力分析与计算工作任务，依据水利水电行业相关规范，以培养学生的岗位技能为目标，以具体工程案例为载体组织教材内容，构建学习项目，做到理论与实践融合，力求突出学生在工程应用中的水力分析与计算工作技能培养，每个项目后附有配套测试题和知识拓展内容，并对一些知识重点、难点和重要例题增加了二维码链接。

本书由安徽水利水电职业技术学院吴长春、王中雅任主编并统稿，全书共7个项目，编写人员及分工如下：董相如编写项目一，董相如、刘磊编写项目二，顾颖、涂有笑编写项目三，周娟、吴长春编写项目四，王中雅、仇娟娟编写项目五，吴长春、刘珊编写项目六，刘双编写项目七。由合肥大学吴延枝、安徽省长丰县重点工程建设管理中心朱建华担任主审。

本书编写过程中，专业建设团队的各位领导和全体老师提出了许多宝贵意见，学院领导也给予了大力支持，同时得到安徽省水利水电勘测设计研究总院有限公司、安徽水安建设集团股份有限公司和安徽省引江济淮集团有限公司的大力帮助，并参考了很多著作、教材，在此对提供帮助的同仁及资料、著作、教材的作者，一并致以最诚挚的感谢。

由于编者水平有限，书中难免存在不足之处，恳请广大师生和读者对书中存在的缺点和疏漏，提出批评指正，编者不胜感激。

编者

2023 年 5 月

"行水云课"数字教材使用说明

"行水云课"水利职业教育服务平台是中国水利水电出版社立足水电、整合行业优质资源全力打造的"内容"＋"平台"的一体化数字教学产品。平台包含高等教育、职业教育、职工教育、专题培训、行水讲堂五大版块，旨在提供一套与传统教学紧密衔接、可扩展、智能化的学习教育解决方案。

本套教材是整合传统纸质教材内容和富媒体数字资源的新型教材，将大量图片、音频、视频、3D动画等教学素材与纸质教材内容相结合，用以辅助教学。读者登录"行水云课"平台，进入教材页面后输入激活码激活，即可获得该数字教材的使用权限。可通过扫描纸质教材二维码查看与纸质内容相对应的知识点多媒体资源，完整数字教材及其配套数字资源可通过移动终端App、"行水云课"微信公众号或中国水利水电出版社"行水云课"平台查看。

内页二维码具体标识如下：

- Ⓐ为平面动画
- ▶为知识点视频
- Ⓣ为试题
- Ⓡ为拓展阅读

资 源 索 引

序 号	资 源 名 称	资源类型	页 码
1.1	水力分析与计算导学（上）	视频	2
1.2	水力分析与计算导学（下）	视频	9
1.3	项目1能力与素质训练题	文档	10
2.1	作用于曲面壁上的静水总压力	视频	31
2.2	作用于曲面壁上的静水总压力-例题	视频	33
2.3	项目2能力与素质训练题	文档	33
3.1	拉格朗日法	视频	39
3.2	欧拉法与过水断面	视频	39
3.3	流线	视频	40
3.4	断面平均速度概念	视频	41
3.5	断面平均速度	视频	41
3.6	恒定流与非恒定流	视频	42
3.7	水流运动基本概念测验题	文档	44
3.8	恒定总流的连续方程	视频	44
3.9	恒定总流连续方程测验题	文档	45
3.10	总水头线和测压管水头线	视频	47
3.11	恒定总流能量方程习题讲解	视频	51
3.12	毕托管测流速	视频	52
3.13	文丘里泵	视频	52
3.14	恒定总流能量方程测验题	文档	53
3.15	恒定总流的动量方程讲解	视频	56
3.16	水头损失动画	视频	57
3.17	水头损失分类及产生原因测验题	文档	57
3.18	雷诺实验	视频	58
3.19	雷诺实验动画	动画	58
3.20	穿越时空的湍流之旅	拓展阅读	58
3.21	层流与紊流测验题	文档	60

续表

序 号	资源名称	资源类型	页 码
3.22	尼古拉兹实验	视频	60
3.23	水头损失计算测验题	文档	66
3.24	水动力学客观题测试	文档	66
3.25	项目3能力与素质训练题	文档	68
4.1	总水头线和测压管水头线的绘制方法	视频	76
4.2	虹吸现象	视频	79
4.3	虹吸计算案例	视频	80
4.4	树状管网水力计算	视频	97
4.5	水击现象	视频	99
4.6	项目4能力与素质训练题	文档	106
5.1	过水断面水力要素	视频	112
5.2	项目5明渠均匀流测试题	文档	118
5.3	Excel试算法求水深	视频	122
5.4	Excel迭代法求水深	视频	122
5.5	渠道水力最佳断面	视频	123
5.6	水力最佳断面测试题	文档	124
5.7	明渠均匀流水力计算测试题	文档	126
5.8	Fr 计算例题	视频	129
5.9	流态判别法总结	视频	132
5.10	流态判别计算例题	视频	132
5.11	用Excel计算临界水深	视频	135
5.12	水跃、水跌概念、现象	视频	136
5.13	水面曲线分类	视频	142
5.14	水面曲线绘制1	视频	146
5.15	水面曲线绘制2	视频	146
5.16	Excel计算水面曲线	视频	149
5.17	项目5明渠水流测试题	文档	149
6.1	堰流、闸流判别	视频	153
6.2	堰流基本类型	视频	154
6.3	项目6任务2习题	文档	157

续表

序　号	资　源　名　称	资源类型	页码
6.4	矩形薄壁堰水力分析与计算	视频	157
6.5	项目 6 任务 3 习题	文档	158
6.6	真空、非真空实用堰	视频	160
6.7	项目 6 任务 4 习题	文档	165
6.8	有坎宽顶堰系数确定	视频	168
6.9	有坎宽顶堰水力计算案例	视频	170
6.10	项目 6 任务 5 习题	文档	171
6.11	闸孔出流判别	视频	173
6.12	闸孔出流水力计算案例	视频	175
6.13	项目 6 任务 6 习题	文档	177
6.14	项目 6 能力与素质训练题	文档	178
7.1	三种消能方式的比较	视频	181
7.2	项目 7 任务 1 习题	文档	182
7.3	挖深式消力池池深及池长的计算	视频	187
7.4	挖深式消力池池深 Excel 计算演示	视频	190
7.5	项目 7 任务 2 习题	文档	196
7.6	项目 7 任务 3 习题	文档	200
7.7	项目 7 能力与素质训练题	文档	200

目 录

前言
"行水云课"数字教材使用说明
资源索引

项目1　水力分析与计算导学 ……………………………………………… 1
　任务1　水力学的任务与研究对象 ……………………………………… 1
　任务2　连续介质假说和理想液体的概念 ……………………………… 2
　任务3　液体的主要物理力学性质 ……………………………………… 3
　任务4　作用在液体上的力 ……………………………………………… 9
　项目1能力与素质训练题 ………………………………………………… 10

项目2　静水压强与静水总压力分析与计算 ……………………………… 12
　任务1　静水压强及其特性 ……………………………………………… 13
　任务2　静水压强的基本规律 …………………………………………… 14
　任务3　静水压强的表示方法及测算 …………………………………… 18
　任务4　作用于平面壁上的静水总压力 ………………………………… 24
　任务5　作用于曲面壁上的静水总压力 ………………………………… 29
　项目2能力与素质训练题 ………………………………………………… 33

项目3　水动力学基础 ……………………………………………………… 38
　任务1　水流运动的基本概念 …………………………………………… 39
　任务2　恒定总流的连续方程 …………………………………………… 44
　任务3　恒定总流的能量方程 …………………………………………… 45
　任务4　恒定总流的动量方程 …………………………………………… 53
　任务5　水头损失的分析与计算 ………………………………………… 56
　项目3能力与素质训练题 ………………………………………………… 66

项目4　有压管道水力分析与计算 ………………………………………… 70
　任务1　简单短管水力计算 ……………………………………………… 71
　任务2　短管应用举例 …………………………………………………… 79
　任务3　长管水力计算 …………………………………………………… 85

任务4　水击现象分析 …………………………………………………………… 99
　　项目4能力与素质训练题 …………………………………………………………… 106

项目5　明渠水流水力分析与计算 …………………………………………………… 110
　　任务1　明渠均匀流的水力计算 …………………………………………………… 110
　　任务2　明渠非均匀流的水力计算 ………………………………………………… 127
　　项目5能力与素质训练题 …………………………………………………………… 149

项目6　堰闸泄流能力分析与计算 …………………………………………………… 152
　　任务1　概述 ………………………………………………………………………… 153
　　任务2　堰流的水力计算 …………………………………………………………… 154
　　任务3　薄壁堰流的水力计算 ……………………………………………………… 157
　　任务4　实用堰流的水力计算 ……………………………………………………… 158
　　任务5　宽顶堰流基本公式的应用 ………………………………………………… 165
　　任务6　闸孔出流的水力计算 ……………………………………………………… 173
　　项目6能力与素质训练题 …………………………………………………………… 178

项目7　泄水建筑物下游消能水力分析与计算 …………………………………… 180
　　任务1　下泄水流特点及消能方式 ………………………………………………… 181
　　任务2　底流式消能水力分析与计算 ……………………………………………… 182
　　任务3　挑流式消能的水力分析与计算 …………………………………………… 197
　　项目7能力与素质训练题 …………………………………………………………… 200

参考文献 ……………………………………………………………………………… 202

项目 1

水力分析与计算导学

【知识目标】

水力分析与计算的研究对象及任务；液体的主要物理性质；连续介质和理想液体的概念；作用在液体上的力。

【能力目标】

了解工程中的水力分析与计算的性质和任务；能区分理想液体和实际液体。

【素养目标】

善于表达个人观点和见解；激发探索科学问题的兴趣，培养家国情怀，增强职业自豪感。

【项目导入】

古往今来，治水为先；中华文明，以水为鉴。从大禹治水到李冰修建都江堰，从大运河到举世瞩目的三峡工程，从 2000 多年前的灵渠、郑国渠到现代的南水北调、白鹤滩水电站，水利工程不是一时一地之建筑，而是千秋万代之事业，它的作用也已由最初的治水灌溉及军事之用到如今的发展经济及生态保护。水利兴则国运兴，兴水治水是社会发展和人民幸福的重要保障。大型水利工程需要用到哪些水力学知识？它们是如何在各个方面发挥作用的？工程水力学的用途即是用其理论解决水利工程中的实际问题。

都江堰 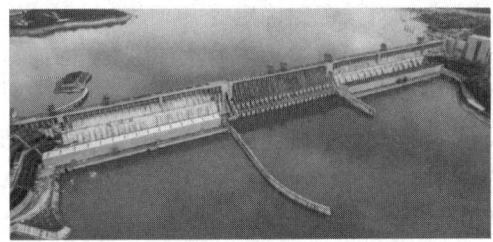　　　　　　　　　　三峡工程

任务 1　水力学的任务与研究对象

1.1.1　水力分析与计算的任务及研究对象

水力分析与计算的任务是研究液体的机械运动规律及应用这些规律分析水流，解

决实际工程的水力计算问题。水力学是力学的分支，包括水静力学和水动力学。

（1）水静力学研究液体在静止或相对静止状态下的力学规律及其应用，探讨液体内部压强分布、液体对固体接触面的压力、液体对浮体和潜体的浮力及浮体的稳定性，以解决蓄水容器、输水管渠、挡水建筑物、沉浮于水中的构筑物（如水池、水箱、水管、闸门、堤坝、船舶等）的静水压力计算问题。

（2）水动力学研究液体在运动状态下的力学规律及其应用，主要探讨管流、明渠流、堰流、孔口流、射流、渗流的流动规律，以及流速、流量、水深、压力、水工建筑物结构尺寸的水力计算，以解决给水排水、道路桥涵、农田排灌、水力发电、防洪排涝、河道整治、水资源工程、环境保护工程、港口工程、航运、交通、石油化工中的水力学问题。

1.1.2　水力分析与计算主要解决的问题

水利工程是指为了控制、调节和利用水资源，以达到除害兴利的目的而兴建的拦河坝、水闸、渡槽、输水管道、渠道等水工建筑物的各种工程。水力分析与计算是解决与液体运动有关的各种工程技术问题的重要手段，水力分析与计算在水利水电工程的勘测、规划、设计、施工和运营管理中得到广泛的应用。工程中所遇到的水力学问题各式各样，但基本问题可以归结为如下几个方面：

（1）水力荷载问题。包括静水压力、动水压力、渗透压力等，这是水工建筑物稳定分析和结构计算必需的依据之一。

（2）过水能力问题。输水及泄水建筑物、河渠、管道等的断面形式及尺寸的确定，是水力学的一项基本任务。

（3）水能利用和能量损失问题。分析水流能量转换中的能量损失规律，研究充分利用水流有效能量的方式与方法和减少水流运动过程中能量损失的措施。

（4）水流的流动形态问题。研究和改善水流通过河渠、水工建筑物及其附近的水流形态，为合理布置建筑物，并保证其正常运用提供理论依据。

（5）河渠水面曲线计算的问题。如河道、渠道、溢洪道中的水面曲线计算，水库回水曲线淹没范围确定等。

（6）水工建筑物下游水流衔接与消能问题。计算溢流坝、溢洪道、水闸和跌水等建筑物下游的水流衔接和消能问题。

（7）水力学研究的其他问题。如管、渠非恒定流，高速水流中的空蚀、振动、掺气，挟沙水流，波浪运动，水工建筑物的渗流问题等。

任务 2　连续介质假说和理想液体的概念

1.2.1　液体的基本特征

自然界的物质大都由分子所组成，它们一般有三种存在状态，即固体、液体和气体。固体分子间距很小，内聚力很大，所以能保持固定形状和体积，能承受拉压和剪切作用。液体分子间距比固体大、比气体小，内聚力比固体小得多、比气体大得多，故液体易发生变形或流动，不能保持固定的形状，但能保持一定的体积，能承压而不能受拉。气体分子间距最大、内聚力最小，它可以任意扩散并总是充满其所占据的空间，极易膨胀和压缩，没有固定的形状，且形状和体积都容易发生明显变化。

1.2.2 连续介质假说

肉眼看到的液体是连成一片没有空隙、充满所占空间的连续物体，但现代物理学对微观世界的研究发现液体和任何物质一样，是由大量分子所组成，并且分子与分子之间并不是一个紧挨着一个没有空隙的。

水力学在研究液体运动时，只研究液体整体的宏观运动而不研究液体分子的微观运动。这是因为分子间空隙的距离与工程上研究的液体整体尺寸相比，是极为微小的，常温下，每立方厘米的水中约含有 3.34×10^{22} 个水分子，相邻分子间距离约为 3.1×10^{-8} cm。因此，在水力学中，不考虑分子间距离，认为液体是由大量一个挨着一个的质点构成的，中间并无空隙的连续体。水力学所研究的液体运动就是连续介质的连续运动。液体质点可以近似地看成一个含有大量分子的在空间无限小的几何点。实践证明，利用连续介质概念得出的有关液体运动规律的理论与实际相符。

将液体视为连续介质的观点是由瑞士学者欧拉（Euler）在 1755 年提出的。高等数学对函数进行微积分运算必须满足连续性条件。把液体当作连续介质，液流中的一切物理量（如速度、压强、密度等）都可以看成是空间坐标和时间的连续函数，这样在研究液体运动规律时，就可以利用高等数学连续函数微积分的分析方法，给水力学研究带来极大的方便。

水力分析与计算是为水利工程服务的，工程实际的流动问题属于宏观的流动问题，并不关心液体分子的微观运动，所以在水力分析与计算中引入了液体具有连续性的假定，即认为液体是由无数液体质点组成的中间没有空隙的连续介质。另外，在水力分析与计算中一般认为液体具有均匀等向性，液体的各个部分和各个方向的物理性质是一样的。这样就可以运用数学中的连续函数来分析水力分析与计算问题。实践证明，这一假定能满足工程中水力分析与计算问题的精度要求。

本课程研究的液体是一种易流动、不易压缩、均质等向的连续介质。

任务 3　液体的主要物理力学性质

水力学是研究液体机械运动规律的科学。本节仅讨论液体与机械运动有关的主要物理力学性质。

1.3.1 惯性、质量和密度

（1）惯性：液体与自然界其他物体一样具有惯性。惯性是保持原有运动状态的特性，即物体所具有的抵抗改变其原有运动状态的一种物理力学性质，其大小可用质量来量度。当液体受外力作用使其运动状态发生改变时，由于液体惯性引起对外界的反作用力称为惯性力。质量越大的物体，惯性越大，抵抗改变其原有运动状态的能力（即惯性力）也就越强。惯性力又可称为质量力，其单位是牛（N）或千牛（kN）。

（2）质量：质量是惯性大小的量度。

设物体的质量为 m、加速度为 a，其惯性力为

$$F = -ma \tag{1.1}$$

负号表示惯性力的方向与加速度的方向相反。

(3) 密度：单位体积所包含的液体质量。

对于均质液体，其密度为

$$\rho = \frac{m}{V} \tag{1.2}$$

式中 ρ——液体的密度，kg/m³；
  m——液体的质量，kg；
  V——液体的体积，m³。

对于非均匀质液体，其密度为

$$\rho = \rho(x,y,z) = \lim_{\Delta V \to 0} \frac{\Delta m}{\Delta V} \tag{1.3}$$

液体的密度随温度和压力变化，但这种变化很小，所以水力学中常把水的密度视为常数，即采用1个标准大气压下，4℃纯净水的密度（$\rho = 1000 \text{kg/m}^3$）作为水的密度。不同温度条件下水的密度见表1.1。

表1.1　　　　不同温度条件下水的物理性质（1个标准大气压）

温度 t /℃	容重 γ /(kN/m³)	密度 ρ /(kg/m³)	动力黏滞系数 μ /(10^{-3} Pa·s)	运动黏滞系数 ν /(10^{-6} m²/s)	体积压缩系数 β /(10^{-9} Pa)	体积弹性系数 K /(10^9 Pa)	表面张力系数 σ /(N/m)	汽化压强 /(kN/m²)
0	9.805	999.9	1.781	1.785	0.495	2.02	0.0756	0.60
5	9.807	1000.0	1.518	1.519	0.485	2.06	0.0749	0.87
10	9.804	999.7	1.307	1.306	0.476	2.10	0.0742	1.18
15	9.798	999.1	1.139	1.139	0.465	2.15	0.0735	1.70
20	9.789	998.2	1.002	1.003	0.459	2.18	0.0728	2.34
25	9.777	997.0	0.890	0.893	0.450	2.22	0.0720	3.17
30	9.764	995.7	0.798	0.800	0.444	2.25	0.0712	4.24
40	9.730	992.2	0.653	0.658	0.439	2.28	0.0696	7.38
50	9.680	988.0	0.547	0.553	0.437	2.29	0.0679	12.16
60	9.642	983.2	0.466	0.474	0.439	2.28	0.0662	19.91
70	9.589	977.8	0.404	0.413	0.444	2.25	0.0644	31.16
80	9.530	971.8	0.354	0.364	0.455	2.20	0.0626	47.34
90	9.466	965.3	0.315	0.326	0.467	2.14	0.0608	70.10
100	9.399	958.4	0.282	0.294	0.483	2.07	0.0589	101.33

1.3.2　重力和重度

任何物体之间都具有相互吸引力，这种吸引力称为万有引力。物体所受到地球的吸引力称为物体的重力，也称为物体具有的重量，其单位为N或kN。设物体的质量为M，重力加速度为g，则该物体的重量为

$$G = Mg \tag{1.4}$$

重力加速度 g 随地球纬度及高度的变化而变化，但其变化很小，通常取 $g=9.8\text{m/s}^2$。

单位体积液体的重力称为重度或容重，其公式为

$$\gamma=\frac{G}{V}=\frac{Mg}{V}=\rho g \tag{1.5}$$

式中　γ——液体的容重，N/m^3 或 kN/m^3。

液体的容重与密度一样随温度和压强的变化而变化，但变化量很小。工程应用中常将液体容重视为常数。工程实践中采用温度为 4℃、压强为 1 个标准大气压时水的容重值（$\gamma=9800\text{N/m}^3$ 或 $\gamma=9.8\text{kN/m}^3$）作为水的容重。不同温度条件下水的容重见表 1.1。

1.3.3 液体的黏滞性

1.3.3.1 液体黏滞性的概念

在物理学中已经了解到，当固体与固体之间存在相对运动时，就会在其接触面上产生摩擦力来反抗其相对运动，直到两个固体之间处于静止平衡状态。这种摩擦力是产生在两个固体之间的外力。

当液体处在运动状态时，如果液体内部质点之间存在着相对运动，那么液体质点之间就要产生一种摩擦力来反抗液体做相对运动，液体的这种性质称为液体的黏滞性，因这种摩擦力产生在液体的内部，所以称它为内摩擦力，内摩擦力也称为黏滞力。

由于黏滞性的存在，液体在运动过程中要克服内摩擦力做功而消耗能量，所以黏滞性是液体在流动过程中产生能量损失的根源。图 1.1（a）中液体沿固体壁面做平行

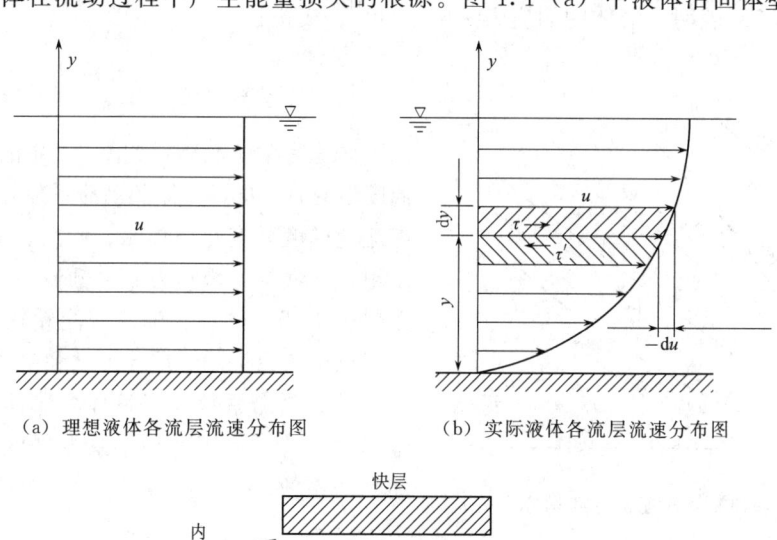

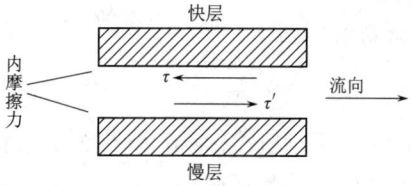

（a）理想液体各流层流速分布图

（b）实际液体各流层流速分布图

（c）相邻两流层相互作用图

图 1.1　液流横断面垂线上的流速分布图

直线流动，而且液体质点是一层一层有规则地向前流动，互相不混掺，液体的这种运动状态称为层流运动。由于固体引力及液体黏滞性的影响，固体壁面上的液体流速等于 0，离边界越远，流速越大。若距固体边界 y 处的流速为 u，相邻液层 $y+\mathrm{d}y$ 处液体的流速为 $u+\mathrm{d}u$，由于两相邻液层的流速不同，即存在相对运动，两流层之间将成对地产生内摩擦力。下层液体流速小，它作用于上层液体一个与流速方向相反的摩擦力，使其减速；而上层液体流速大，它对下层液体作用有一个与流速方向一致的摩擦力，使其流动加速，如图 1.1（b）所示。这两个摩擦力大小相等、方向相反。

1.3.3.2 牛顿内摩擦定律

1686 年，牛顿根据实验提出液体内摩擦定律即牛顿内摩擦定律：相邻两流层接触面上产生的内摩擦力 F_τ 与流层间接触面面积 A 和流速梯度 $\dfrac{\mathrm{d}u}{\mathrm{d}y}$ 的乘积成正比，并与液体的种类、性质有关，可表示为

$$F_\tau = \mu A \frac{\mathrm{d}u}{\mathrm{d}y} \tag{1.6}$$

单位面积上的内摩擦力称为黏滞切应力或切应力，用 τ 表示，则

$$\tau = \frac{F_\tau}{A} = \mu \frac{\mathrm{d}u}{\mathrm{d}y} \tag{1.7}$$

式中　μ——动力黏滞系数，$N \cdot s/m^2$ 或 $Pa \cdot s$；

$\dfrac{\mathrm{d}u}{\mathrm{d}y}$——流速梯度，反映流速沿 y 轴方向的变化程度，1/s。

式（1.7）表明，液体的切应力 τ 随 μ 和 $\dfrac{\mathrm{d}u}{\mathrm{d}y}$ 成正比。

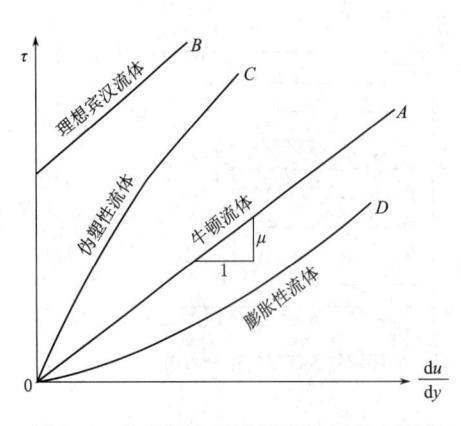

图 1.2　各种液体流速梯度与切应力关系

切应力 τ 随流速梯度 $\dfrac{\mathrm{d}u}{\mathrm{d}y}$ 按直线规律分布的液体称为牛顿流体，如图 1.2 中的线 A，当温度不变时，这类液体的黏滞系数是常数，不随流速梯度而变化，如水、酒精、苯、油类、水银、空气等；否则为非牛顿流体，如泥浆、血浆、牛奶、颜料、油漆、淀粉糊等。牛顿内摩擦定律只适用于层流运动和牛顿流体。

动力黏滞系数 μ 是液体黏滞性的一种度量形式，它还可用另一个系数来度量，即运动黏滞系数 ν：

$$\nu = \frac{\mu}{\rho} \tag{1.8}$$

ν 的单位为 m^2/s 或 cm^2/s，习惯上把 $1cm^2/s$ 称为 1 斯托克斯。

黏滞系数 μ 或 ν 反映了液体黏滞性的强弱，μ 或 ν 值大，黏滞性强；μ 或 ν 值小，黏滞性弱。液体黏滞性与液体的种类和温度有关。同一种液体，黏滞性对温度变化较为敏感，随温度的升高而降低；它受压强的影响很小，通常不予考虑。表 1.1 列出了

不同温度条件下水的黏滞系数 μ 和 ν 值。

设水的温度为 t，以 ℃ 计，则水的运动黏滞系数可用如下经验公式计算：

$$\nu = \frac{0.01775}{1+0.0337t+0.000221t^2} \tag{1.9}$$

注意：牛顿内摩擦定律的适用条件是做层流运动的牛顿流体，如水、空气、各种油类、酒精、水银等。对非层流状态下的牛顿流体或非牛顿流体（血浆、泥浆、尼龙、橡胶的溶液、颜料、油漆等）不适用。

【例 1.1】 如图 1.3 所示，面积为 0.5m^2 的平板在水面上以速度 $u=1\text{m/s}$ 沿水平方向运动，水层的厚度为 2mm，假设水层内的流速按直线分布，水的温度为 10℃，求平板受到的阻力。

解：因为水层内的流速按直线分布，则流速梯度 $\dfrac{\mathrm{d}u}{\mathrm{d}y}$ 等于常数，其计算为

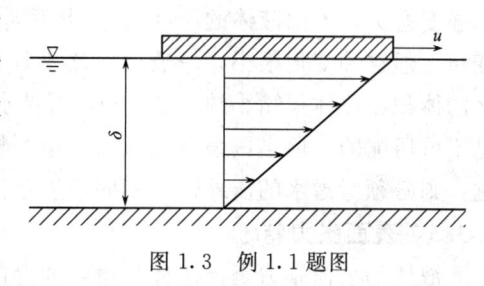

图 1.3 例 1.1 题图

$$\frac{\mathrm{d}u}{\mathrm{d}y} = \frac{1}{0.002} = 500(1/\text{s})$$

查表 1.1 可知，当温度为 10℃ 时，水的动力黏滞系数 $\mu=1.307\times10^{-3}\text{N}\cdot\text{s/m}^2$。根据牛顿内摩擦定律表达式，平板所受的阻力为

$$F_\tau = \mu A \frac{\mathrm{d}u}{\mathrm{d}y} = 1.307\times0.5\times500 = 0.327(\text{N})$$

1.3.4 压缩性

液体可以受压，但不能受拉。液体受压后体积缩小，压力撤除后又恢复原状的性质称为液体的压缩性或弹性，压缩性的大小可用体积压缩系数 β 或体积弹性系数 K 来表示。假设某液体在压强 P 下体积为 V，当所受的压强增加 $\mathrm{d}P$ 时，体积缩小了 $\mathrm{d}V$，则体积压缩系数为

$$\beta = -\frac{\dfrac{\mathrm{d}V}{V}}{\mathrm{d}P} \tag{1.10}$$

式中 $\dfrac{\mathrm{d}V}{V}$ 是液体体积相对变化率。当压强增大（$\mathrm{d}P$ 为正）时，液体体积必定减小（$\mathrm{d}V$ 为负），反之亦然，即 $\mathrm{d}V$ 与 $\mathrm{d}P$ 的符号总是相反的，为使 β 保持正值，式 (1.10) 右端加上负号。

体积压缩系数 β 的单位为 m^2/N 或 $1/\text{Pa}$。根据式 (1.10)，β 值越大，表示液体越易被压缩。

液体被压缩时，其质量 M 保持不变，即 $M=\rho V=$ 常数，故体积压缩系数 β 也可表示为

$$\beta = -\frac{\dfrac{\mathrm{d}\rho}{\rho}}{\mathrm{d}P} = -\frac{1}{\rho}\frac{\mathrm{d}\rho}{\mathrm{d}P} \tag{1.11}$$

体积压缩系数的倒数称为体积弹性系数，用 K 表示为

$$K = \frac{1}{\beta} = -\frac{dP}{\frac{dV}{V}} \tag{1.12}$$

体积弹性系数 K 的单位与压强相同，即为 N/m^2 或 Pa。K 值越大，表明液体越不易被压缩。当 $K \to \infty$，表示液体绝对不可压缩，不存在弹性变形。

体积压缩系数 β 和体积弹性系数 K 值均表示液体的压缩性，它们与液体的种类和温度有关，不同液体的 β 和 K 值也不同，同一种液体的 β 和 K 值随温度和压强而变化，但这种变化很小，一般可忽略不计。在普通水温下，每增加一个标准大气压，水的体积比原体积缩小约 1/21000，可见水的压缩性很小，故工程实践中一般认为水是不可压缩的。但当压强变化大而迅速等特殊情况发生时，如遇到输水管道的水击问题，则必须考虑水的压缩性。不同温度条件下水的 β 值和 K 值见表 1.1。

1.3.5 表面张力特性

液体的表面张力是指液体自由表面上的分子，一侧受液体分子的引力，而另一侧受其他介质（如气体或固体）的引力，由于两侧分子引力不平衡，使自由面上的液体分子受到微小拉力，这种拉力称为液体的表面张力。

表面张力仅在自由表面存在，是沿液体表面的切线方向，它将会影响液体表面的形状。由于表面张力很小，一般对液体的宏观运动影响可以忽略不计，只有在某些特殊情况下，如研究微小水滴的形成与运动、小尺度水力模型中的水流、水舌较薄而且曲率较大的堰流、细管中的水或土壤空隙中水的运动等，必须考虑表面张力的影响。

在小直径细管中，液体表面张力的现象十分明显，如图 1.4 所示。当液体内的引力小于它与管壁的附着力时，表面张力将使细管内液面下凹，液体上升；反之，当液体内的引力大于它与管壁的附着力时，表面张力将使细管内液面上凸、液体下降。

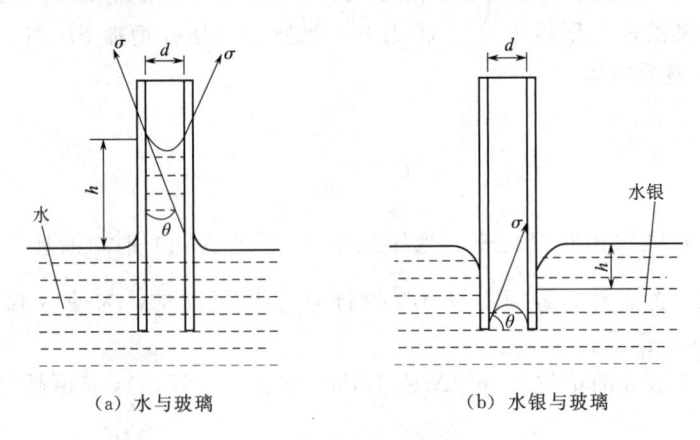

（a）水与玻璃　　　　（b）水银与玻璃

图 1.4　液体表面张力现象

图 1.4 中 σ 表示自由液面单位长度上所受拉力的数值，θ 为液面与固体壁面的接触角，沿管壁圆周上表面张力的垂直分力应该与升高液柱的重量相等。一般情况下，水与玻璃的接触角 $\theta_1 \approx 0°$，水银与玻璃的接触角 $\theta_2 = 139°$，这时玻璃管中水面高出容

器水面的高度 h 为 $h_1 = \dfrac{29.8}{d}$。

水银的毛细管液面的降低高度 h 为

$$h_2 = \frac{10.15}{d} \tag{1.13}$$

上述两式中，d 为毛细玻璃管的内径，d 和 h 均以 mm 计。在水位和压强量测时，毛细现象会引起量测误差，因此用毛细玻璃管量测水位和压强时，为减小毛细管作用引起的误差，测压管的内径不宜小于 10mm。

1.3.6 理想液体的概念

本项目任务 3 讨论了液体的主要物理性质，其中液体黏滞性的存在，给液体运动的分析和处理带来很大的困难。因此，为了使复杂的水力学问题得到简化，引入了理想液体的概念。

一般的水利工程不考虑液体的压缩性、表面张力特性和汽化压强，所以在研究液体运动规律时，是否考虑液体的黏滞性是理想液体和实际液体的根本差别。所谓理想液体，是指没有黏滞性的液体，这时液体的黏滞系数 $\mu = 0$，相应地把有黏滞性的液体称为实际液体。这样，在解决复杂的实际水流问题时，可以先不考虑液体黏滞性的影响，按理想液体进行分析，求得其运动规律，然后根据实际情况，对液体黏滞性的影响进行修正，得到实际液体的运动规律，并用来解决工程实际问题。这是水力学的一个重要研究方法。理想液体不会引起能量损失。

需要注意的是，理想液体是为了简化问题的处理而提出来的"假设"，理想液体实际并不存在。

任务 4　作用在液体上的力

液体运动状态的改变，是外力作用的结果。研究液体的运动状态，都要正确分析研究液体所受到的作用力。作用在液体上的力，按性质不同可以分为重力、惯性力、压力、黏滞力、表面张力等；如果按其作用特点，这些力又可分为表面力和质量力两大类。

1.4.1 表面力

表面力是作用在液体表面上，大小与受到作用的表面积成比例的力。如固体边界与液体之间的摩擦阻力，边界对液体的反作用力，一部分液体对相邻的那部分液体在接触面上的水压力等。表面力又可分为垂直于作用面的压力和平行于作用面的切力。表面力的大小常用单位面积上所受到的力（即应力）来表示，单位面积上垂直指向作用面的应力称为压应力（或压强）P，单位面积上平行于作用面的应力称为切应力 τ。压强 P 和切应力 τ 的单位为 N/m^2，也称为帕斯卡 (Pa)。

1.4.2 质量力

质量力是作用在每个液体质点上，其大小与液体的质量成比例的力。如重力、惯性力都属于质量力。在均质液体中，质量与体积成正比，故质量力又可称为体积力。

单位质量液体所受到的质量力，称为单位质量力，以符号 f 表示。质量为 M 的均质液体所受的总质量力为 F，则单位质量力为

$$f = \frac{F}{M} \tag{1.14}$$

若总质量力 F 在直角坐标系各轴上的投影分别为 F_x、F_y、F_z，则单位质量力 f 在相应坐标轴上的投影分量 f_x、f_y、f_z 可表示为

$$f_x = \frac{F_x}{M}, f_y = \frac{F_y}{M}, f_z = \frac{F_z}{M} \tag{1.15}$$

单位质量力与加速度的单位相同，为米/秒² （m/s²）。

项目1能力与素质训练题

1.1 水的重度 $\gamma = 9.71 \text{kN/m}^3$，黏滞系数 $\mu = 0.599 \times 10^{-3} \text{N} \cdot \text{s/m}^2$，求其运动黏滞系数 ν。空气的重度 $\gamma = 11.5 \text{N/m}^3$，$\nu = 0.157 \text{cm}^3/\text{s}$，求其黏滞系数。

1.2 水的体积弹性系数为 $1.962 \times 10^9 \text{Pa}$，其体积相对压缩率为 1‰ 时，求压强增量 ΔP 相当于多少个工程大气压？

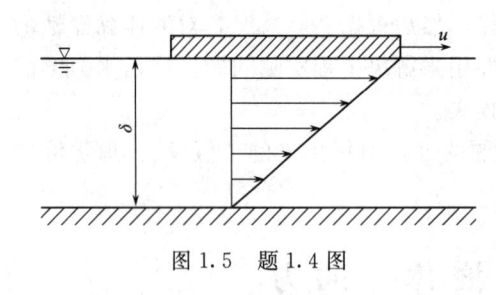

1.3 容积为 4m^3 的水，温度不变，当压强增加 $4.905 \times 10^5 \text{Pa}$ 时，容积减少 1000cm^3，求水的体积压缩系数 β 和体积弹性系数 K。

1.4 图 1.5 所示平板在油面上做水平运动，已知运动速度 $u = 1 \text{m/s}$，板与固定边界的距离 $\delta = 1 \text{mm}$，油的黏滞系数 $\mu = 1.15 \text{N} \cdot \text{s/m}^2$，由平板所带动的油层的运动速度呈直线分布，求作用在平板单位面积上的黏滞阻力为多少？

图1.5 题1.4图

【素质训练】

1.5 简述水力分析与计算能解决水利工程中的哪些问题？

【拓展阅读】

李 冰 和 都 江 堰

《管子》记载："水者何也？万物之本原也，诸生之宗室也"。中华文明的发展与治水有着极为密切的关系。几千年来，中华民族在农耕文明的发展中，逐水而居，所创造的一切物质财富和精神财富都包含着治水的成果。除了中华文明以外，地球上各个古老文明，如古埃及文明、古印度文明、两河文明等都是以大江大河为摇篮，逐渐发展起来的。

一方水土养育一方人，华夏水土养育华夏人民，灿烂的水文化里，你知道的治水故事有哪些呢？

秦昭王时，李冰为蜀郡守，率民众凿穿玉垒山引水。李冰带领民众以火烧石，使岩石爆裂，终于在玉垒山凿出了个山口。因其形状酷似瓶口，故取名"宝瓶口"。李冰在开凿完宝瓶口以后，又在岷江中修筑分水堰，将江水分为两支，一支顺江而下，另一支引入宝瓶口。由于分水堰前端的形状好像一条鱼的头部，所以被称为"鱼嘴"。鱼嘴能起到分配内外江水量的作用，进行"四六分水"。为了进一步控制流入宝瓶口的水量，李冰又在鱼嘴分水堰的尾部，靠近宝瓶口的地方，修建了分洪用的平水槽和"飞沙堰"溢洪道。

在李冰的组织带领下，人们克服重重困难，终于建成了这一造福成都平原2000余年的水利工程——都江堰。

项目 2

静水压强与静水总压力分析与计算

【知识目标】
掌握静水压强及其特性；掌握静水压强分析与计算；掌握静水总压力的计算。

【能力目标】
能根据工程概况，运用静水力学方程计算静水总压力；能根据实际情况，求解作用面上的静水总压力。

【素养目标】
培养自学能力、创新精神；科学严谨，善于计算；较好地写出总结报告。

【项目导入】
中国第一艘载人深潜器——"蛟龙"号在下潜的过程中，每下潜 10m 会增加约一个大气压，即增加 100000Pa 压强。当蛟龙号下潜至 7000m 深度时，外壳每平方米面积将承受相当于 7000t 左右的压力，相当于一座面积 100m^2、高 47 层楼的建筑的重量。

奋斗者号是中国研发的万米载人潜水器，于 2016 年立项，由"蛟龙"号、"深海勇士"号载人潜水器的研发力量为主的科研团队承担。2020 年 6 月 19 日，中国万米载人潜水器正式命名为奋斗者号。

2020 年 10 月 27 日，奋斗者号在马里亚纳海沟成功下潜突破 1 万 m，达到 10058m，创造了中国载人深潜的新纪录。11 月 10 日 8 时 12 分，奋斗者号在马里亚纳海沟成功坐底，坐底深度 10909m，刷新中国载人深潜的新纪录。11 月 13 日 8 时 4 分，"奋斗者"号载人潜水器在马里亚纳海沟再次成功下潜突破 10000m。如此深度，蛟龙号和奋斗者号需要承受多大水压力呢？这首先需要了解水深和水压的关系。

任务 1　静水压强及其特性

2.1.1　静水压力与静水压强

在实际工程和生活中，液体有两种静止状态，一是液体相对于地球处于静止状态，称为绝对静止状态，如水库、蓄水池中的水；二是液体相对于地球有运动，但液体质点之间、质点与边壁间没有相对运动，称为相对静止状态，如行驶中的水罐车中的水。以上两种静止状态的液体，其质点间都无相对运动，黏滞性不起作用（无内摩擦力），同时静止液体又不能承受拉力（否则会流动），故静止液体相邻两部分之间以及液体与固体壁面之间的表面力只有压力，例如在开启图 2.1 所示的闸门时，拖动闸门需要很大的拉力，其主要原因是水给闸门作用了很大的压力，使闸门紧贴壁面所致。

实践证明，静止液体对壁面的总压力大小不仅与受压面的面积有关，还与壁面所处方位有关，且壁面上各处所受压力一般是不同的（壁面水平时例外）。为了研究静止液体压力在受压面上的分布情况，下面引入静水压力及点静水压强概念。

水力学中把静止液体产生的压力称为静水压力，用大写字母 P 表示。在图 2.1 所示的平板闸门上任取一点 K，围绕 K 点取一微小面积 ΔA，作用于该面积上的静水压力为 ΔP，当 ΔA 趋近于 0 时，则平均压强 $\Delta P/\Delta A$ 的极限称为 K 点的静水压强，用小写字母 p 表示，即

$$p = \lim_{\Delta A \to 0} \frac{\Delta P}{\Delta A} \tag{2.1}$$

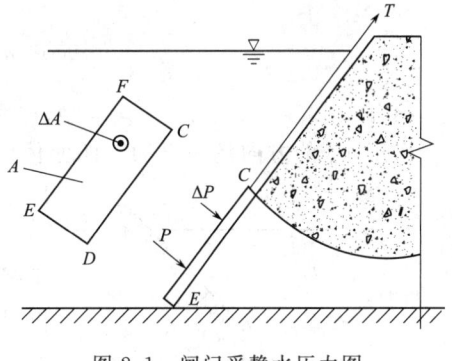

图 2.1　闸门受静水压力图

注：水力学中的压强，如果不特别说明，一般指点压强。

2.1.2　静水压强的特性

静水压强有两个重要特性。

2.1.2.1　静水压强的方向永远垂直并指向受压面

因静止液体不能承受剪切力和拉力，如果静水压强的方向不是垂直并指向作用面，则液体将受到剪切力（斜向力沿作用面方向的分力）或拉力（力的方向背离作用面），液体将不能保持静止状态而产生流动，因此，静水压强的方向必然垂直并指向作用面。

2.1.2.2　静止液体中任一点所受各个方向的压强大小相等

为证明这一特性，在静止液体中取微小四面体 $OABC$，如图 2.2 所示。取四面体的三个边 OA、OB、OC 相互垂直且分别与 OX、OY、OZ 轴重合，长度分别为 dx、dy、dz。

作用于四面体的四个面 OBC、OAC、OAB 及 ABC 上的平均静水压强分别为

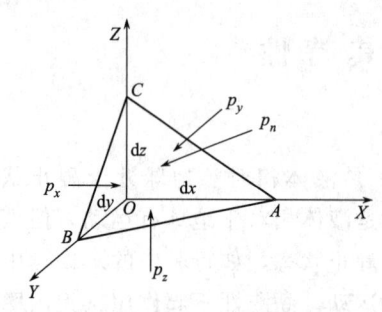

p_x、p_y、p_z 及 p_n，四面体所受的质量力仅有重力。以 dA 代表 $\triangle ABC$ 的面积，由于液体处于静止状态，所以四面体在3个坐标方向上所受外力的合力均等于0，即

$$\frac{1}{2}p_x dydz - p_n dA\cos(n,x) = 0$$

$$\frac{1}{2}p_y dxdz - p_n dA\cos(n,y) = 0$$

图 2.2 静止液体中微小四面体受力图

$$\frac{1}{2}p_z dxdy - p_n dA\cos(n,z) - \frac{1}{6}\gamma dxdydz = 0$$

当 dx、dy、dz 趋于0时，p_x、p_y、p_z 和 p_n 即为作用于 O 点而方向不同的静水压强。因 $\frac{1}{6}\gamma dxdydz$ 属于三阶微量，可以忽略不计，且由于

$$dA\cos(n,x) = \frac{1}{2}dydz$$

$$dA\cos(n,y) = \frac{1}{2}dxdz$$

$$dA\cos(n,z) = \frac{1}{2}dydx$$

则有 $\qquad p_x = p_y = p_z = p_n$

由于 p_n 的方向是任意的（四面体的斜面 $\triangle ABC$ 可任意取），所以上式就说明作用于 O 点各个方向的静水压强的大小均相等。

静水压强的第二特性表明：静止液体中各点压强的大小仅随空间位置的变化而变化，或者说仅是空间坐标的函数，即 $p = p(x, y, z)$。例如，在图 2.3 中的边壁转折处 B 点，对不同方位的受压面来说，其静水压强的作用方向不同（各自垂直于它的受压面），但静水压强的大小是相等的，即 $p_B = p'_B$。

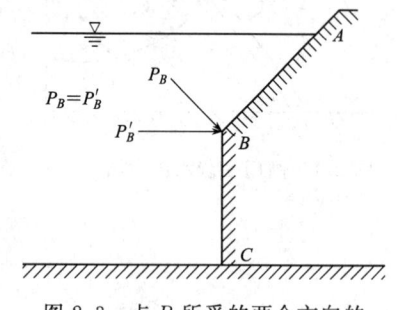

图 2.3 点 B 所受的两个方向的静水压强图

静水压强的两个特性对后面研究静止液体的力学规律是非常重要的。

任务 2 静水压强的基本规律

2.2.1 静水压强基本方程

任务1讨论了静止液体中某一点的压强特性，那么静止液体中各点的压强大小与什么有关？变化规律如何？下面以绝对静止状态的液体（质量力仅有重力）为研究对象，通过力学分析的方法做进一步探讨。

首先来研究静止液体中任意两点的压强关系。如图 2.4 所示，在质量力仅有重力的静止液体中选同一铅垂线上的任意 1、2 两点，两点高差为 Δh，对应的水深分别为 h_1 和 h_2。围绕 2 点取水平微小面积 ΔA，取以 ΔA 为底、Δh 为高的铅直小液柱作为脱离体。

(a) 同一铅垂线上的任意 1、2 两点　　　　(b) 脱离体

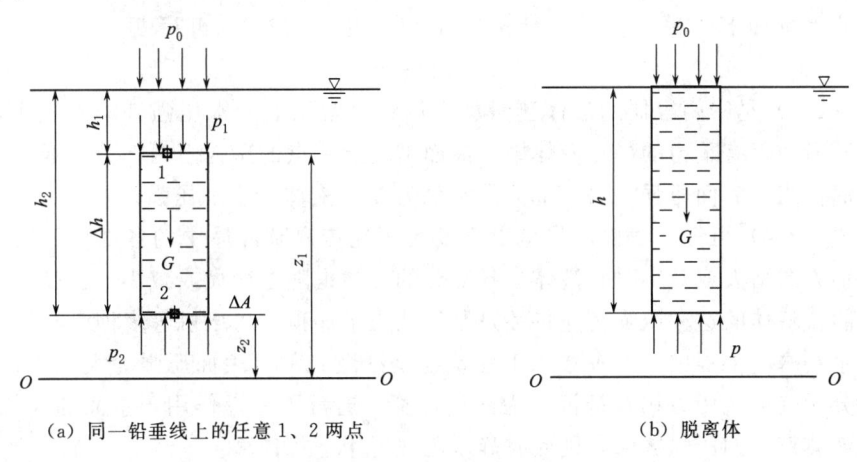

图 2.4　同一铅垂线上的任意 1、2 两点及脱离体

因所取脱离体为铅直小液柱，其侧面皆为铅直面，故侧面所受水压力均为水平方向的力。又由于小液柱处于静止状态，所以其侧面上各部分的水压力必相互平衡（水平方向上合力为零）。由受力分析可知，脱离体铅垂方向上共受三个力：

(1) 小液柱的自重（即重力）：$G=\gamma\Delta h\Delta A$，方向铅直向下。

(2) 小液柱上表面所受静水总压力：因 ΔA 很小，可认为该面积上各点的压强相等，所以静水总压力为 $p_1\Delta A$，方向铅直向下。

(3) 小液柱底面所受静水总压力：$p_2\Delta A$，方向铅直向上。

则铅垂方向的静力平衡方程为

$$p_2\Delta A - p_1\Delta A - \gamma\Delta h\Delta A = 0$$

方程两边同除以 ΔA 并整理得

$$p_2 - p_1 = \gamma\Delta h$$

或　　　　　　　　　　　　　$p_2 = p_1 + \gamma\Delta h$ 　　　　　　　　　　　(2.2)

因为 p_2 是在下面一点的水深，p_1 是在上面一点的水深，Δh 是两点之间的水深差，所以为便于理解、记忆，将式（2.2）改为

$$p_下 = p_上 + \gamma\Delta h \tag{2.3}$$

式（2.3）是静水压强基本方程。

式（2.3）表明：在质量力仅有重力的静止液体中，水深在下面一点的压强 $p_下$ 等于其上面一点的压强 $p_上$ 加上其中间（两点之间）液体产生的压强 $\gamma\Delta h$。由式（2.3）变形可得：$p_上=p_下-\gamma\Delta h$，$\gamma\Delta h=p_下-p_上$（三部分压强可简单记忆为上、中、下的关系）。式（2.3）适用于水、油、酒精、水银、气体（低于音速）等。这就如同物理学中三块不同密度的木块叠放在一起一样，越向下受到的压力越大，越向上受到的压力越小。但与固体不同的是，流体密度大的一定要在下面，密度小的一定要在上

面。如气体、汽油、水,自上而下一定是气体、汽油、水。显然,当两点位于同一水平面($\Delta h=0$)时,其静水压强相等。

取脱离体如图2.4(b)所示,上点位于液面,若液面压强以p_0表示,则$p_上=p_0$,下点为液面下任意一点,$p_下=p$,$\Delta h=h$,则式(2.3)可写成

$$p = p_0 + \gamma h \tag{2.4}$$

式(2.4)是密闭容器的液体测量静水压强时常用的静水压强基本方程式,它表明:在质量力仅有重力的静止液体中,液面下任意一点的压强由两部分组成,一部分是从液面传来的表面压强,另一部分是水深为h的液体产生的压强。

由式(2.4)可知,表面压强可以不变大小地传递到液体中的各部分。当表面压强以某种方式增大或减小时,液体中各部分的压强也随之增大或减小,这就是帕斯卡原理。静止液体的这一压强传递特性是制作油压千斤顶、水压机等多种机械的原理。

在水利水电工程中,大多数水工建筑物是开敞式的(表面压强为大气压),建筑物各部分所受大气压力相互抵消。为简化计算,通常不考虑作用于水面的大气压强,只计算液体产生的压强数值,则此时静水压强可用下式计算:

$$p = \gamma h \tag{2.5}$$

上面各式中,任一点的位置是用水深h来表示的,工程中也常用位置高度来表示某点的位置。取某一水平面$O-O$作为基准面,任一点距基准面的铅垂距离即为该点的位置高度,用z来表示。由图2.4(a)可知,任意1、2两点的位置高差就等于其水深之差,即$z_1 - z_2 = \Delta h$,则式(2.2)可写为

$$p_2 - p_1 = \gamma(z_1 - z_2)$$

整理得

$$z_1 + \frac{p_1}{\gamma} = z_2 + \frac{p_2}{\gamma} \tag{2.6}$$

式(2.6)是静水压强基本方程的另一种表达式,它表明:

(1)在质量力仅有重力的静止液体中,位置高度z越大,压强越小;位置高度z越小,压强越大。

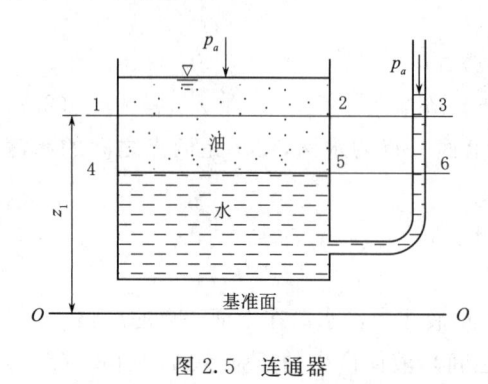

图2.5 连通器

(2)在均质($\gamma=$常数)、连通、质量力仅有重力的静止液体中,同一水平面($z=C$)必为等压面($p=C$),这就是通常所说的连通器原理。

应用连通器原理时应注意,并不是任意一水平面都是等压面,如果液体中间被气体或另一种液体隔离,或根本不是同一种液体,则同一水平面上各点压强并不相等。例如在图2.5中,1—2、4—5—6是等压面,而2、3虽然在同一水平面上,但因2、3点处的液体不同,所以不是等压面。

注意:静水压强基本方程适用于各种液体,但要注意计算时应代入相应液体的容重。几种常见液体的容重见表2.1。

表 2.1　　　　　　　　　　常 见 液 体 容 重

液体名称	温度/℃	容重/(kN/m³)	液体名称	温度/℃	容重/(kN/m³)
蒸馏水	4	9.8	水　　银	0	133.3
普通汽油	15	6.57～7.35	润 滑 油	15	8.72～9.02
酒　精	15	7.74～7.84	空　　气	20	0.0118

【例 2.1】　求水库中水深为 5m、10m 处的静水压强。

解：因水库表面压强为大气压，水的容重为 $\gamma=9.8\text{kN/m}^3$，则

水深为 5m 处　　　　　$p=\gamma h=9.8\times5=49(\text{kPa})$

水深为 10m 处　　　　$p=\gamma h=9.8\times10=98(\text{kPa})$

【例 2.2】　求液面为大气压的蒸馏水和水银中深度为 1m 处的静水压强各为多少？

解：由表 2.1 可知，蒸馏水和水银的容重分别为 9.8kN/m^3 和 133.3kN/m^3，则蒸馏水中深度为 1m 处的静水压强：

$$p=\gamma h=9.8\times1=9.8(\text{kPa})$$

水银中深度为 1m 处的静水压强：

$$p=\gamma h=133.3\times1=133.3(\text{kPa})$$

2.2.2　静水压强基本方程式的意义

2.2.2.1　静水压强基本方程式的几何意义

几何意义就是用几何上的高度概念来诠释静水压强基本方程式的意义。为了能直观反映静压方程的几何高度概念，在如图 2.6 所示盛有某种液体的容器中任选 1、2 两点，在其相应位置高度（z_1 和 z_2）的边壁上开两个小孔，孔口处各连接一垂直向上的开口玻璃管（通常称为测压管）。经观察发现，两测压管中均有液柱上升，且两管中液面齐平。测压管中液柱上升高度称为测压管高度，以 $h_{测}$ 表示（图 2.6），根据式（2.5）和连通器原理有

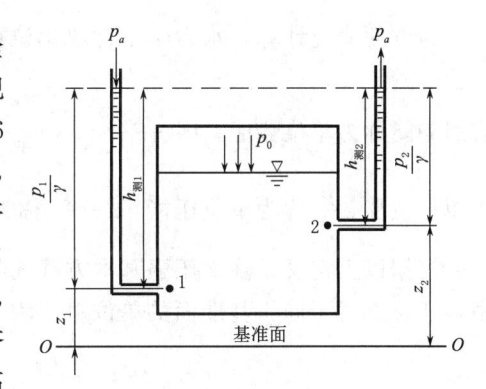

图 2.6　液体中的 1、2 两点

$$p_1=\gamma h_{测1},\; p_2=\gamma h_{测2}$$

因此　　　　　　　　$h_{测1}=\dfrac{p_1}{\gamma},\; h_{测2}=\dfrac{p_2}{\gamma}$

由上可知，压强与容重之比可用几何高度（测压管高度）来表示。测压管高度与测点处压强的大小及管中液体的容重有关，对同一种液体，测压管高度与压强成正比。

水力学中常把高度称作"水头"，如位置高度 z 称为位置水头，测压管高度 $h_{测}\left(\dfrac{p}{\gamma}\right)$ 称为压强水头，$z+\dfrac{p}{\gamma}$ 则称为测压管水头。

由式（2.6）可知，图2.6中1、2两点的测压管水头应相等，即两管中液面应齐平。所以式（2.6）的几何意义可表述为：质量力仅有重力的静止液体中，任意一点对同一基准面的测压管水头都相等（为一常数），或者说各测压管中液面位于同一水平面上。即

$$z + \frac{p}{\gamma} = C \tag{2.7}$$

常数 C 值的大小随基准面位置而变，基准面选定，C 值即可确定。

2.2.2.2 静水压强基本方程式的物理意义

由物理学可知：质量为 m、位置高度为 z 的物体，其位置势能（简称位能）为 mgz。它反映了重力对物体做功的本领。对于液体，因其内部存在压力，且压力也有做功的本领，因此液体还具有压力势能。例如在图2.6中，1点处质量为 m 的液体在压力作用下上升至测压管液面，压力势能转化为位置势能，因其上升高度为 $\frac{p_1}{\gamma}$，说明压力对液体所做功的大小为 $mg\frac{p_1}{\gamma}$，这说明质量为 m、压强为 p 的液体，其压力势能为 $mg\frac{p}{\gamma}$。所以，处于静止状态、质量为 m 的液体，其总势能为

$$mg + mg\frac{p}{\gamma}$$

为方便研究计算，水力学中常取单位重量液体作为研究对象，单位重量液体所具有的势能称为单位势能。因 $\frac{mgz}{mg} = z$，$\frac{mg\frac{p}{\gamma}}{mg} = \frac{p}{\gamma}$，$\frac{mgz + mg\frac{p}{\gamma}}{mg} = z + \frac{p}{\gamma}$，所以 z 称为单位位能，$\frac{p}{\gamma}$ 称为单位压能，$z + \frac{p}{\gamma}$ 称为单位总势能，简称单位势能，用 $E_{势}$ 表示。

根据以上定义，静水压强基本方程式的物理意义为：质量力仅有重力的静止液体中，任意点对于同一基准面的单位势能为一常数。即

$$E_{势} = z_1 + \frac{p_1}{\gamma} = z_2 + \frac{p_2}{\gamma} + \cdots = C \tag{2.8}$$

任务3　静水压强的表示方法及测算

2.3.1　静水压强的单位

在水力学中，压强有三种单位，即应力单位、大气压和液柱高度。

2.3.1.1　应力单位

从压强的定义出发，用单位面积上的力来表示，如 kN/m^2 或千帕（kPa）等。

2.3.1.2　以大气压表示

地球表面大气所产生的压强，称为大气压强。物理学中规定：以海平面的平均大气压760mm高水银柱为1个标准大气压（英文大气压缩写atm），其应力单位数值为

$$1atm = 1.033 kgf/cm^2$$

上式中 kgf/m² 为我国工程单位制中的压强单位，工程界为了计算简便，取大气压强的整数值，称之为工程大气压（符号为 Pa）。（注：工程计算中均使用工程大气压。）

$$1\text{工程大气压} = 1.0 kgf/cm^2 = 98 kN/m^2$$

2.3.1.3 以液柱高度表示

由于一般液体的容重可看作常量，液柱高 $h = \dfrac{p}{\gamma}$ 即能反映压强的大小。因水的容重大家比较熟悉，所以水利水电工程中常用水柱高作为压强单位。

10m 水柱产生的压强为 $9.8 kN/m^3 \times 10m = 98 kPa$，即 1 工程大气压。而 1 工程大气压相应的水银柱高度为

$$h = \frac{p}{\gamma} = \frac{98 kN/m^2}{133.3 kN/m^3} = 0.735m = 735mm$$

所以三种压强单位间的换算关系为：1 工程大气压 = 98kPa，相当于 10m 水柱或 0.735m 水银柱。

需要注意的是：以液柱高度为单位表示压强时，必须在数值后面写明相应的液柱类型，如 10m 水柱或 0.735m 水银柱。

【例 2.3】 某点压强为 0.5 工程大气压，如用应力单位和水柱单位表示，其数值为多少？

解：根据三种压强单位的换算关系，可得出以下结果。

（1）用应力单位表示：

$$\frac{0.5\text{工程大气压}}{1\text{工程大气压}} \times 98 kPa = 49 kPa$$

（2）用水柱表示：

$$\frac{0.5\text{工程大气压}}{1\text{工程大气压}} \times 10m\text{水柱} = 5m\text{水柱}$$

2.3.2 绝对压强、相对压强及真空、真空值与真空高度

量度压强的大小，根据起算的基准（即零点）不同，分为绝对压强和相对压强两种。绝对压强小于大气压的情况，即相对压强为负值，水力学中把这种情况称为"真空"现象。工程中常用相对压强的绝对值，即真空值（真空压强）来度量真空程度的大小。

2.3.2.1 绝对压强

前面已提到 1 工程大气压 = 98kPa，地球上所有物体都受到这一压强，在计算物体所受压强时，计入大气压所求得的压强称为绝对压强，以 $p_{绝}$ 表示。如当液面为大气压时，求水深为 10m 处的绝对压强，则 $p_{绝} = p_a + \gamma h = 98 + 9.8 \times 10 = 196 kN/m^2$。

2.3.2.2 相对压强

在计算物体所受压强时，不计入大气压所求得的压强称为相对压强，以 $p_{相}$ 表示。如当液面为大气压时，求水深为 10m 处的相对压强，则 $p_{相} = p_a + \gamma h = 0 + 9.8 \times 10 =$

98kN/m²。显然，$p_{相}$与$p_{绝}$相差一个大气压强。$p_{相}$不计入大气压，$p_{绝}$计入大气压。

即 $$p_{绝}=p_{相}+p_a \tag{2.9}$$

或 $$p_{相}=p_{绝}-p_a \tag{2.10}$$

因所有物体都受大气压强，因此计算时不再计入大气压强这部分相同值，所以如果不特指，工程中求某点压强均是指相对压强，其符号也不加脚标，直接以p表示$p_{相}$。

2.3.2.3 真空、真空值及真空高度

实践中常会遇到绝对压强小于大气压的情况，通常说出现了负压，即相对压强为负值，水力学中把这种情况称作真空现象。

下面通过一个简单的实验来认识和理解真空现象。取一端装有橡皮球的开口玻璃管，先挤压橡皮球将球内一部分气体排出，再将玻璃管插入盛水的敞口容器中，如图2.7所示。观察发现，容器中的水被吸到玻璃管内，管中水面高于容器中水面。

若管内表面压强为p_0，管中水面上升高度以h_1表示，根据连通器原理和静压方程

$$p_0+\gamma h_1=p_a=0$$
$$p_0=-\gamma h_1$$

由上式可知，玻璃管中水面相对压强p_0为负值，说明玻璃管中出现了真空，且p_0绝对值越大，玻璃管中水面上升高度就越大。

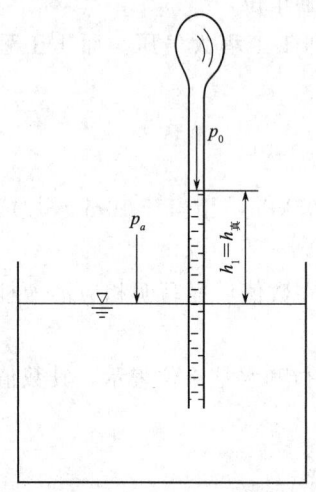

图2.7 真空现象

工程中常用相对压强的绝对值即真空值（真空压强），或水柱上升高度h_1来度量真空的大小。真空值以p_v（或$p_{真}$）表示，其与绝对压强及相对压强的关系为

$$p_{真}=-p_{相}=p_a-p\quad(p_{相}<0) \tag{2.11}$$

水柱上升高度h_1也称吸上高度或真空高度，常以$h_{真}$表示，其计算式为

$$h_{真}=-\frac{p_{相}}{\gamma}=\frac{p_{真}}{\gamma} \tag{2.12}$$

图2.8为绝对压强、相对压强及真空值关系示意图。从图中可以看出，当绝对压强大于大气压时，相对压强是绝对压强超出大气压的部分；当绝对压强小于大气压时，其不足一个大气压的部分就是真空值；当绝对压强为0时，真空值达到最大。工程中利用离心泵、虹吸管吸水时，泵内或虹吸管内理论最大真空值为一个大气压，理论最大吸程不可能超过10m。

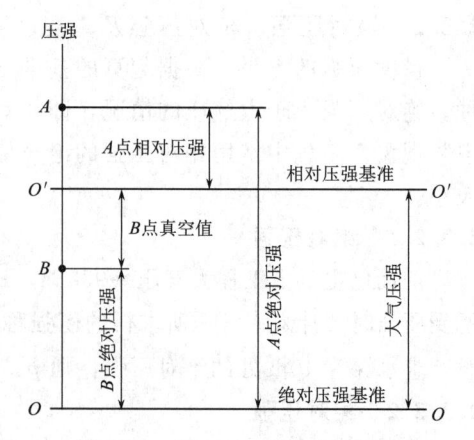

图2.8 绝对压强、相对压强及真空值关系示意图

【例 2.4】 图 2.8 中 A 点相对压强为 24.5kN/m^2，B 点相对压强为 -24.5kN/m^2，求 $p_{A绝}$、$p_{B绝}$ 和 $p_{B真}$。

解： 因
$$p_{绝}=p_{相}+p_a;\quad p_{真}=-p_{相}$$
所以
$$p_{A绝}=p_{A相}+p_a=24.5+98=122.5(\text{kN/m}^2)$$
$$p_{B绝}=p_{B相}+p_a=-24.5+98=73.5(\text{kN/m}^2)$$
$$p_{B真}=-p_{B相}=-(-24.5)=24.5(\text{kN/m}^2)$$

【例 2.5】 求水库水深为 2.5m 处的绝对压强和相对压强。

解： 因水库水面为大气压，则
$$p_{绝}=p_a+\gamma h=98+9.8\times 2.5=122.5(\text{kPa})$$
$$p_{相}=p_a+\gamma h=0+9.8\times 2.5=24.5(\text{kPa})$$

2.3.3 静水压强测量仪及其测算

静水压强的测算有两种情况，一是测算点压强，二是测算两点压强差。工程实际中用于测量压强的仪器很多，可分为液柱式测压仪、金属测压仪、电测仪等，各种仪器的量测值一般为相对压强值。下面重点介绍液柱式测压仪的测算原理。

2.3.3.1 点压强的测算

1. 测压管

如图 2.9（a）所示，一般压强用直立测压管；某点压强较小时，可用斜测压管，如图 2.9（b）所示。

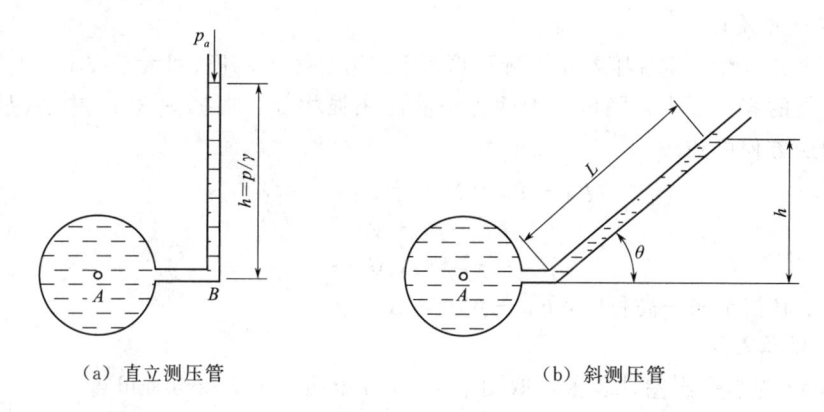

(a) 直立测压管　　(b) 斜测压管

图 2.9　测压管

（1）直立测压管。直立测压管是最简单也最常用的测压装置，管中液柱高度即反映了所测点的相对压强 p，即 $p=\gamma h$。

（2）斜测压管。若所测点的压强较小，为了提高测量精度，可将测压管倾斜放置以增大测距，如图 2.9（b）所示。此时用于计算压强的测压管高度 $h=L\sin\theta$，则被测点压强为
$$p=\gamma h=\gamma L\sin\theta$$

式中　θ——测压管与水平面的夹角，(°)；

L——测压管中液柱沿倾斜方向的长度，m。

（3）轻质液体测压管。压强较小时，也可以在测压管中装入与所测点液体互不相

溶的轻质液体，如各种油类。因轻质液体容重小，相同压强下其液柱上升高度就大，从而可增大测距，提高测量精度。

2. U 形水银测压计

若所测点压强较大，可采用 U 形水银测压计，如图 2.10 所示。由连通器原理可知，图 2.10 中 1—2 为等压面，若水银容重以 γ_m 表示，则根据静压方程有

$$p_1 = p_A + \gamma_水 a$$
$$p_2 = \gamma_m h$$

因 $p_1 = p_2$，所以有

$$p_A + \gamma_水 a = \gamma_m h$$

即

$$p_A = \gamma_m h - \gamma_水 a \tag{2.13}$$

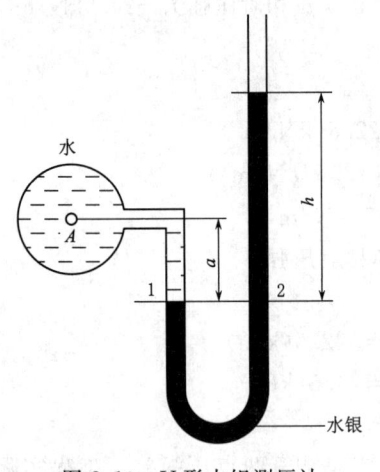

图 2.10 U 形水银测压计

可见，对于 U 形水银测压计，只要测出两水银面高差 h 及安装高度 a，就可计算出某点的压强。

2.3.3.2 两点压差测算

测量两点压差的仪器称为压差计或比压计。常用的压差计有空气压差计、水银压差计和斜比压差计。

1. 空气压差计

如图 2.11 所示，空气压差计即倒 U 形管上部为空气（其压强可大于或小于大气压）。因空气的容重很小，则可认为两管中液面压强相等。根据图 2.11 中各尺寸几何关系及静压方程可知

$$p_A = p_0 + \gamma \Delta h + \gamma (h_2 - z)$$
$$p_B = p_0 + \gamma h_2$$

所以

$$p_A - p_B = \gamma (\Delta h - z) \tag{2.14}$$

当 A、B 位于同一高程时，$p_A - p_B = \gamma \Delta h$

2. 水银压差计

图 2.12 为水银压差计装置，取图中 1—2 等压面，由静压方程可得

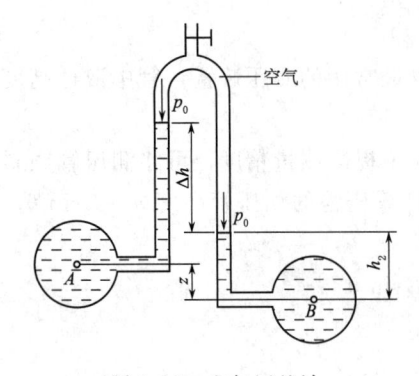

图 2.11 空气压差计　　　　图 2.12 水银压差计

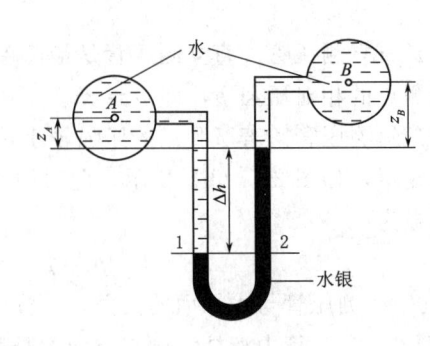

$$p_1 = p_A + \gamma(z_A + \Delta h)$$
$$p_2 = p_B + \gamma z_B + \gamma_m \Delta h$$

因 $p_2 = p_2$，则

$$p_A - p_B = \gamma(z_B - z_A) + (\gamma_m - \gamma)\Delta h \tag{2.15}$$

若 A、B 同高，则

$$p_A - p_B = (\gamma_m - \gamma)\Delta h$$

3. 斜比压差计

当两点之间的压差很小时，为提高测量精度，同样可将比压计倾斜放置，如图 2.13，则

$$p_A - p_B = \gamma \Delta L \cdot \sin\theta$$

式中 ΔL——沿斜面方向两测管读数差。

【例 2.6】 如图 2.14 所示装置中，$h_水 = 30\text{cm}$，水的容重为 $\gamma = 9.8\text{kN/m}^3$，油的容重为 $\gamma_油 = 7.85\text{kN/m}^3$，求：①密闭容器内表面压强 p_0 的相对压强值；②U 形管中油柱的高差 $h_油$。

解：(1) 在图 2.14 中右侧 U 形管上取 1—2 等压面，因容器内与 U 形管密封端表面压强可看作相等，根据静压计算原理有

$$p_{0相} = \gamma h_水 = 9.8 \times 0.3 = 2.94(\text{kPa})$$

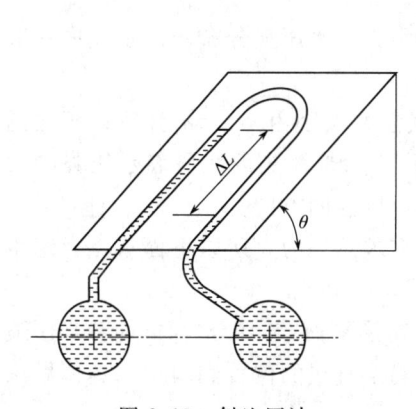

图 2.13 斜比压计

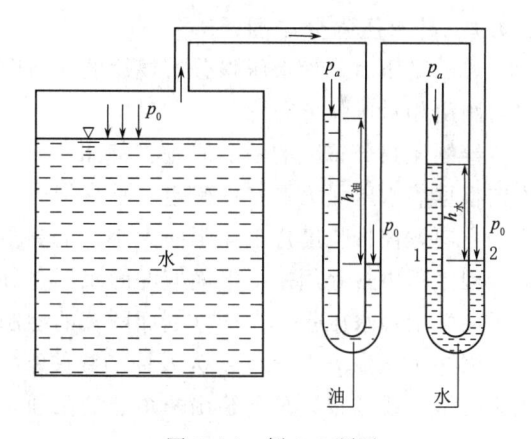

图 2.14 例 2.6 题图

(2) 因两 U 形管与容器连通端表面压强相同，所以

$$\gamma h_水 = \gamma_油 h_油$$

则有

$$h_油 = \frac{\gamma h_水}{\gamma_油} = \frac{9.8 \times 0.3}{7.85} = 0.347(\text{m}) = 37.4(\text{cm})$$

答：密闭容器表面压强为 2.94kPa，对应于 U 形管内油柱的高差为 37.4cm。

【例 2.7】 图 2.10 的水银测压计，$h = 30\text{cm}$，$a = 15\text{cm}$。试推算 A 点的相对压强 $p_{A相}$ 和绝对压强 $p_{A绝}$。

解：由前面推导结果可知：$p_A = \gamma_m h - \gamma_水 a$，代入已知数据可得

$$p_A = \gamma_m h - \gamma_水 a = 133.3 \times 0.3 - 9.8 \times 0.15 = 38.52(\text{kPa})$$

绝对压强为 $p_{A绝} = p_{A相} + p_{a绝} = 38.52 + 98 = 136.52(kPa)$

答：A 点的相对压强为 38.52kPa，绝对压强为 136.52kPa。

【例 2.8】 如图 2.12，在两容器间连接一水银压差计，两容器内皆为水，$\Delta z = Z_B - Z_A = 0.4\text{m}$，$\Delta h = 0.3\text{m}$，求 A、B 两点的压强差。

解：将已知数据代入前面推得的公式，有

$$p_A - p_B = (\gamma_m - \gamma)\Delta h - \gamma \Delta z = (133.3 - 9.8) \times 0.3 - 9.8 \times 0.4 = 33.1(kPa)$$

答：A、B 两点间的压强差为 33.1kPa。

任务 4　作用于平面壁上的静水总压力

实际工程中，经常需要计算建筑物与液体接触面上所受静水总压力。例如确定闸门启闭力、校核闸、坝的稳定等，都需要知道作用于整个受压面上的静水总压力。求静水总压力就是计算受压面上各部分所受作用力的合力，主要确定静水总压力的大小、方向和作用点位置。水工建筑物的受压面一般分为平面和曲面，本任务只研究受力条件较简单的平面壁上静水总压力的计算方法。要求壁面上静水总压力（合力），首先得知道受压面各部分力（即各分力），下面来研究平面壁上静水压强（各分力）的分布规律。

2.4.1　静水压强分布图

表示受压面上静水压强分布规律的几何图形，称为静水压强分布图。工程中一般只需画出相对压强分布图。

绘制压强分布图的一般原则：静水中任一点压强的大小由 $p = \gamma h$ 计算；压强的方向根据静水压强第二特性确定（垂直指向受压面）；用带箭头的线段表示压强的大小和方向，箭杆长度代表压强的大小，箭头指向表示压强的方向。

因工程中常利用矩形平面壁的静水压强分布图来求总压力，所以下面重点介绍矩形平面壁上静水压强分布图（剖面图）的绘制方法。

因静水压强 p 与水深 h 为线性函数关系，对于矩形平面壁，沿水深方向静水压强大小必呈直线分布，只要绘出两个点的压强，即可确定直线的位置和斜率。具体做法如下：

（1）选择受压面纵剖面线的两端点，按 $p = \gamma h$ 分别计算其压强的大小。

（2）按一定比例绘出两箭杆长度（代表两点压强大小），箭头方向垂直指向两点所在受压面。

（3）标注两点压强大小，连接两箭杆尾部，在封闭图形中标示各点压强大小及方向。如图 2.15 所示。

图 2.16 中，(a) 图为倾斜放置的矩形平面壁压强分布图，(b) 图为折转面的压强分布图（注意折点处压强的绘制），(c) 图为受压面迎水面及背水面受水压力情况（图形是两面的压强分布图

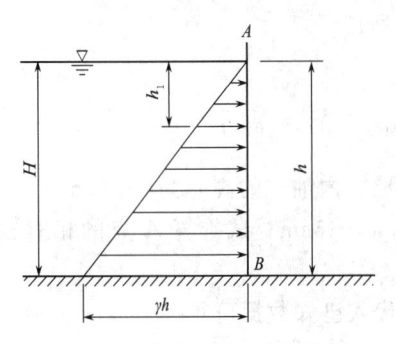

图 2.15　静水压强分布图绘制

叠加合并而成）。

分析以上各图可知：各种情况下平面壁上静水压强分布均为平行分布力系；当受压面顶端与水面齐平时，压强分布图为三角形；当受压面上下两端均淹没在水面以下时，其压强分布图为梯形；当受压面两面都受压时，压强分布图则为矩形（各点压强均为 γ 乘以上下游水位差）。

若受压面为曲面，各点压强方向垂直于该点的切线且指向曲率中心，其压强分布不再是平行分布力系，如图 2.16（d）所示。

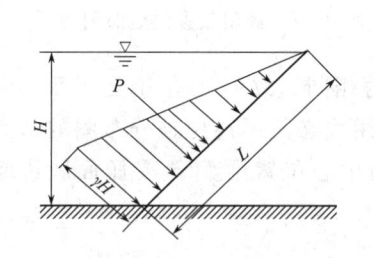

(a) 倾斜放置的矩形平面壁压强分布图

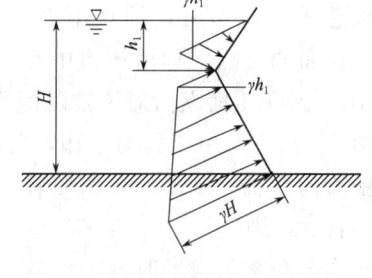

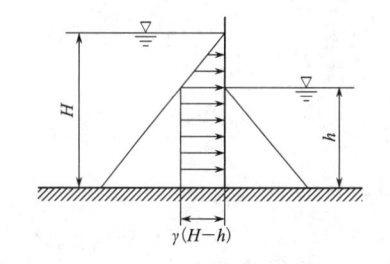

(b) 折转面压强分布图

(c) 受压面迎水面及背水面受水压力情况

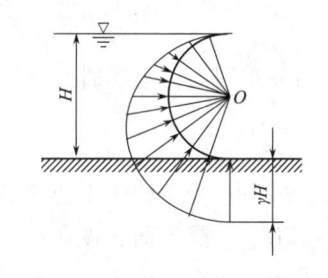

(d) 受压面为曲面的静水压强分布图

图 2.16 静水压强分布图

2.4.2 图解法求作用于矩形平面壁上的静水总压力

因平面壁上静水压强分布为平行分布力系，由工程力学可知，作用于平面壁上的静水总压力大小就等于压强分布图的体积。因矩形平面壁上压强分布图形状规则，可很容易地根据静水压强分布图求出静水总压力，这种利用压强分布图计算总压力的方法，称为图解法。

2.4.2.1 图解法求静水总压力的大小

图 2.15、图 2.16 中的静水压强分布图均是静水压强分布图的剖面图形。对于矩形平面壁，整个受压面上的静水压强分布图为一棱柱体，压强分布图的剖面图即为棱柱体的底，棱柱体的高即受压面宽度 b，若压强分布图的面积用 Ω 表示，则棱柱体的体积即作用于矩形平面壁上的静水总压力为

$$P = \Omega b \tag{2.16}$$

例如图 2.17 中，宽为 b，高为 L，倾斜放置的矩形平板闸门 AB，其静水压强分布图为梯形，梯形上、下底分别为 A、B 点的压强大小即 γh_1 和 γh_2，则作用于闸门

上的静水总压力为

$$P = \Omega b = \frac{1}{2}\gamma(h_1+h_2)bL$$

2.4.2.2 图解法确定静水总压力的方向及作用点位置

由于平行力系的合力方向与各分力方向相同，所以矩形平面壁上静水总压力的方向必然垂直指向受压面。

静水总压力的作用点即总压力作用线与受压面的交点，称为压力中心，

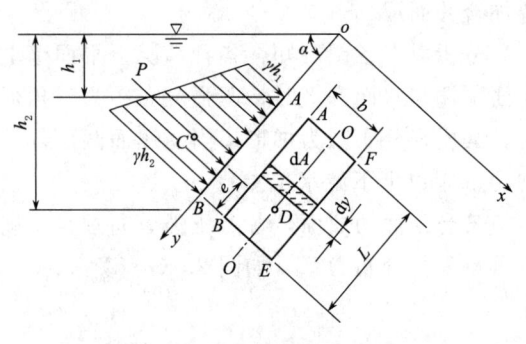

图 2.17 倾斜放置的矩形闸门

用 D 表示。因受压面纵向对称轴两侧所受水压力相同，故 D 必位于受压面纵向对称轴上（图 2.17）。又由工程力学知，总压力的作用线必然通过压强分布图的形心，可见压力中心的位置与压强分布图形有关。若压力中心位置用 D 至受压面底边缘的垂直距离 e 表示，则

当压强分布图为梯形时

$$e = \frac{L}{3}\frac{2h_1+h_2}{h_1+h_2} \tag{2.17}$$

当压强分布图为三角形时

$$e = \frac{L}{3} \tag{2.18}$$

式中　h_1、h_2——受压面上下边缘的水深，m；

　　　　L——受压面长度，m。

由上可知，图解法求矩形平面壁上静水总压力的步骤如下：

(1) 绘制静水压强分布图。

(2) 求静水总压力的大小 $P=\Omega b$。

(3) 确定压力中心位置。

【例 2.9】 图 2.17 中，已知 $h_1=3\text{m}$，$h_2=6\text{m}$，闸门宽 $b=2\text{m}$，长 $L=5\text{m}$，水的容重 $\gamma=9.8\text{kN/m}^3$，求闸门所受的静水总压力。

解：(1) 绘制如图 2.17 所示的压强分布图。

(2) 求静水总压力的大小。

$$P = \Omega b = \frac{1}{2}\gamma(h_1+h_2)bL = \frac{1}{2}\times 9.8 \times(3+6)\times 2\times 5 = 441(\text{kN})$$

(3) 确定压力中心位置。

$$e = \frac{L}{3}\frac{2h_1+h_2}{h_1+h_2} = \frac{5}{3}\times\frac{2\times 3+6}{3+6} = 2.22(\text{m})$$

2.4.3 解析法求作用于任意形状平面壁上的静水总压力

2.4.3.1 解析法求静水总压力的大小

对于任意形状的平面壁，因压强分布图形状不规则，要准确求出其体积很困难，所以图解法不再适用，需用解析法求解，即根据数学及力学原理推导出计算公式，直

接用公式求解。

如图 2.18 所示，在倾斜挡水面上放置一任意形状的平面板，面板所在斜面与水平面的夹角为 α，面板面积为 A，形心为 C，形心淹没深度为 h_C。

以面板所在平面为直角坐标平面 xoy，取坐标平面与水面的交线为 x 轴，y 轴取在面板范围以外。将 xoy 坐标平面绕 y 轴转 90°后，可看到其与面板的相对位置，如图 2.18 所示。下面来分析作用于面板上的静水总压力大小和作用点位置。

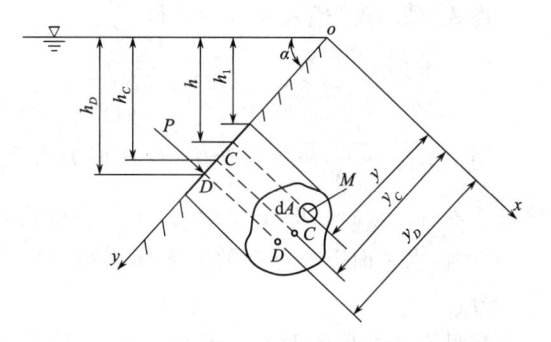

图 2.18 倾斜挡水面上任意形状平面板

在面板上任选一点 M，围绕 M 取一微分面积 dA，设 M 点在液面以下的淹没深度为 h，则 M 点的静水压强为 $p=\gamma h$。因微小面积 dA 上的压强可视为相等，所以，作用在 dA 上的静水总压力为 $dP=\gamma h dA$。由于平行力系的合力等于各分力的代数和，所以作用于整个面板上的静水总压力可通过积分求得

$$P = \int_A dP = \int_A \gamma h \, dA = \int_A \gamma y \sin\alpha \, dA = \gamma \sin\alpha \int_A y \, dA$$

由工程力学可知，上式中 $\int_A y \, dA$ 为面板对 ox 轴的面积矩，它等于面板面积与形心坐标 y_C 的乘积，即 $\int_A y \, dA = y_C A$，如用 p_C 代表形心点的静水压强，则有

$$P = \gamma \sin\alpha \cdot y_C A = \gamma h_C A = p_C A \tag{2.19}$$

式（2.19）表明：对于任意形状的平面壁，静水总压力的大小等于受压面形心处压强与受压面面积的乘积。受压面形心点的压强相当于受压面的平均压强。

2.4.3.2 解析法确定静水总压力的方向及作用点位置

进一步来分析静水总压力作用点即压力中心 D 的位置。根据合力矩定理，面板上静水总压力对轴的力矩应等于各微小面积上的力对轴的力矩之和。各分力对轴的力矩之和可写为

$$\int_A y \, dP = \int_A y \gamma h \, dA = \int_A y \gamma y \sin\alpha \, dA = \gamma \sin\alpha \int_A y^2 \, dA$$

所以有

$$P y_D = \gamma \sin\alpha \int_A y^2 \, dA$$

上式中 $\int_A y^2 \, dA$ 为面板对轴的惯性矩，以 I_x 表示。因 I_x 不仅与面板形状有关，还与轴位置有关，直接求解很不方便，因此可先计算出面板对其形轴（过形心与平行的轴）的惯性矩 I_C，再根据平移轴定理求出 I_x，即 $I_x = I_C + y_C^2 A$，所以有

$$P y_D = \gamma \sin\alpha (I_C + y_C^2 A)$$

将式（2.19）代入并整理可得

$$y_D = y_C + \frac{I_C}{y_C A} \tag{2.20}$$

因上式中 $\frac{I_C}{y_C A}$ 一般大于 0（受压面为水平面时因 $I_C=0$，所以 $\frac{I_C}{y_C A}=0$），故一般情况下有 $y_D > y_C$，即压力中心 D 总在受压面形心 C 以下。当受压面为水平面时，$y_D = y_C$（水平面上所有点的 y 坐标都相同），且因受压面上压强均匀分布，故 D 点 C 点重合。

常见平面图形的面积、形心及 I_C 计算公式见表 2.2。

表 2.2　　　　　　　　常见平面图形的 A、y_C 及 I_C

几何图形	面积 A	形心 y_C	惯性矩 I_C
矩形	bh	$\frac{h}{2}$	$\frac{bh^3}{12}$
三角形	$\frac{bh}{2}$	$\frac{2h}{3}$	$\frac{bh^3}{36}$
梯形	$\frac{h(a+b)}{2}$	$\frac{h}{3}\left(\frac{a+2b}{a+b}\right)$	$\frac{h^3}{36}\left(\frac{a^2+4ab+b^2}{a+b}\right)$
圆	πr^2	r	$\frac{1}{4}\pi r^4$
半圆	$\frac{1}{2}\pi r^2$	$\frac{4r}{3\pi}=0.4244r$	$\frac{9\pi^2-64}{72\pi}r^4=0.1098r^4$

注　表中 r 为圆的半径；a、b 为受压面的上、下底宽度；h 为受压面的高。

同理，将静水压力对 oy 轴取力矩，可求得压力中心的另一个坐标 x_D。但因实际工程中的受压面大多具有与 oy 轴平行的对称轴，且对称轴两侧所受压力相同，则压力中心 D 必位于对称轴上。

【例 2.10】 如图 2.19 所示一圆形平板闸门，半径 $r=0.5\text{m}$，$\alpha=45°$，闸门上边缘距水面深度为 1m，求闸门所受的静水总压力。

解：根据图及已知条件

$$h_C = 1 + r\sin\alpha = 1 + 0.5 \times \sin45°$$
$$= 1.35(\text{m})$$
$$P = \gamma h_C A = 9.8 \times 1.35 \times 0.5^2 \times 3.14$$
$$= 10.39(\text{kN})$$
$$I_C = \pi r^4/4 = \frac{1}{4} \times 3.14 \times 0.5^4$$
$$= 0.049(\text{m}^4)$$
$$y_C = \frac{1}{\sin\alpha} + r = \frac{1}{\sin45°} + 0.5$$
$$= 1.91(\text{m})$$
$$y_D = y_C + \frac{I_C}{y_C A} = 1.91 + \frac{0.049}{1.91 \times 3.14 \times 0.5^2} = 1.94(\text{m})$$

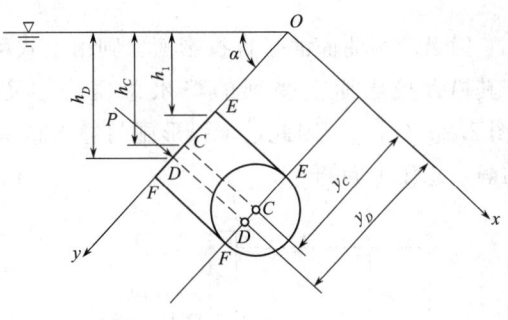

图 2.19 圆形平面闸门

任务 5　作用于曲面壁上的静水总压力

2.5.1　静水总压力的两个分力

水工建筑物中常碰到受压面为曲面的情况，如拱坝坝面、弧形闸门、弧形闸墩及边墩等。因曲面壁上各点静水压强的方向互不平行［图 2.16（d）］，则平面壁上求各力代数和确定总压力的方法不再适用。为便于计算，可根据工程力学中力的分解和合成原理，先分别计算水平方向和铅垂方向的分力，再根据求合力的法则，求出静水总压力。

工程中常见的曲面壁多为二向曲面（柱面），现以弧形闸门为例，讨论二向曲面壁静水总压力的计算问题。

取图 2.20（a）中弧形闸门下部水体为脱离体，其剖面图如图 2.20（b）所示。从图 2.20（c）可看出，所取脱离体是以截面 ABC 为底，高为闸门宽度 b 的水体，其侧面为铅垂平面（AC），底面为水平面（BC）。脱离体受力分析如图 2.20（b），图中各符号意义如下：

　　P'——闸门对水体的反作用力，与闸门所受静水总压力 P 等值反向，N 或 kN；

P'_x、P'_z——P' 的水平分力和铅直分力，N 或 kN；

P_{AC}、P_{BC}——作用在 AC、BC 面上的静水总压力，N 或 kN；

　　G——脱离体水重。

2.5.1.1　静水总压力的水平分力 P_x

根据受力分析，列水平方向的平衡方程得

$$P'_x = P_{AC}$$

根据作用力与反作用力大小相等，方向相反的原理，闸门所受水平分力为

$$P_x = P'_x = P_{AC} \tag{2.21}$$

因 AC 为曲面的铅直投影面，则由上式可知：曲面壁上静水总压力的水平分力等于其铅直投影面上受到的静水总压力。又因 AB 的铅直投影面 AC 为矩形平面[图2.20（c）]，因此，求弧形闸门静水总压力的水平分力就归结为求矩形平面壁上的静水总压力问题。

（a）弧形闸门 AB　　　　　　（b）脱离体受力

（c）压力体重力

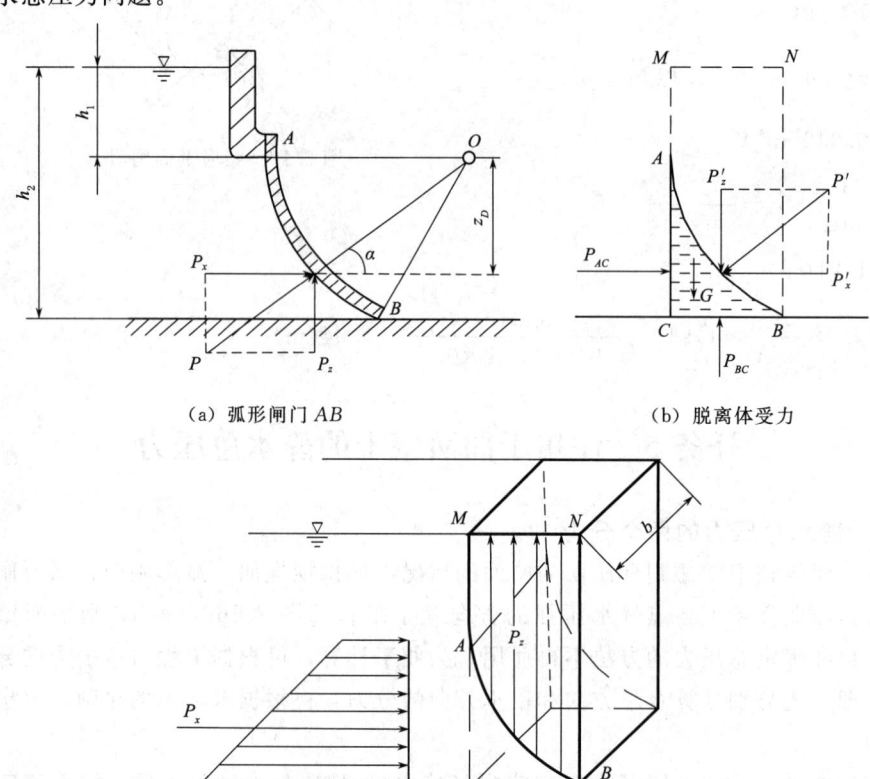

图2.20　二向曲面壁静水总压力示意

2.5.1.2 静水总压力的铅直分力 P_z

图2.20（b）中脱离体铅直方向的平衡方程式为

$$P'_z = P_{BC} - G$$

由于 BC 是淹没深度为 h_2 的水平面，其上各点压强都等于 γh_2，若以 ABC 表示其面积，则有

$$P_{BC} = \gamma h_2 A_{BC} = \gamma V_{MCBN}$$

式中　V_{MBCN}——以 $MCBN$ 为底、b 为高的棱柱体体积，如图2.20（c）。

脱离体的重量等于其体积乘以水的容重，即

$$G = \gamma V_{ACB}$$

式中　V_{ACB}——以 ACB 为底、b 为高的棱柱体体积，见图2.20（c）。

所以，P'_z 的计算式可写为
$$P'_z = P_{BC} - G = \gamma V_{MCBN} - \gamma V_{ACB} = \gamma V_{MABN}$$

式中 V_{MABN}——以 $MABN$ 为底、b 为高的棱柱体体积，通常称为压力体。

由图 2.20（c）可知，压力体由顶面、底面和侧面组成，顶面为水面或水面的延展面，底面为曲面本身，侧面为由曲面边线向水面所做的铅直面。压力体体积用 $V_体$ 表示，棱柱体底面 $MABN$ 称为压力体剖面，其面积以 $A_剖$ 表示，则

$$V_体 = A_剖 b$$
$$P'_z = \gamma V_体 = \gamma A_剖 b$$

因 P_z 与 P'_z 大小相等，方向相反，所以

$$P_z = \gamma A_剖 b = \gamma V_压 \tag{2.22}$$

由上式可知，求解 P_z 的关键在于正确求出 $A_剖$，而求 $A_剖$ 的关键又在于正确绘出压力体剖面图。

2.5.2 压力体剖面图的绘制

简单曲面的压力体剖面图由四条边 [图 2.20（c）] 或三条边（水面与曲面顶部齐平时）围成，复杂曲面壁（凹凸方向不同）的压力体剖面图由简单曲面的压力体剖面图合并而成。简单曲面的压力体剖面图绘制方法如下：

（1）画出曲面本身（一般忽略壁面厚度，只画一条弧线，简称"本身"）。
（2）由弧线两端点向水面线或其延长线做铅垂线，简称"垂线"。
（3）用水面线或其延长线封闭图形，简称"封闭"。
（4）在封闭图形内用一组带箭头的相互平行的铅直线分力表示 P_z 的大小和方向。曲面上部有水，P_z 方向向下；曲面下部有水，P_z 方向向上；曲面上、下都有水时，应分开绘制后将图形合并，根据合并结果确定 P_z 的方向。

对于复杂曲面，可在曲面与铅垂面相切处将曲面分开成几部分，各部分按简单曲面分别绘制后，再将图形重合而方向相反的部分抵消，所剩图形即为 P_z 的压力体剖面图。

2.5.3 静水总压力 P

求得水平分力 P_x 和铅直分力 P_z 后，按力的合成法则，作用在曲面上的静水总压力 P 为

$$P = \sqrt{P_x^2 + P_z^2} \tag{2.23}$$

由图 2.20（a）可知，总压力的方向指向曲面的内法线方向，其作用线与水平线的夹角 α 为

$$\alpha = \arctan \frac{P_z}{P_x} \tag{2.24}$$

总压力的作用点即总压力作用线与曲面的交点 D，D 点位于曲面的纵向对称上，其在铅垂方向的位置以该点至受压面曲率中心的铅垂距离 Z_D 表示，由图 2.20（a）知

$$z_D = R \sin\alpha \tag{2.25}$$

【例 2.11】 试绘制图 2.21 中各曲面壁上的压力体剖面图。

(a)   (b)   (c)

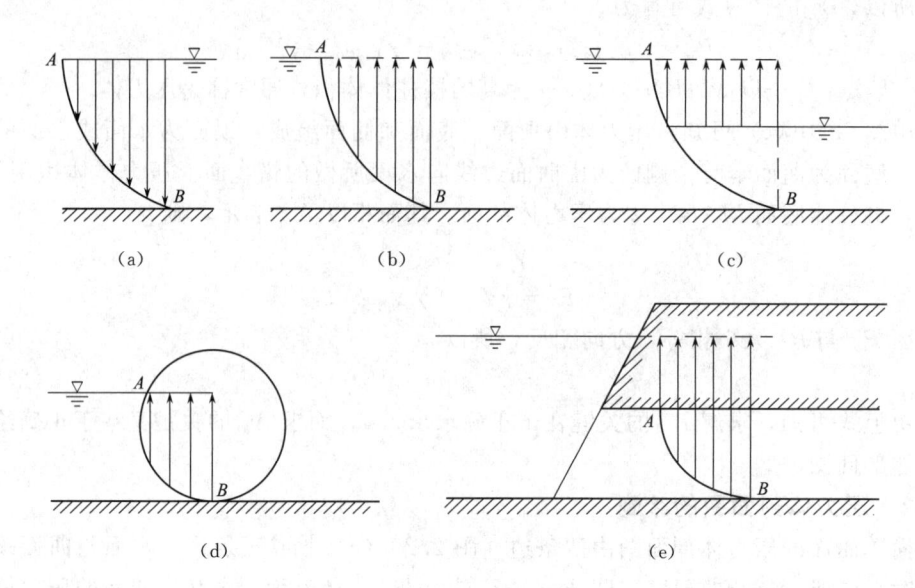

(d)   (e)

图 2.21 例 2.11 题图

【**例 2.12**】 某溢流坝上弧形闸门如图 2.22 所示。已知闸门宽度 $b=8\text{m}$，圆弧半径 $R=6\text{m}$，闸门转轴心 O（圆心）与水面齐平，圆心角为 $45°$。求作用在闸门上的静水总压力。

解：

闸前水深：$h=R\sin45°=6\sin45°=4.24(\text{m})$

水平分力：
$$P_x=\gamma h_c A_x=\frac{1}{2}\gamma h^2 b$$
$$=\frac{9.8\times4.24^2\times8}{2}=704.72(\text{kN})$$

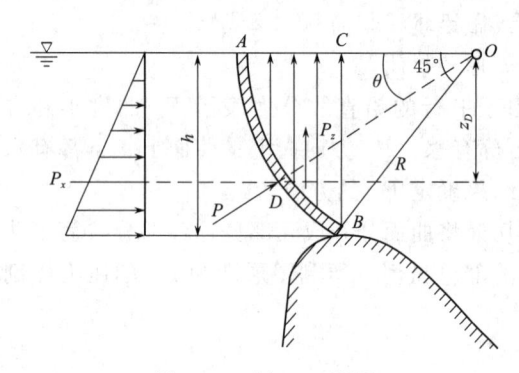

图 2.22 例 2.12 题图

铅直分力等于压力体 ABC 内的水重。压力体 ABC 的体积等于扇形 AOB 的面积减去三角形 BOC 的面积再乘以宽度 b。

扇形 AOB 面积 $=\dfrac{45}{360}\pi R^2=\dfrac{45}{360}\times3.14\times6^2=14.13(\text{m}^2)$

三角形 BOC 面积 $=\dfrac{1}{2}\overline{BC}\cdot\overline{OC}=\dfrac{1}{2}hR\cos45°=\dfrac{1}{2}\times4.24\times6\cos45°=9(\text{m}^2)$

压力体 ABC 的体积
$$V_\text{压}=\Omega b=(14.13-9)\times8=41.04(\text{m}^3)$$

因此，铅直分力 P_z 为
$$P_z=\gamma V_\text{压}=9.8\times41.04=402.19(\text{kN})$$

作用在闸门上的静水总压力 P 为

$$P = \sqrt{P_x^2 + P_z^2} = \sqrt{704.72^2 + 402.19^2} = 811.41(\text{kN})$$

总压力的作用线与水平线的夹角 α 为

$$\alpha = \arctan\frac{P_z}{P_x} = \arctan\frac{402.19}{704.72} = 30°$$

总压力作用点 D 与闸门轴心 O 的铅直距离为

$$z_D = R\sin\theta = 6 \times \sin 30° = 3(\text{m})$$

项目 2 能力与素质训练题

【能力训练】

2.1 如题图 2.1 所示某蓄水池深 14m，试确定护岸 AB 上 1、2 两点的静水压强值，并绘出压强的方向。

2.2 试求出题图 2.2 所示的容器壁面上 1～5 点的静水压强的大小（以各种单位表示），并绘出静水压强的方向。

2.3 测得某点的绝对压强为 200mm 水银柱高，若以 kPa 为单位，则其绝对压强、相对压强及真空值数值各为多少？

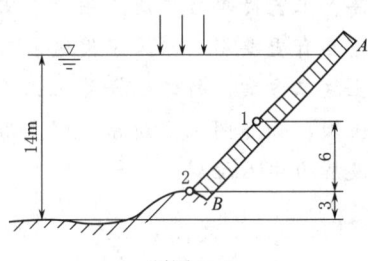

2.4 如题图 2.3 所示，已知某容器中 A 点的相对压强为 0.8 工程大气压，若在此高度处安装测压管，问至少需要多长的玻璃管？如果改装水银测压计，水银柱高度 h_p 为若干？（已测得 $h' = 0.2$m）

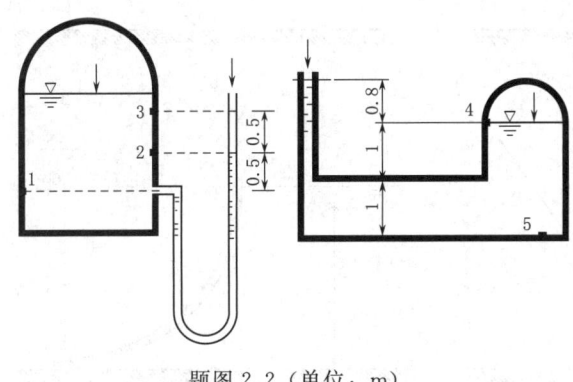

题图 2.1

题图 2.2（单位：m）

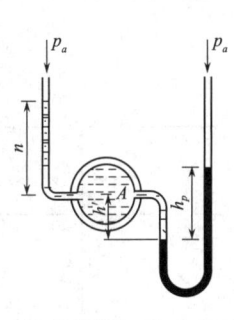

题图 2.3

2.5 测量容器中 A 点压强值的装置如题图 2.4 所示。已知 $z=1$m，$h=2$m，求 A 点的相对压强，并用绝对压强和真空高度来表示。

2.6 如题图 2.5 所示，用水银比压计测量两容器中两点的压强差值。已知 1、2 两点位于同一高度上，比压计两水银面读数差 $h=350$mm，试计算 1、2 两点的压强差。

题图 2.4　　　　　　　　　　　　题图 2.5

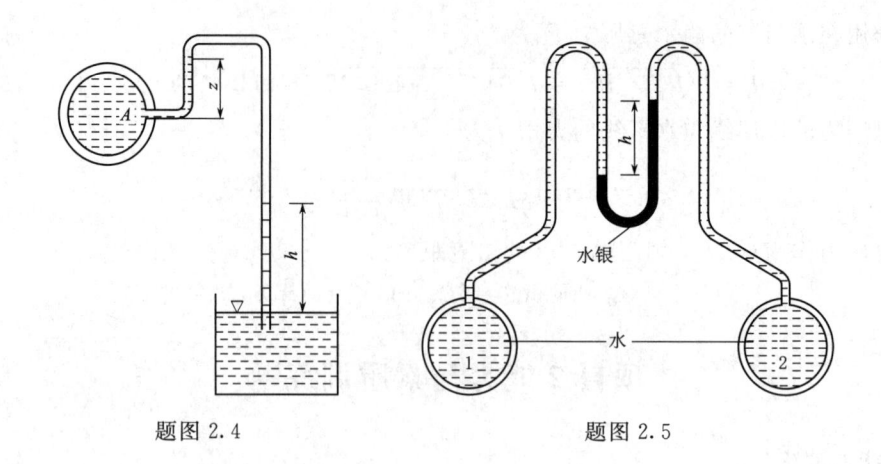

2.7　试绘出下列挡水面 A、B、C、D 上的压强分布图，如题图 2.6 所示。

2.8　农田水利工程是我国极为重要的一项民生工程，混凝土施工技术因施工效率高、工艺简单被广泛应用于农田水利工程建设。混凝土施工技术对农田水利工程的质量具有重要影响，为了促进农田水利工程的可持续发展，施工过程中要合理制定混凝土施工方案，科学选择施工工艺，并做好质量控制工作。新农村建设中，修建一混凝土坝，如题图 2.7 所示，坝上游水深 $h=24\mathrm{m}$，求每米宽坝面所受的静水总压力大小及压力中心位置。

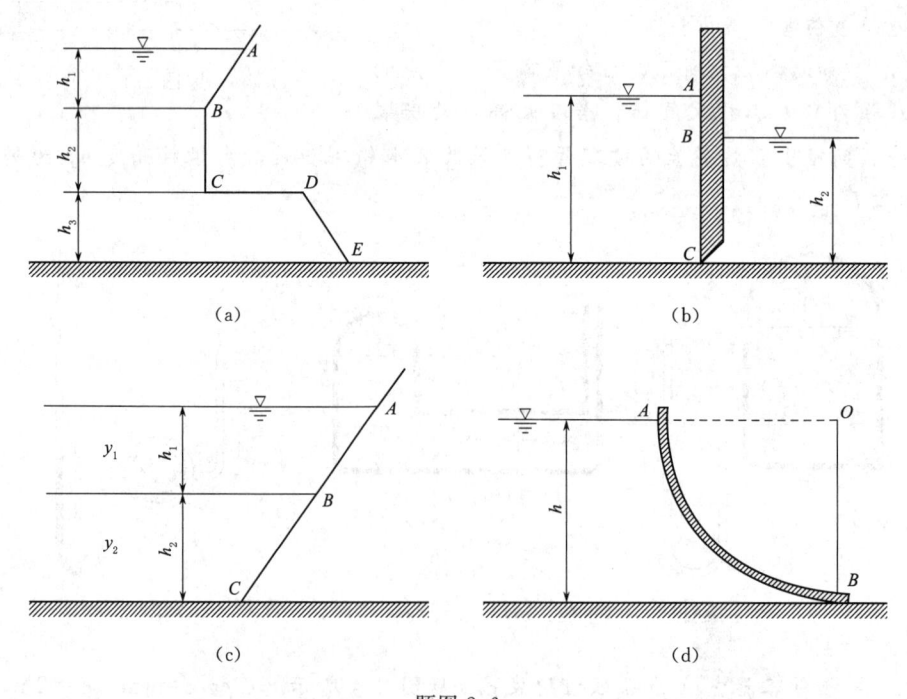

题图 2.6

2.9　某渠道上有一平板闸门（题图 2.8），闸门在水深 $h=2.5\mathrm{m}$ 下工作，闸门宽度 $b=4.0\mathrm{m}$。求当闸门倾角 $\alpha=60°$ 和闸门直立时，闸门受到的静水总压力。

题图 2.7

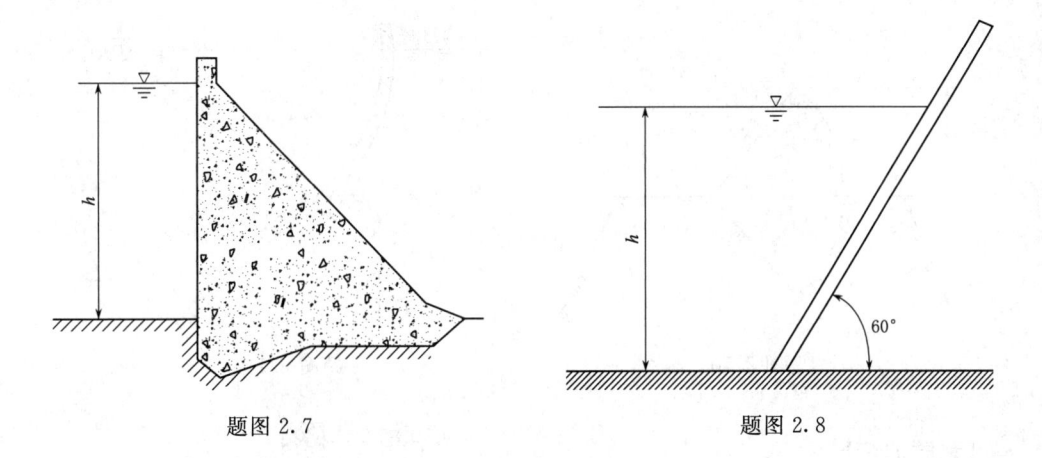

题图 2.8

2.10 试绘制题图 2.9 中各曲面壁的压力体剖面图及其铅直投影面上的压强分布图。

2.11 有一弧形闸门如题图 2.10 所示，已知 $h=3\text{m}$，$\varphi=45°$，闸门宽度 $b=1\text{m}$，求作用在弧形闸门上的静水总压力大小、方向及压力中心的位置。

2.12 某新农村建设，修建一批挡水建筑物，其中弧形闸门 AB，宽度 $b=4\text{m}$，圆心角 $\varphi=45°$，半径 $R=2\text{m}$，闸门的转轴与水面齐平（题图 2.11），求作用在闸门上的静水总压力大小、方向及压力中心位置。

2.13 某混凝土重力坝如题图 2.12 所示，为了校核坝的稳定性，试分别计算当下游有水和无水两种情况下，作用于 1m 长坝体上水平方向的水压力和铅直方向的水压力。

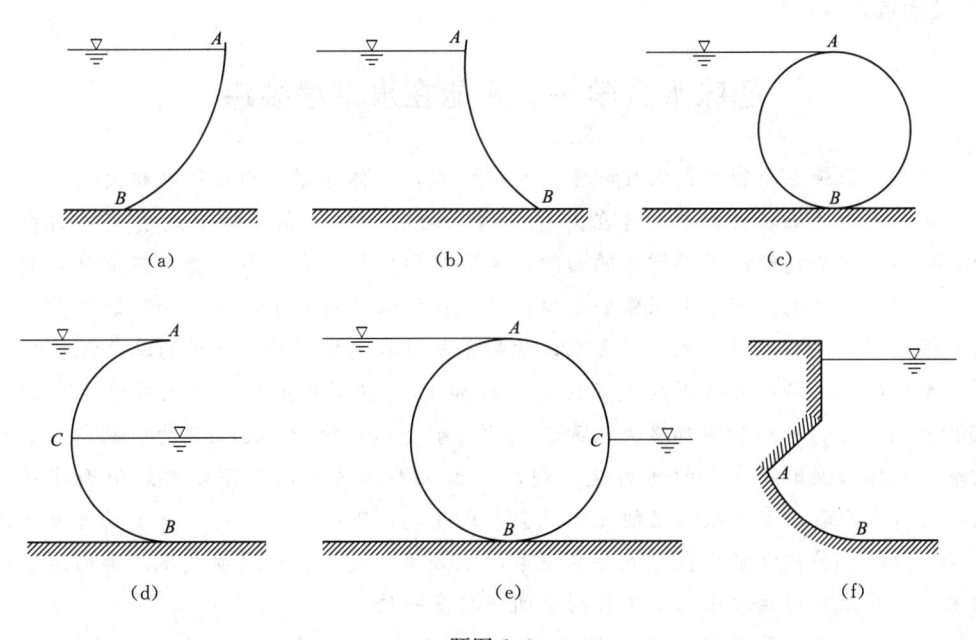

(a)　(b)　(c)

(d)　(e)　(f)

题图 2.9

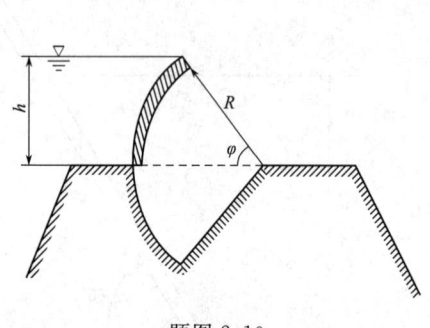

题图 2.10

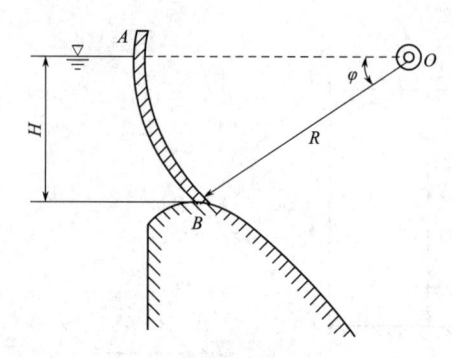

题图 2.11

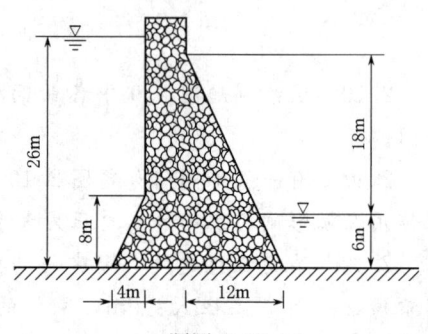

题图 2.12

【素质训练】

2.14 静水压强基本规律有几种表示方法？各自的含义是什么？

2.15 什么是相对压强、绝对压强及真空压强（真空值）？它们之间的关系如何？理论上的最大真空值是多少？

2.16 静水压强分布图一般应是相对压强还是绝对压强分布图？绘制压强分布图的意义是什么？

2.17 哪些水工建筑物需要考虑挡水时受压面的静水总压力，以保证水工建筑物正常安全运行？

【拓展阅读】

趣味水力学——人能在水下潜多深

液体的压强等于密度、深度和重力常数之积，液体越深，则压强也越大。

浩瀚无边的海洋世界中，存在着许多神秘物种，即使在科技如此发达的当今社会，也不能完全揭开海洋那神秘的面纱，大海里面依然还有许多人类所不能理解的存在。当然，人类也没有停下探索的步伐，发现并揭秘了海洋中的许多物种。既然要探索，那就势必要潜入海洋之中。那么，你知不知道人类能够潜入海底的具体深度呢？

水中的压力与下潜的深度成正比，每增加 10m 水深将增加 1 个大气压。在水深 2000m 的地方，一个指甲那么大的面积，便会承受到大约 200kg 的压力。随着压力的增加，人体血液溶解空气的能力随之增加。如果潜水员从水下深处回到海面减压太快，溶解在血液和身体组织里的气体就会形成气泡，阻碍血液流动，严重的甚至可以致命。因此，早期潜水员在完成潜水任务后，必须在减压舱里逐步减压，再回到海面上来。减压的时间往往比水下工作的时间还要多一倍。

如果人不借助氧气瓶等装备的话，可以潜到 10m 左右，此时会感到耳膜刺痛，呼吸困难。一些专业潜水者能下潜15m，下潜的极限就是人对抗水压的极限，也是对抗体内生理功能的极限。潜水的时候可能会带来身体的不适，导致头晕脑涨、恶心想吐、耳鸣耳痛，这都是潜水时可能出现的状况，如果出现这样的情况要立即上岸，不要硬撑。潜水的时候最好有潜水员的陪同，做好沟通，不要单独行动，遇到海底生物要淡定，不要随意触摸，这样才能更好、更安全地享受美好的海底时光哦！

项目 3

水 动 力 学 基 础

【知识目标】

了解水流运动的基本概念和分类；理解恒定总流连续性方程、能量方程和动量方程的应用条件、应用步骤和注意事项；理解水头损失的物理概念、水头损失与水流形态间的关系，了解沿程水头损失的变化规律。

【能力目标】

能熟练运用恒定总流三大方程进行水力计算；能进行沿程水头损失与局部水头损失的计算。

【素养目标】

培养爱岗敬业意识、安全意识、团结协作能力；弘扬科学求实、精益求精精神。

【项目导入】

王家坝闸是淮河中上游重要水利枢纽工程，被誉为"千里淮河第一闸"。自1953年建成至今，王家坝闸已有13个年份16次开闸蓄洪，共蓄洪75亿 m^3，为淮河流域防汛抗洪发挥了重要作用，王家坝人的无私牺牲和奉献，换来了整个淮河流域的安澜。闸门完全关闭，将承受静水总压力，当闸门部分开启时，水流对闸门的作用力又该如何计算？

王家坝水利枢纽

在自然界和工程实际中，液体大多处于运动状态，且其运动也有着很大的差别。但是，理论和实践都证明：不管水流现象如何复杂，它必然遵守物质运动的质量守恒定律、能量守恒及转化定律和动量定律等普遍定律，它们在水力学中的具体表现形式为连续性方程、能量方程和动量方程。这三大方程是液体运动共同遵循的普遍规律，是分析水流运动的重要依据。

任务 1　水流运动的基本概念

3.1.1　描述液体运动的两种方法

水流运动时，表征水流运动特征的物理量统称为运动要素，如流速、加速度、压强等。运动要素一般都随时间和空间位置变化而变化，同时水体又是由众多的微小质点所组成的连续介质，那么如何来描述整个水体的运动规律呢？描述液体运动有两种着眼点不同的方法，分别是拉格朗日法和欧拉法。

3.1.1.1　拉格朗日（Lagrange）法

在物理学和理论力学中，人们所熟悉的研究质点运动的方法是：选定一个坐标系，观察质点所经过的轨迹以及质点在轨迹上各点的速度和加速度。这样所掌握的是该质点在某一时段内的历程和表现，可以简单地称为"跟踪"的描述方法。如果有许多质点，那就要研究每个质点的运动历程和表现。拉格朗日法就是把液体运动看作无数质点运动的总和，以研究个别液体质点的运动为基础，通过研究足够多的液体质点的运动来掌握整个液流的运动情况。所以，这种方法又称为质点系法。

拉格朗日法的着眼点在于液体质点本身的运动过程。但由于液体的运动轨迹非常复杂，要寻求为数众多的单个质点的运动规律，除了较简单的情况外，将会在数学上导致难以克服的困难。况且从实用的观点来看，实际工程中并没有必要了解液体质点运动的详尽过程。因此，这种方法在水力学中很少采用，仅在研究波浪运动、射流轨迹等问题时，才考虑应用拉格朗日法。

3.1.1.2　欧拉（Euler）法

欧拉法将液体运动看作是各个空间点上不同液体质点运动情况的总和。即在液体运动空间取许多空间点，研究某一瞬时经过这些空间点的不同质点的运动情况（如流速、压强的变化等），以了解这一瞬时整个液流的运动情况。如果研究很多瞬时，就能了解某一时段液流的运动情况。显然，欧拉法并不关注液体质点在某一时段的运动历程与表现，而只关注质点流经该空间点时的运动状况。故欧拉法也称为空间点法或流场法。

欧拉法在理论分析和实验观测中都有广泛应用。例如，用流速仪测出水流中某一瞬时许多固定点的流速，就得到了该时刻整个水流的流速分布图。图 3.1 为溢流坝下游水流纵剖面各铅垂线上的流速分布图。该图形象地反映了某一瞬时溢流坝下游各空间点流速变化情况。

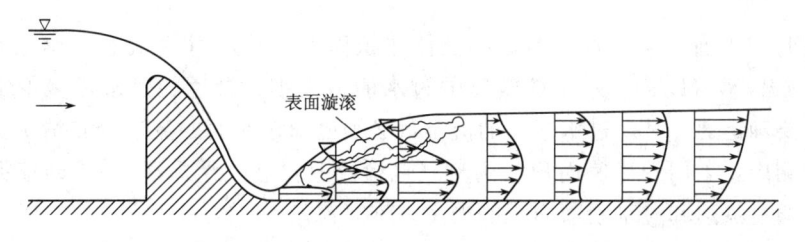

图 3.1　溢流坝下游水流纵剖面各铅垂线上的流速分布图

3.1.2 水流运动基本概念

实际水流的运动情况比较复杂,在运动过程中往往会呈现出多种多样的形态。为研究水流运动规律,通常要从不同角度出发,对水流进行分类,形成描述水流运动的一系列基本概念。

3.1.2.1 流线

流线是某瞬时在流场中绘出的一条曲线,位于该曲线上所有水流质点的流速方向都和曲线相切,如图 3.2 所示。整个水流的瞬时流线图可形象地描绘出该瞬时整个液流的运动趋势。流线是条光滑的曲线不能相交,也不能是折线。

在具有一定边界尺寸的流场中绘制一簇有代表性的流线,就构成了流线图。图 3.3 为实际工程中常见的几种流线图,从流线图可以看出:流线分布的疏密程度反映了流速的大小,流线的形状与固体边界形状有关。

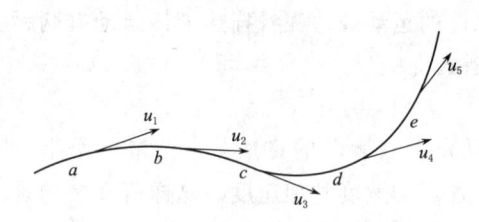

图 3.2 流线上各水流质点的流速方向

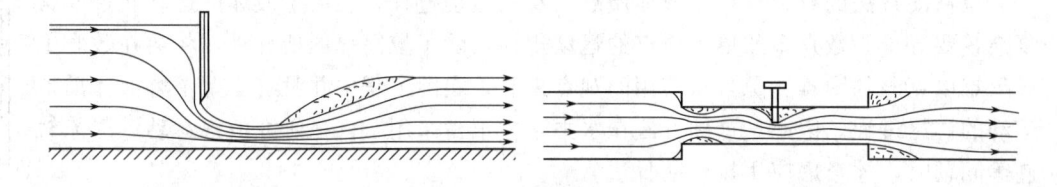

图 3.3 水流纵断面流线分布

3.1.2.2 过水断面

凡与(水流运动方向)流线正交的过水横断面都称为过水断面。过水的那部分横断面面积叫过水断面面积,常用符号 A 表示。图 3.4 给出了闸孔出流的流线示意图,随流线形状不同,其过水断面形状也不相同。如果水流的流线相互平行,过水断面为平面,否则就是曲面,如图 3.4 中的 0—0、1—1、c—c 断面所示。

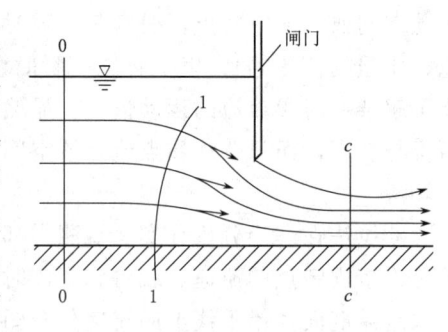

图 3.4 闸孔出流的流线示意图

3.1.2.3 流量

单位时间内通过某一过水断面的液体体积称为流量,用 Q 表示,单位为米^3/秒(m^3/s)或升/秒(L/s)。水工建筑物的过水能力大小、管道的过水量多少常用流量来表示。要确定通过某一过水断面的流量,必须已知该断面的流速分布情况。在河渠流量的量测中,采用的流速面积法测流(包括流速仪法、浮标法等),即依据了流量的定义,通过流速和过水断面面积的测量来推算流量。

显然,要测出过水断面上每一点、每一时刻的流速是很难实现的。为方便研究,实际工程中引入了断面平均流速的概念。

3.1.2.4 流速及流速分布

某河渠的一过水断面如图 3.5（a）所示，当用流速仪量测河渠断面上各点流速时，将会发现断面上沿某一垂线（水深）各点的流速并不相等。图 3.5（b）表示河渠过水断面上流速沿某一垂线的分布曲线，称为垂线流速分布曲线。流速是一个矢量，具有大小和方向。图中带箭头的线段代表各点的流速大小和方向，用 u_m 表示水面流速，u 表示任一点的流速，V_m 表示垂线平均流速。

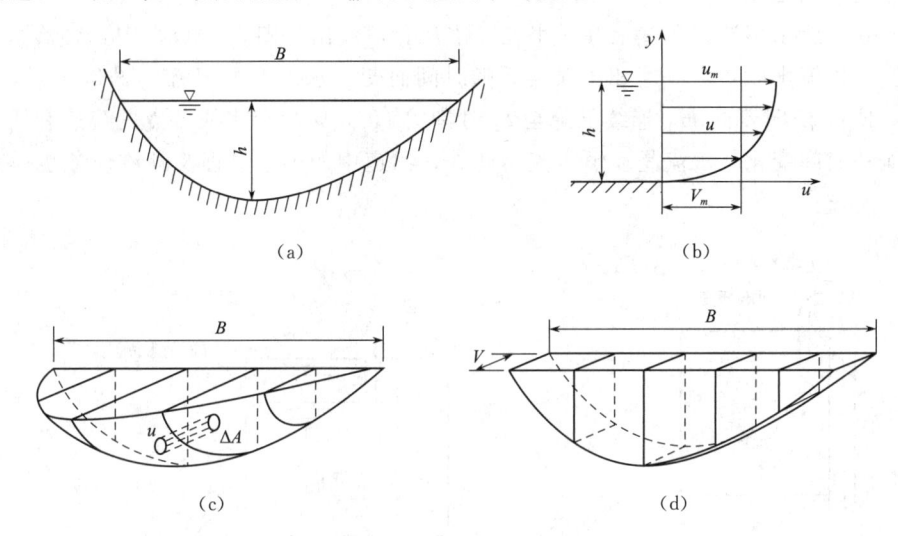

图 3.5 垂线流速分布曲线

如果沿着过水断面的宽度 B 测出若干条垂线流速分布曲线，就可以绘出如图 3.5（c）所示的断面流速分布图。

由图 3.5（b）、图 3.5（c）可见，水流流速在过水断面上的分布是不均匀的，这是因为水具有黏滞性，一般而言，靠近固体边壁处，流速小；远离固体边壁处，流速大。

3.1.2.5 断面平均流速

断面平均流速是一个假想的流速，认为该流速均匀分布在过水断面上，按此流速计算的流量与按实际不均匀分布的点流速 u 所计算出的流量相等，那么这个流速就称为断面平均流速，用符号 v 表示。则

$$Q = vA \tag{3.1}$$

式中　Q——流经某过水断面的流量，m^3/s；
　　　v——断面平均流速，m/s；
　　　A——过水断面面积，m^2。

3.1.2.6 动量

物体动量等于物体质量与速度乘积，运动的液体具有质量和流速，也就具有动量，其方向与速度方向相同。渐变流过水断面上液体的动量用 K 表示。

$$K = \beta \rho Q v \tag{3.2}$$

3.1.3 运动水流分类

实际水流的运动情况比较复杂，为了便于研究水流运动规律，常按照水流运动要素的大小和方向是否随时间和空间位置变化，把水流运动进行如下分类。

3.1.3.1 恒定流与非恒定流

根据水流某空间点的运动要素是否随时间变化，把水流运动分为恒定流和非恒定流。凡流动空间中任一固定点的所有运动要素都不随时间而变的水流称为恒定流，反之，称为非恒定流。

图 3.6 所示容器，侧壁上开一小孔，水从孔口流出。图 3.6（a）中，容器水位保持不变，出流水股各点流速和压强也不随时间而变，水流是恒定流；图 3.6（b）中，容器水位从 t_1 时刻的 H_1 连续下降至 t_2 时刻的 H_2，则出流水股各点的流速和压强也相应地随时间变化，水流是非恒定流。此外，河道中的洪水过程及潮汐现象也是典型的非恒定流。

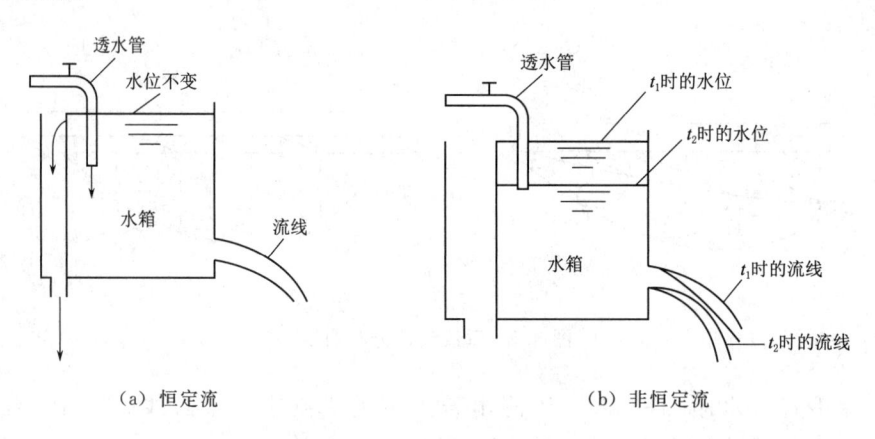

（a）恒定流　　（b）非恒定流

图 3.6　恒定流与非恒定流

恒定流与非恒定流是液体运动中最主要的分类。在实际工程中，有的非恒定流问题，其运动要素随时间变化非常缓慢，或者是在一段时间内运动要素的平均值几乎不变，此时可近似地把这种流动做恒定流处理。比如，容积很大的容器上的孔口泄流，可以认为容器水位在一定时段保持不变。此外，有些非恒定流经改变坐标系后可变成恒定流。例如，船在静止的河水中等速直线行驶时，船两侧的水流对于岸上的人看来是非恒定流，但对于站在船上的人看来则是恒定流，它相当于船不动，而远处水流以与船相反的方向等速流过来。本书主要研究恒定流问题。

3.1.3.2 均匀流与非均匀流

在恒定流中，根据液体运动要素是否沿流程变化，又可将水流分为均匀流与非均匀流两种。凡断面平均流速与流速分布沿程不变的水流叫均匀流（或等速流）；反之，断面平均流速与流速分布沿程变化的水流叫非均匀流（或变速流）。

均匀流中，同一流线上液体质点流速的大小和方向沿程不变，流线为一组相互平行的直线，过水断面为平面。非均匀流中，流线上液体质点流速的大小和方向沿程变化，流线不是平行直线，相邻流线间有夹角，是一组曲线，过水断面不是平面而是曲面。

理论和实验证明：在均匀流过水断面上各点的动水压强分布不受水流流动的影响，而与静水压强的分布规律一样，也就是说，在同一个均匀流过水断面上各点的测压管水头上 $z+\dfrac{p}{\gamma}$ 均相等，即 $z+\dfrac{p}{\gamma}=c$，但是，对于不同的断面，常数一般是不相同的，如图 3.7 所示。

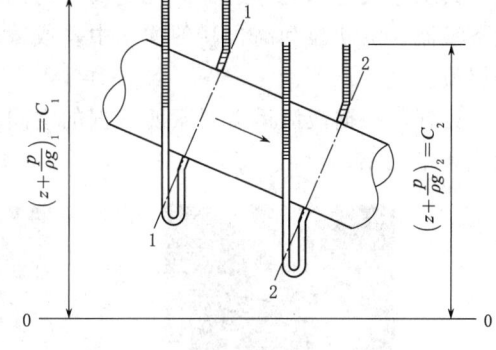

图 3.7 均匀流各点测压管水头

3.1.3.3 渐变流与急变流

在非均匀流中，根据流线的形状及沿程变化的情况又可将水流分为渐变流与急变流。

凡流线间的夹角很小，流线的曲率不大，流线可近似地认为平行的直线，这种水流叫渐变流；另一类是流线的曲率较大，流线间夹角较大，这种水流叫急变流。

渐变流的过水断面可近似为平面；渐变流时水流离心惯性力对运动的影响可以忽略不计；恒定渐变流过水断面上的动水压强近似按静水压强分布，也就是说，在同一个渐变流过水断面上各点的测压管水头 $z+\dfrac{p}{\gamma}$ 近似相等，即 $z+\dfrac{p}{\gamma}\approx c$，同样，对于不同的断面常数一般是不相同的。均匀流可以看成是渐变流的一个特例。

急变流时，水流离心惯性力对运动的影响不可忽略，其过水断面上的动水压强分布与静水压强分布是不同的，即 $z+\dfrac{p}{\gamma}\neq c$，如图 3.8 所示。

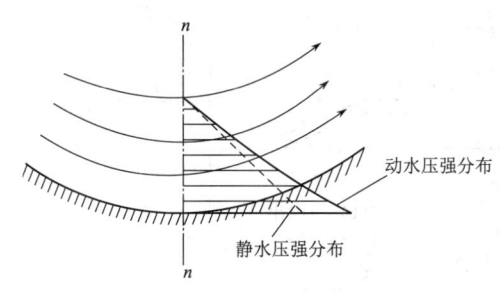

图 3.8 急变流断面压强分布

3.1.3.4 有压流与无压流

根据液流在流动过程中有无自由水面，可将其分为有压流与无压流。

液体靠外部压力作用流动的称为有压流。其特征是没有自由水面，液体充满整个的管道断面。有压输水管道的水流都属于有压流，也叫管流，如图 3.9（a）所示。

液体靠自身重力作用而产生流动的称为无压流。其特征是具有自由水面。渠槽江河和无压管道中的水流，都属于无压流，也叫明渠水流，如图 3.9（b）所示。

3.1.3.5 自由出流与淹没出流

当管道出口的水流流入大气，称为自由出流，如图 3.10（a）所示。当管道出口淹没在下游水面以下，管道过流量受下游水位的影响，这种出流叫淹没出流，如图 3.10（b）所示。

3.1.3.6 层流与紊流

水流质点作有条不紊的分层流动的形态称为层流。水流质点一边运动一边上下流层相互混掺，这种流动形态称为紊流。人工渠道和天然河道中的水流、输水管中的水流，其水流流速和固体边界的几何尺寸均比较大，水流的流态一般都是紊流。只有在地下渗流、沉沙池和高含沙的浑水中，或输油的管道中，水流速度很小时才有可能遇到层流。

另外，根据液流运动要素所依据的空间自变量的个数，可将液流分为一元流、二元流和三元流。

（a）管流　　　　　　　　　（b）明渠水流

图 3.9　管流与明渠水流示意图

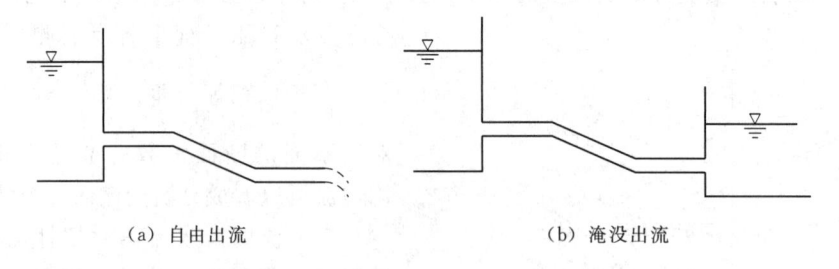

（a）自由出流　　　　　　　　　（b）淹没出流

图 3.10　自由出流和淹没出流示意图

任务 2　恒定总流的连续方程

液体和任何物质一样，在运动过程中质量既不能增加，也不可能减小，即水流运动也要遵守质量守恒定律。液体质量守恒关系的表达式，称为连续性方程。

图 3.11 所示为一恒定管流，在管段上任意取两个过水断面 1—1 和 2—2，其过水断面面积分别为 A_1 和 A_2，断面平均流速分别为 v_1 和 v_2，一般情况下认为水是不可压缩的，根据质量守恒定律，在同一时间内流经过水断面 1—1 的水流体积应等于流经过水断面 2—2 的水流体积，也就是说，1—1 过水断面与 2—2 过水断面的流量相等，即

$$Q_1 = Q_2 = Q = 常数$$

或

$$v_1 A_1 = v_2 A_2 = vA = 常数$$

此式表明：在恒定流中，流经任一过水断面的流量不变。也可写成：

$$\frac{v_1}{v_2} = \frac{A_2}{A_1} \tag{3.3}$$

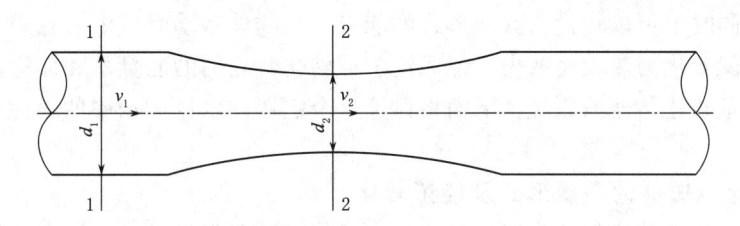

图 3.11 恒定管流示意图

式（3.3）表明：恒定流中任意两断面，其过水断面平均流速与过水断面面积成反比。过水断面面积越大，断面平均流速越小；过水断面面积越小，断面平均流速越大。

如图 3.12（a）所示，在断面 1—1 和断面 2—2 之间如有流量 Q_3 汇入，则 $Q_2 = Q_1 + Q_3$；如（b）图有流量 Q_3 分出，则 $Q_2 = Q_1 - Q_3$。

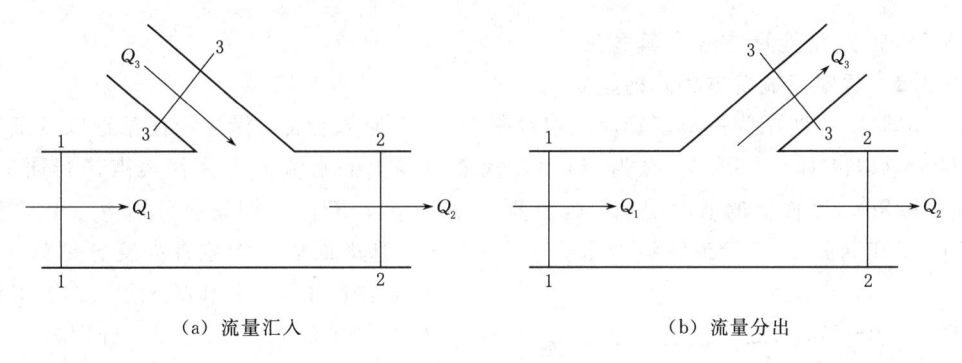

（a）流量汇入　　　　　　　　　　（b）流量分出

图 3.12　流量汇入与分出

【例 3.1】 如图 3.13 所示，某河段的江心滩地将河道分为南、北两支，在 a—a 断面测得北支河道的断面面积 $A_1 = 256\text{m}^2$，平均流速 $v_1 = 0.97\text{m/s}$，南支河道的断面面积 $A_2 = 349\text{m}^2$，平均流速 $v_2 = 0.62\text{m/s}$，求河道的流量 Q。

解：$Q_1 = A_1 v_1 = 256 \times 0.97$
$\quad\quad = 248.32(\text{m}^3/\text{s})$
$Q_2 = A_2 v_2 = 349 \times 0.62 = 216.38(\text{m}^3/\text{s})$
$Q = Q_1 + Q_2 = 248.32 + 216.38$
$\quad = 464.7(\text{m}^3/\text{s})$

因此，该河道的流量为 $464.7\text{m}^3/\text{s}$。

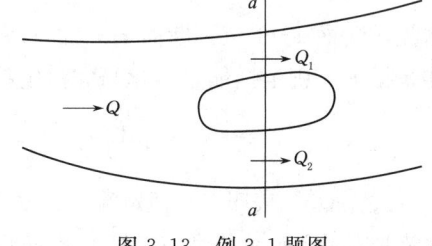

图 3.13　例 3.1 题图

任务 3　恒定总流的能量方程

从物理学中知道，在重力作用下运动着的物体具有动能和势能两种机械能。机械能的各种形式是可以互相转化的。如运动物体的动能可以转化为势能，势能也可以转化为动能；同时也可以转化为其他形式的能量，如物体运动时，由于克服摩擦阻力做功，机械能就转化为热能而散失。但无论怎样转化，它们的能量总和保持不变，这就是物体的能量转化与守恒原理。下面将讨论这个定律在水流运动中的表达形式——能量方程。

3.3.1 水流机械能的表现形式及能量转化

运动液体的机械能包括位置势能、压力势能和动能三种形式。渐变流过水断面上单位重量水流所具有的总能量叫单位总能量 E，它包括位置势能与单位位能 z、压力势能及单位压能 $\dfrac{p}{r}$、单位动能 $\dfrac{\alpha v^2}{2g}$。

综上所述，渐变流断面上水流所具有的平均单位总能量 E 等于平均单位势能、平均单位压能与平均单位动能之和。即

$$E = z + \frac{p}{r} + \frac{\alpha v^2}{2g} \tag{3.4}$$

3.3.2 恒定流能量方程及其意义

3.3.2.1 恒定流能量方程式的建立

如图 3.14 所示为一恒定管流，取水平面 0—0 为基准面，沿流程任意选取两渐变流断面（以断面 1—1 和 2—2 为例），以管道轴线上的水流质点为代表点进行研究。1—1 和 2—2 断面上的平均动水压强分别为 p_1、p_2；断面平均流速分别 v_1、v_2；断面 1—1 和断面 2—2 管道轴线处水流质点在 0—0 基准面以上的位置高度分别为 z_1、z_2，则断面 1—1 和 2—2 上水流的平均单位能量 E_1 和 E_2 分别为

$$E_1 = z_1 + \frac{p_1}{\gamma} + \frac{\alpha_1 v_1^2}{2g}$$

$$E_2 = z_2 + \frac{p_2}{\gamma} + \frac{\alpha_2 v_2^2}{2g}$$

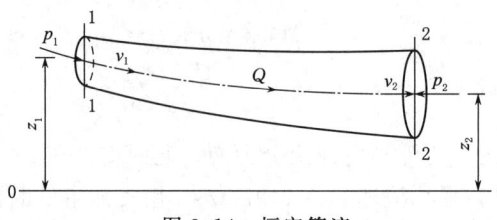

图 3.14 恒定管流

因为实际水流具有黏滞性，因此水流从断面 1—1 流到断面 2—2 的过程有能量损失，若以 h_{w1-2} 表示单位重量液体的能量损失，则根据能量转化与守恒定律可得恒定流的能量方程式为

$$z_1 + \frac{p_1}{\gamma} + \frac{\alpha_1 v_1^2}{2g} = z_2 + \frac{p_2}{\gamma} + \frac{\alpha_2 v_2^2}{2g} + h_{w1-2} \tag{3.5}$$

式（3.5）表明：在恒定流中，水流从任意一个断面流到另一个断面时，前一断面水流具有的单位总能量一定等于后一断面水流的单位总能量加上两断面之间的单位能量损失。式（3.5）即为恒定流的能量方程式，它是水力分析与计算中最基本、最重要的方程之一。

3.3.2.2 恒定流能量方程式的意义

在恒定流能量方程中，共包含了 5 种物理量，且都是长度单位，其中：

z 是过水断面上某点距离基准面的位置高度，从能量上叫单位位能，从几何意义上称为位置水头，单位为米（m）。

$\frac{P}{\gamma}$ 是过水断面上位置为 z 的点的动水压强高度,从能量上叫单位压能,从几何意义上称为压强水头,单位为米(m)。

$\frac{\alpha v^2}{2g}$ 从能量上叫单位动能,从几何意义上称为流速水头,单位为米(m)。

h_w 从能量上叫单位能量损失,从几何意义上称为水头损失,单位为米(m)。

$z+\frac{P}{\gamma}$ 从能量上叫单位势能,从几何意义上称为测压管水头,单位为米(m)。

$z+\frac{P}{\gamma}+\frac{\alpha v^2}{2g}$ 从能量上叫过水断面上的单位总能量(E),从几何意义上称为过水断面上总水头(H)。

能量方程式反映了水流中机械能的三种形式沿流程转化与守恒的规律。利用能量方程可以求解位置高度、动水压强或断面平均流速等物理量。

能量方程式可简写成:

$$E_1 = E_2 + h_{w1-2} \quad \text{或} \quad H_1 = H_2 + h_{w1-2} \tag{3.6}$$

它表明了在水流中,实际液体的总能量沿流程总是逐渐减少的,也就是说,水流总是从能量大的地方流向能量小的地方,或者说,从总水头高的地方流向总水头低的地方。所以,利用能量方程也可以判断水流的方向。

3.3.3 恒定流能量方程式的图示

为了形象地反映水流中各种能量的变化规律,可以把能量方程式用图形描绘出来。下面以水头为纵坐标,按一定比例尺沿流程把各个过水断面的 z、$\frac{p}{\gamma}$ 及 $\frac{\alpha v^2}{2g}$ 分别绘于图上,如图 3.15 所示。z 值在过水断面上各点是变化的,管道水流一般选取断面形心点的 z 值来标绘,相应的 $\frac{p}{\gamma}$ 亦选用形心点动水压强来标绘。

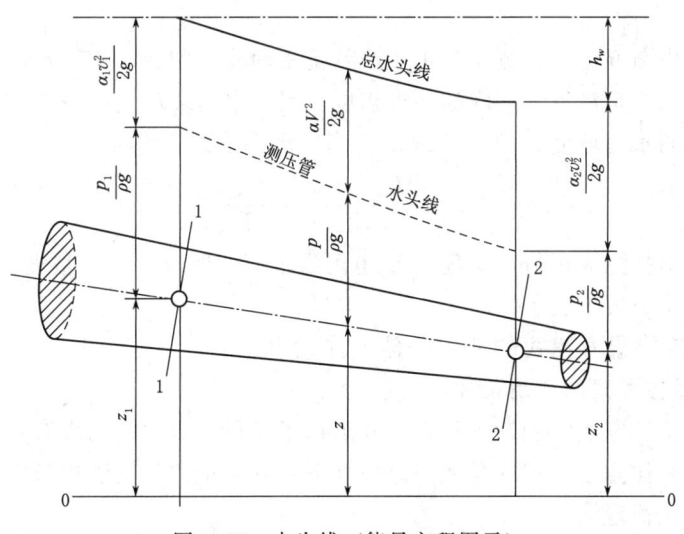

图 3.15 水头线(能量方程图示)

把各断面的测压管水头 $z+\dfrac{p}{\gamma}$ 值描出的点连接成线，称为测压管水头线，如图 3.15 中虚线所示；把各断面的总水头 $H=z+\dfrac{p}{\gamma}+\dfrac{\alpha v^2}{2g}$ 描出的点连接成线，称为总水头线，如图 3.15 中实线所示，总水头线与测压管水头线两线之间的间距，就是各断面的断面平均流速水头，即 $\left(z+\dfrac{p}{\gamma}+\dfrac{\alpha v^2}{2g}\right)-\left(z+\dfrac{p}{\gamma}\right)=\dfrac{\alpha v^2}{2g}$；任意两断面之间的总水头线的降低值，即为该两断面间的水头损失 h_w。

由式 3.6 可知，总水头沿流程减小，所以实际水流的总水头线必定是一条逐渐下降的线（直线或曲线）；而测压管水头线则可能是下降或上升的线（直线或曲线），甚至可能是一条水平线，这要取决于运动水流的几何边界变化情况，如图 3.16 所示。

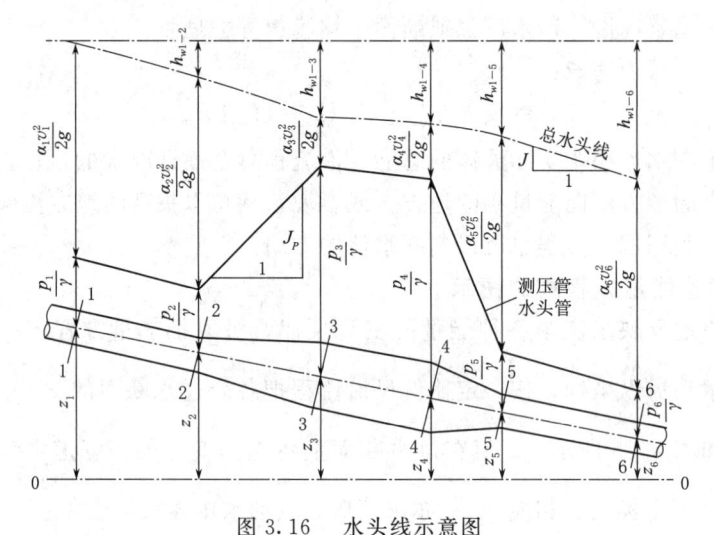

图 3.16 水头线示意图

对于河渠中渐变流，其测压管水头线就是水面线，如图 3.17 所示。

为了说明总能量沿流程下降的快慢程度，引入水力坡度这一概念。单位流程长度上的水头损失叫水力坡度，常用 J 表示。当总水头线为直线时

$$J=\dfrac{H_1-H_2}{L}=\dfrac{h_{w1-2}}{L} \tag{3.7}$$

因为水头损失恒为正值，流程长 L 也恒为正值，所以，水力坡度 J 必恒为正值。当理想液体时水力坡度 $J=0$。

3.3.4 恒定流能量方程式的适用条件及注意点

3.3.4.1 能量方程式的适用条件

以上建立了恒定流的能量方程式，并解释了能量方程式的物理意义。在应用能量方程式时，必须注意该方程式是在一定条件下建立起来的，其适用条件如下：

（1）水流是恒定流。

（2）所选取的两个过水断面处，水流应符合渐变流条件。这样，计算过水断面上

的势能值时,可以选取过水断面上任意点来计算。至于两过水断面之间,可以是渐变流,也可以是急变流。

(3) 在所选取的两个过水断面之间,流量保持不变,其间没有能量加入或分出;同时,也没有外界机械能的输入与输出。

3.3.4.2 恒定流能量方程式应用时应注意的问题

(1) 选择两个过水断面。首先两个过水断面必须取在均匀流或渐变流段上,一般应取在边界比较顺直的地方。其次应根据边界情况和需要解决的问题,选择已知条件较多的断面和选择需要求解运动要素的断面。

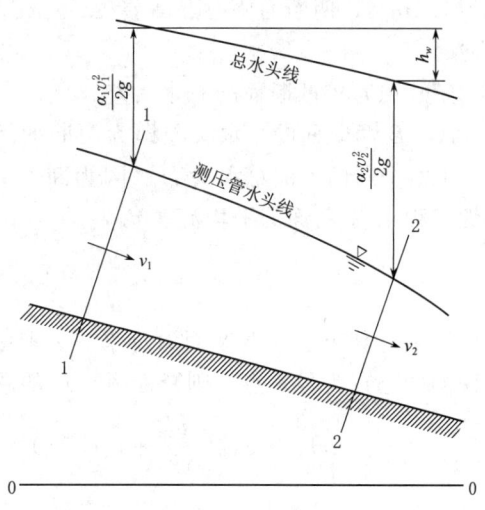

图 3.17 河渠水头线

(2) 选择计算代表点。选好断面后,还要在断面上选取一个代表点,由于在均匀流或渐变流断面上各点的测压管水头 $z+\dfrac{p}{g}=C$,因此可在断面上任选一点作为代表点,具体选择哪一点,以计算方便为宜。对于管道,一般可选择管轴中心点来计算较为方便;对于有自由液面的断面,一般选在自由面上,因为该点的相对压强为 0。

(3) 选择高程基准面。基准面的选择可以是任意的,但在计算不同断面的位置水头 z 值时,必须选取同一基准面。为了避免位置水头出现负值,常把基准面选在两代表点中位置较低的那一点的下面或与该点重合。

(4) 选择压强基准。能量方程式中上一项,可以用相对压强,也可以用绝对压强,但对同一问题必须采用相同的标准。一般水力计算中多以相对压强计算比较方便。

(5) 不同过水断面上的动能修正系数 α_1 与 α_2 严格来讲是不相等的,而且不等于 1.0。但实际应用上,大多数的渐变流断面上,可令 $\alpha_1=\alpha_2=1$,只在某些特殊情况下,α 值需要根据具体情况酌定。

需要注意的是:能量方程两边压强水头 $\dfrac{p}{g}$ 值,用相对压强或绝对压强计算都可以,但在同一方程中必须采用同一标准,能量方程经常和连续性方程联立解题。

【例 3.2】 图 3.18 所示为一连通的两段水管,已知小管直径 $d_A=0.15\text{m}$,A—A 断面中心点的相对压强 $p_A=68.6\text{kPa}$;大管直径 $d_B=0.3\text{m}$,B—B 断面中心点的相对压强 $p_B=58.8\text{kPa}$,大管断面平均流速

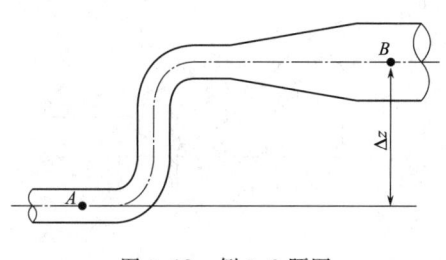

图 3.18 例 3.2 题图

$v_B=1.5\text{m/s}$，两断面中心点高差 $\Delta z=1\text{m}$，求 A、B 两断面的总水头差及判断水流方向。

解：(1) 求两断面的总水头差。

A、B 两断面的总水头差即为两断面间的水头损失 h_w。因此，先要分别计算出 A、B 两个断面上的总水头 H。因为断面 A 上的平均流速未知，所以，首先应用连续性方程求 A 断面的平均流速 v_A。即

$$v_A = v_B \frac{d_B^2}{d_A^2} = 1.5 \times \frac{0.3^2}{0.15^2} = 6(\text{m/s})$$

再来计算 A、B 两断面的总水头。取断面 A 中心点的水平面为基准面，并取两断面的中心点为代表点，则断面 A、B 的总水头分别为

$$H_A = z_A + \frac{p_A}{\gamma} + \frac{\alpha v_A^2}{2g} = 0 + \frac{68.6}{9.8} + \frac{1 \times 6^2}{19.6} = 8.84(\text{m})$$

$$H_B = z_B + \frac{p_B}{\gamma} + \frac{\alpha v_B^2}{2g} = 1 + \frac{58.8}{9.8} + \frac{1 \times 1.5^2}{19.6} = 7.11(\text{m})$$

(2) 确定管中的水流方向。

由上述计算过程可知：$H_A > H_B$，因此，管中水流应由断面 A 流向断面 B。

(3) 求两断面的总水头差。

根据能量方程 $H_A = H_B + h_w$，可得

$$h_w = H_A - H_B = 8.84 - 7.11 = 1.73(\text{m})$$

通过上述计算结果说明：水流总是由单位机械能大（总水头高）的地方流向单位机械能小（总水头低）的地方，而不能单纯根据位置高低、压强和流速的大小来判别水流方向。

【例 3.3】 图 3.19（a）为一水库的溢流坝，坝下游河床高程为 105.0m，当库水位为 120.0m 时，坝址处收缩断面 c—c 处的水深 $h_c = 1.2\text{m}$。设溢流坝的水头损失 $h_w = 0.1 \dfrac{v_c^2}{2g}$，求断面 c—c 的平均流速 v_c。

解：(1) 选基准面。以通过下游河床的水平面 0—0 为基准面，如图 3.19（b）所示。

(2) 选计算断面。按符合渐变流条件，已知量较多和包含所求量的原则，选择 1—1 断面，c—c 断面。

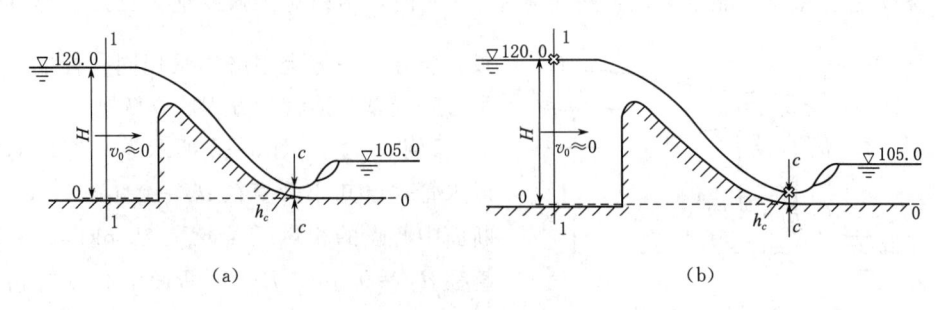

图 3.19 例 3.3 题图

(3) 选代表点。因为明渠水流，两断面选水面点为代表点，其相对压强 p_1、p_c 均为零。

(4) 列 1—1 断面、c—c 断面的能量方程，求解 v_c

$$Z_1 + \frac{P_1}{g} + \frac{\alpha_1 v_1^2}{2g} = Z_c + \frac{P_c}{g} + \frac{\alpha_c v_c^2}{2g} + h_w$$

因 $z_1 = H$，$z_c = h_c$；$p_1 = p_c = 0$；又因水库库容相当大，可认为行近流速 $v_1 = v_0 = 0$；$h_w = 0.1 \frac{v_c^2}{2g}$。

代入上式得

$$H + 0 = h_c + \frac{\alpha_c v_c^2}{2g} + 0.1 \frac{v_c^2}{2g}$$

$$v_c = \frac{1}{\sqrt{\alpha_c + 0.1}} \sqrt{2g(H - h_c)} = \frac{1}{\sqrt{1 + 0.1}} \sqrt{2 \times 9.8 \times (15 - 1.2)} = 15.69 (\text{m/s})$$

3.3.5　恒定流能量方程式应用

毫无疑问，水流在运动过程中总是符合机械能转化与守恒定律的，但对不同的边界条件，水流的运动状况不同，其机械能转化过程也不一样。下面说明能量方程在实际工程中的应用。

3.3.5.1　毕托管测流速

在科学试验中，广泛应用着一种测量水流速度的仪器——毕托管。简单的毕托管就是一根弯成 90°的开口细管。如图 3.20（a）所示，欲测流场中 A 点的流速，可将弯管前端管口置于 A 点并正对水流方向，此时，弯管的管口由于水流的顶冲，管中的水面将上升至 h_2 的高度，正对水流方向管口 A 点处的流速变为 0，该点处水流质点的动能将全部转化为压能，该点称为驻点。此时管中的水柱高度 h_2 等于 A 点处的动水压强水头与由该点流速水头转化而来的压强水头之和，即

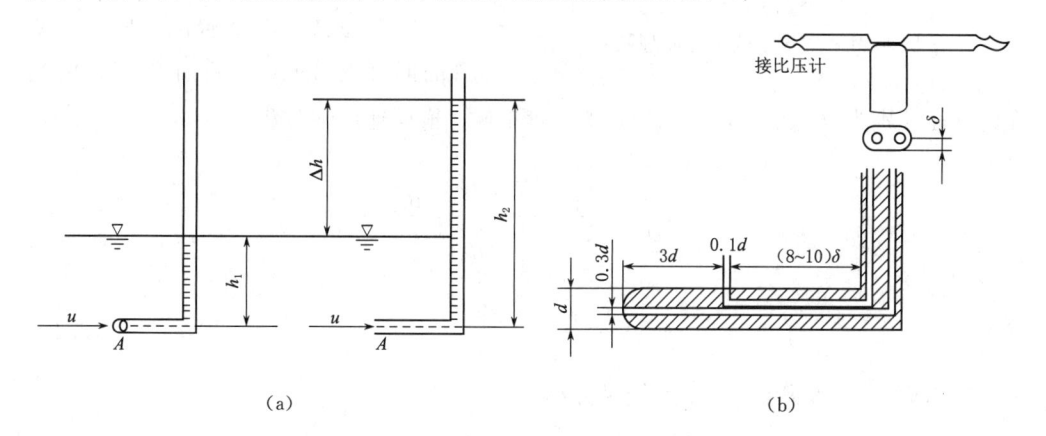

图 3.20　毕托管测速原理图

$$h_2 = \frac{p_A}{\gamma} + \frac{u_A^2}{2g} \tag{3.8}$$

若用同样一根细弯管，前端管口封闭而侧面开口，以同样的方式置于 A 点处，

不难看出，此时 A 点的压强水头就等于管中液面上升的高度 h_1。这样就可以计算出 A 点的流速，即

$$u_A = \sqrt{2g(h_2-h_1)} = \sqrt{2g\Delta h} \tag{3.9}$$

式中　Δh——两根测管的水面高差。

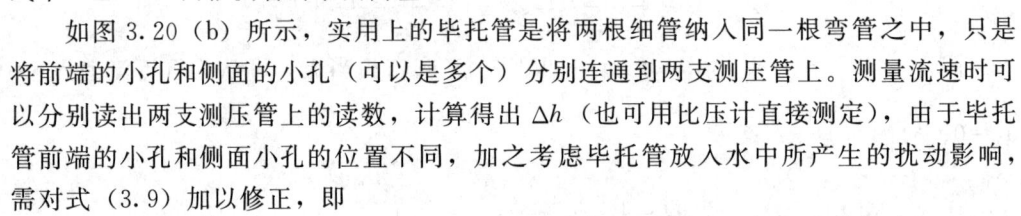

如图 3.20（b）所示，实用上的毕托管是将两根细管纳入同一根弯管之中，只是将前端的小孔和侧面的小孔（可以是多个）分别连通到两支测压管上。测量流速时可以分别读出两支测压管上的读数，计算得出 Δh（也可用比压计直接测定），由于毕托管前端的小孔和侧面小孔的位置不同，加之考虑毕托管放入水中所产生的扰动影响，需对式（3.9）加以修正，即

$$u_A = c\sqrt{2g\Delta h} \tag{3.10}$$

式（3.10）中 c 称为毕托管的校正系数，一般取 0.98~1.0。毕托管出厂时，产品说明书上有 c 值。若使用时间长了，应重新率定。

3.3.5.2　文丘里流量计

文丘里流量计是测量管道中流量大小的一种装置，它是由两段锥形管和一段较细的管子相连接而组成的。前面部分称为收缩段，中间叫喉管，后面部分为扩散段。若欲测量某管道中通过的流量，则把文丘里流量计连接在管段当中，在收缩段前的管道断面及喉管的断面上安装测压管（也可直接安装压差计），如图 3.21 所示。由于管径的收缩引起动能的增大，势能则相应降低，只要用测压管测得该两断面的测压管水头差 h，应用能量方程，即可求得通过管道的流量。现将其原理分析如下。

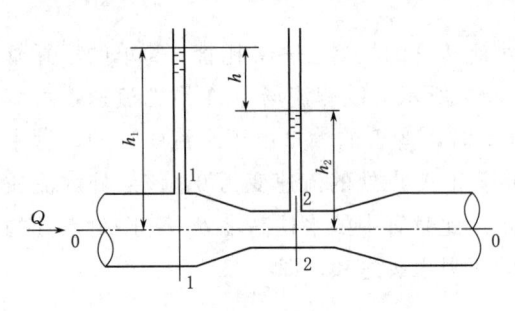

图 3.21　文丘里流量计原理图

假设水管是水平放置的，取安装测压管的断面为 1—1 及断面 2—2，两断面的直径分别为 d_1 及 d_2，平均流速为 v_1 和 v_2，根据连续性方程

$$\frac{v_1}{v_2} = \frac{A_1}{A_2} = \frac{\frac{1}{4}pd_2^2}{\frac{1}{4}pd_1^2} = \frac{d_2^2}{d_1^2}$$

或

$$v_1 = v_2 \frac{d_2^2}{d_1^2} \tag{3.11}$$

对断面 1—1 及断面 2—2 列能量方程

$$z_1 + \frac{p_1}{g} + \frac{\alpha_1 v_1^2}{2g} = z_2 + \frac{p_2}{g} + \frac{\alpha_2 v_2^2}{2g} + h_w$$

若以管道轴线为基准面，则 $z_1 = z_2 = 0$，$\frac{p_1}{g} = h_1$，$\frac{p_2}{g} = h_2$。因断面 1—1 和断面 2—2 相距很近，暂不计水头损失，令 $h_w = 0$，此时能量方程式变为

$$\frac{p_1}{g} - \frac{p_2}{g} = \frac{v_2^2 - v_1^2}{2g}$$

即
$$h_1 - h_2 = h = \frac{v_2^2 - v_1^2}{2g}$$

将式（3.11）代入上式，整理得

$$h = \frac{v_2^2}{2g}\left(1 - \frac{d_2^4}{d_1^4}\right)$$

$$v_2 = \frac{1}{\sqrt{1 - \frac{d_2^4}{d_1^4}}}\sqrt{2gh}$$

因此通过文丘里流量计的流量为

$$Q = A_2 v_2 = \frac{1}{4}pd_2^2 \frac{1}{\sqrt{1 - \frac{d_2^4}{d_1^4}}}\sqrt{2gh} \tag{3.12}$$

令
$$K = \frac{1}{4}pd_2^2 \sqrt{\frac{2g}{1 - \frac{d_2^4}{d_1^4}}} \tag{3.13}$$

则
$$Q = K\sqrt{h} \tag{3.14}$$

很显然，当管道直径 d_1 及喉道直径 d_2 确定后，K 为一定值，可以预先算出。因此，只要测得两测压管的水面高差 h，很快就可得出流量 Q 值。

由于在推导公式的过程中，未考虑水头损失的影响，而水头损失将会促使流量减小，因而实际流量比按式（3.14）算得的要小，此项误差一般用流量系数 m（也称为文丘里流量系数）来改正，则实际流量公式为

$$Q = mK\sqrt{h}\, m \tag{3.15}$$

流量系数 m，一般为 $0.95\sim0.98$。

任务 4　恒定总流的动量方程

除连续性方程和能量方程之外，解决水力学问题还有另外一个重要方程——动量方程。它是动量守恒定律在水力学中的具体表现，反映了动量变化与作用力之间的关系。在分析水流与边界相互作用问题时，必须借助动量方程，即动量方程主要用于解决急变流动中水流与边界的相互作用力问题。例如，闸门部分开启时，水流对闸门的作用力；水流对溢流坝的拖曳力，挑流鼻坎上的总作用力；水流对弯管的作用力；射流对壁面的冲击力等，如图 3.22 所示。

3.4.1　恒定流动量方程式的建立

水流的动量方程可由物理学中的动量定理推导得出，物理学中的动量定理可表述为：运动物体在单位时间内动量的变化量等于物体所受各外力的合力，即

(a)   (b)

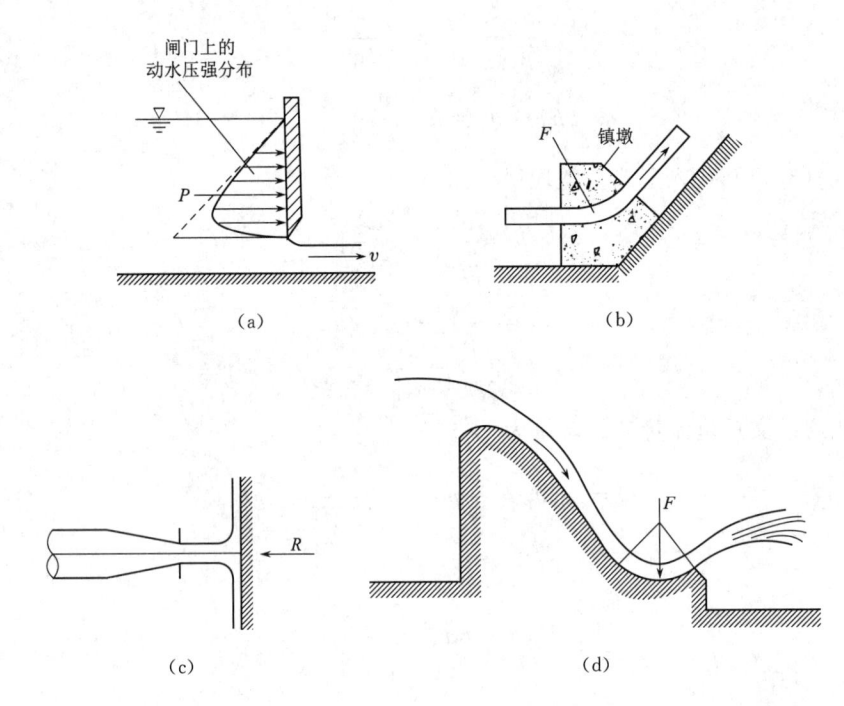

(c)   (d)

图 3.22　水流对边界的相互作用力

$$\sum F = \rho Q \beta (v_2 - v_1) \tag{3.16}$$

上式即为恒定总流的动量方程。它表明：单位时间内作用于所研究总流流段上的所有外力，等于从总流流段下游断面流出的动量与上游断面流入的动量之差。式（3.16）为沿任意方向流动水流的动量方程，实际计算中需要将其投影到 x、y、z 三坐标轴方向上列动量方程，式（3.17）是动量方程的投影式：

$$\begin{cases} \sum F_x = \rho Q (\beta_2 v_{2x} - \beta_1 v_{1x}) \\ \sum F_y = \rho Q (\beta_2 v_{2y} - \beta_1 v_{1y}) \\ \sum F_z = \rho Q (\beta_2 v_{2z} - \beta_1 v_{1z}) \end{cases} \tag{3.17}$$

式中的 v_{2x}、v_{2y}、v_{2z} 和 v_{1x}、v_{1y}、v_{1z} 分别为总流下游过水断面 2—2 和上游过水断面 1—1 的平均流速 v_2 和 v_1 在三个坐标方向上的投影。$\sum F_x$、$\sum F_y$、$\sum F_z$ 为作用在 1—1 断面与 2—2 断面间液体上的所有外力在三个坐标方向投影的代数和。β 为过水断面的动量修正系数。

3.4.2. 动量方程应用的条件和解题步骤
3.4.2.1　应用条件
（1）水流为恒定流。
（2）水流是连续的、不可压缩的均质液体。
（3）脱离体两端的断面必须是渐变流断面，但脱离体内部可以存在急变流。

3.4.2.2　动量方程的解题步骤
（1）列动量方程必须按照"取、选、标"的原则。取，即取"脱离体"；选，即选"xoy 坐标系";标:即在脱离体图上以箭头标注"力和速度"。在此基础上才可以列 x、y 方向的动量方程(一般有:过水断面上的动水压力、脱离体的重力、固体边界表面对脱离体的作用力)。

(2)列 x、y 方向动量方程时,力和速度的投影与坐标轴方向一致取正,反之取负。

(3)选取脱离体时,1—1、2—2 过水断面要取在渐变流段,且要已知条件多并包含待求量。过水断面的动量修正系数均可取 1.0。

(4)列动量方程时,输入和输出的流量须相等,一定是流出的动量减去流入的动量。

(5)未知数多时,可与连续性方程和能量方程联解。

实际上,动量方程也可以推广应用于沿程水流有分支或汇合的情况。例如,对某一分叉管路(图 3.23),可以把管壁以及上下游过水断面所组成的封闭段作为脱离体(图中虚线所示)来应用动量方程。此时,对该脱离体建立 x 方向的动量方程应为

$$\rho Q_2\beta_2 v_{2x} + \rho Q_3\beta_3 v_{3x} - \rho Q_1\beta_1 v_{1x} = \sum F_x$$
(3.18)

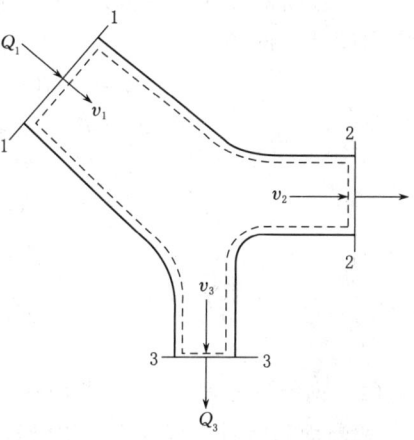

图 3.23 某一分叉管

式中 v_{1x}、v_{2x}、v_{3x}——1—1、2—2、3—3 三个过水断面上的平均流速在 x 方向的投影;

$\sum F_x$——作用于脱离体上的各外力的合力在 x 方向的投影。

式(3.18)表明:所有输出的动量减去输入的动量等于作用在该脱离体上所有外力的代数和。

【例 3.4】 水泵站压力水管的渐变流段如图 3.24(a)所示。直径 $D_1=1.5\text{m}$,$D_2=1.0\text{m}$,渐变段起点处压强 $p_1=392\text{kN/m}^2$,管中通过的流量 $Q=24.8\text{m}^3/\text{s}$,$\alpha=\beta=1.0$。求渐变段支座承受的轴向力(不计渐变流段能量损失)。

(a)

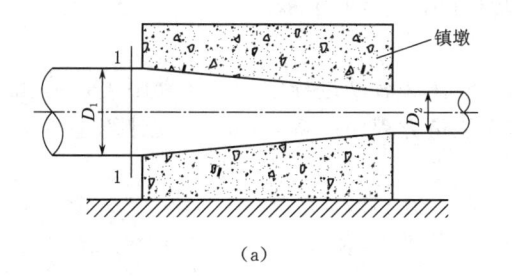

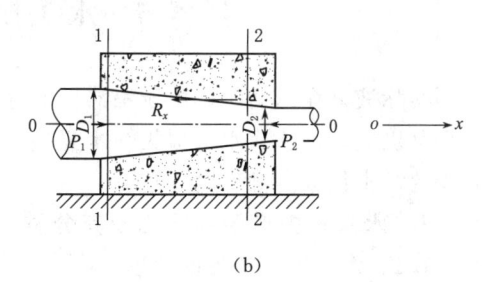

(b)

图 3.24 例 3.4 题图

解:(1)取脱离体。取渐变流段起始断面 1—1 和渐变流段出口断面 2—2 间的水

体为脱离体，并对其进行受力分析：脱离体两个渐变流断面上的动水总压力 P_1、P_2；管壁对水流的轴向作用力 R_x；脱离体的水重 G（此题只研究轴向力，铅垂方向的重力对其不影响，不考虑重力）。如图 3.24（b）所示。

（2）选直角坐标系 xoy。坐标轴 x、y 的方向如图 3.24（b）所示，各流速和各力方向已在 x 坐标轴上，力、流速与坐标轴方向相同时为正，与坐标方向相反时为负。

（3）选动量方程的投影式求解。因为只求轴向力，为水平方向的力，所以只列水平方向的动量投影式：

$$\sum F_x = \rho Q \beta (v_{2x} - v_{1x})$$

$$\sum F_x = P_1 - P_2 - R_x = p_1 A_1 - p_2 A_2 - R_x$$

$$v_{1x} = v_1 = \frac{Q}{A_1} = \frac{1.8}{\frac{\pi}{4} \times 1.5^2} = 1.019 \text{(m/s)}$$

$$v_{2x} = v_2 = \frac{Q}{A_2} = \frac{1.8}{\frac{\pi}{4} \times 1.0^2} = 2.293 \text{(m/s)}$$

（4）列能量方程求 2—2 断面的动水压强。2—2 断面动水压强，可以通过 1—1、2—2 两断面列能量方程求得（以管轴为基准面，代表点选在管轴线上）：

$$\frac{p_1}{\gamma} + \frac{v_1^2}{2g} = \frac{p_2}{\gamma} + \frac{v_2^2}{2g}$$

$$\frac{p_2}{\gamma} = \frac{p_1}{\gamma} + \frac{v_1^2}{2g} - \frac{v_2^2}{2g} = \frac{392}{9.8} + \frac{1.019^2}{19.6} - \frac{2.293^2}{19.6} = 40 + 0.053 - 0.268 = 39.785 \text{(m)}$$

则 $P_2 = 389.893 \text{(kN/m}^2\text{)}$

根据以上计算结果代入动量方程的投影式求 R_x：

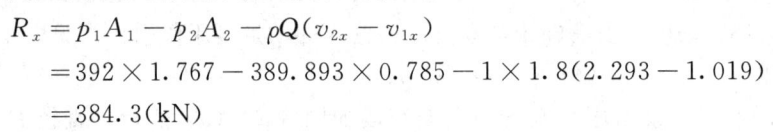

$$R_x = p_1 A_1 - p_2 A_2 - \rho Q (v_{2x} - v_{1x})$$
$$= 392 \times 1.767 - 389.893 \times 0.785 - 1 \times 1.8(2.293 - 1.019)$$
$$= 384.3 \text{(kN)}$$

渐变段支座承受的轴向力 $R'_x = -384.3 \text{kN}$。

任务 5 水头损失的分析与计算

实际液体在运动时，由于黏滞性的存在，液体在流动过程中产生运动阻力，消耗一部分机械能，造成水头损失。水头损失作为能量方程中的重要一项，其计算是不可缺少的，本任务将做专题论述。

3.5.1 水头损失产生的原因及其分类

3.5.1.1 水头损失产生的原因

当水流在固体边壁上流动时，机械能的损失是不可避免的，如图 3.25 所示为一等直径的水平放置的管道，在保持管中为恒定流条件下进行实验观察。从任意断面 1—1 和 2—2 的测压管中，可以清楚地看到其测压管水面沿流动方向呈下降趋势，说明水流沿程流动总水头沿程在下降，有水头损失。

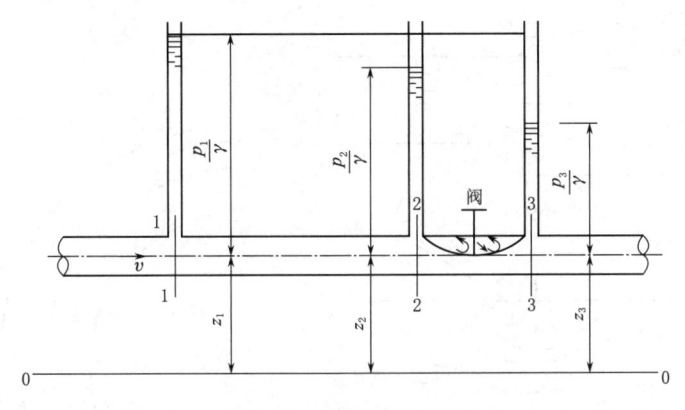

图 3.25　测压管示意图

水头损失的产生有两个因素：一个是内因即液体的黏滞性；一个是外因即固体边界纵向、横向轮廓的形状和外边界条件的变化对水流的影响。横向轮廓的形状和大小对水头损失的影响可用水力半径 R 表示，即

$$R = \frac{A}{\chi} \tag{3.19}$$

式中　R——水力半径，m；
　　　A——过水断面面积，m^2；
　　　χ——湿周，它是液流的过水断面与固体边界相接触的长度，m。

3.5.1.2　水头损失的分类

水流在不同边界情况下的流动情况是十分复杂的，为了便于计算水头损失，通常把水头损失分为两类。

1. 沿程水头损失

在均匀流和渐变流中，水流克服沿程摩擦阻力而损失的水头，称为沿程水头损失，用 h_f 表示，它随着流程的增大而增大。图 3.25 中，断面 1—1、2—2 之间的水头损失就是沿程水头损失。

2. 局部水头损失

由于固体边界的形状、尺寸急剧变化，使水流结构发生急剧变化所形成的阻力，称局部阻力，水流克服局部阻力所损失的水头，称局部水头损失，用符号 h_j 表示。图 3.25 中，2—2、3—3 断面之间的水头损失主要是局部水头损失。该水头损失仅存在于流动边界发生变化的局部范围内，如边界的突然扩大、突然缩小、急转弯处、管道安装阀门处等，如图 3.26 所示。

从图 3.26 可见，局部水头损失是在一段，甚至是相当长的一段流程上完成的，但在水力分析中，为方便起见，一般是把它作为一个断面上的集中的水头损失来处理。

引起沿程水头损失和局部水头损失的外因（边界条件）虽然不同，但内因（水流的黏滞性）是相同的，液体流经整个流程上的水头损失 h_w，等于液流各段沿程水头

损失和全部流程上各个局部水头损失的总和，即

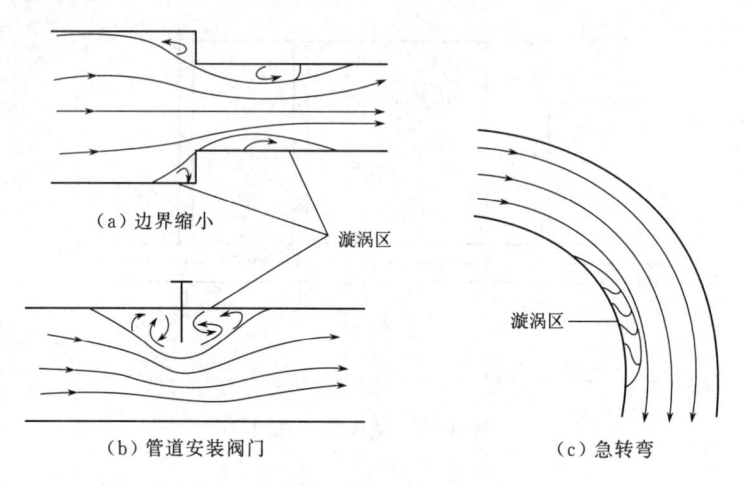

（a）边界缩小　漩涡区

（b）管道安装阀门

（c）急转弯　漩涡区

图 3.26　流动边界发生局部变化

$$h_w = \sum h_f + \sum h_j \tag{3.20}$$

式中　$\sum h_f$——全流程上各段沿程水头损失之和；

$\sum h_j$——全流程上各个局部水头损失之和。

3.5.2　层流与紊流两种形态

1885 年英国人雷诺（Reynolds）曾用实验揭示了实际液体运动存在着两种形态，即层流与紊流流态。

3.5.2.1　雷诺试验

图 3.27（a）为雷诺实验装置的示意图。实验时将容器内装满液体，并保持液面稳定，使水流为恒定流。

实验时，将阀门 K_1 徐徐开启，液体自玻璃管中流出，然后将颜色液体的阀门 K_2 打开，就可以看到在玻璃管中有一条细直而鲜明的带色流束，这一流束并不与未带色的液体混杂，如图 3.27（b）所示，这种水流质点作有条不紊的分层流动形态，称为层流。再将阀门 K_1 逐渐开大，玻璃管中流速逐渐增大，就可看到带色流束开始

图 3.27　雷诺实验

颤动并弯曲,具有波形轮廓,如图 3.27 (c) 所示。然后在其个别流段上开始出现破裂,因而失掉了带色流束的清晰形状。最后在流速达到某一定值时,带色流束便完全破裂,并且很快扩散成布满全管的漩涡、向四周扩散,使全部水流着色,见图 3.27 (d),这种水流质点相互混掺的流动形态,称为紊流。

3.5.2.2 层流与紊流的判别

由雷诺实验可以看到,运动水流中存在着层流与紊流两种流态,这两种流态在条件具备时可以相互转化。水流流态转化时的流速,称为临界流速,记为 V_k。

两种流态转化时的临界流速大小不等,层流转化为紊流时的临界流速较大,称为上临界流速,记为 $V_{k上}$；紊流转化为层流时的临界流速较小,称为下临界流速,记为 $V_{k下}$。

雷诺实验发现,临界流速与液体的密度 ρ、动力黏滞系数 m 及管径 d 都有密切关系,并提出液流形态可用下列无量纲的纯数来判别：

$$Re = \frac{d}{\nu} \tag{3.21}$$

Re 称为雷诺数。液流形态开始转变时的雷诺数称为临界雷诺数。若用下临界流速代入式 (3.21),则求得的雷诺数称为下临界雷诺数 $Re_{k下}$。若用上临界流速代入式 (3.21),则求得的雷诺数称为上临界雷诺数 $Re_{k上}$。

经大量实验证明,在同一种形状的边界中流动的各种液体,其流动形态转变时的下临界雷诺数是一个常数,记为 Re_k。圆管中液流的下临界雷诺数 $Re=2000\sim3000$,常取 2320。但上临界雷诺数是一个不稳定的数值,一般在 $12000\sim20000$,个别情况下也有高达 $40000\sim50000$ 的,主要取决于液流的平静程度和来流有无扰动等。因此,判别液流形态常以下临界雷诺数为标准：实际雷诺数大于下临界雷诺数时就是紊流,小于下临界雷诺数时一定是层流。

以上实验虽然都是以圆管液流为对象,但其结论对其他边界条件下的液流也是适用的,只是边界条件不同时,下临界雷诺数的数值不同而已。例如：

对于渠道和河道这类明槽流动,雷诺数可写为

$$Re = \frac{nR}{\nu} \tag{3.22}$$

式中 R——水力半径,此时 $Re_k = \frac{\nu R}{n} \approx 580$；

n——运动黏滞系数。

$$\nu = \frac{\mu}{\rho} \tag{3.23}$$

ν 的单位 m^2/s 或 cm^2/s,大小也与液体的种类和温度有关。不同水温的 ν 值见表 1.1。

雷诺数可理解为惯性力与黏滞力作用的对比关系。这是因为水具有易流动性和黏滞性,使水流运动时受到惯性力和黏滞力的作用。水的易流动性使水流极易感受外来干扰而产生紊乱；水流的惯性力,有使水流质点保持或加剧紊乱的作用；而水流的黏滞性,则有限制水流质点产生紊乱、制服水流不稳定的作用。

当雷诺数较小时，运动水流的黏滞力占绝对优势，对水流质点的运动起主要控制作用，水流表现为层流状态，质点互不混掺；当雷诺数较大时，惯性力占绝对优势，对水流质点运动起主要控制作用，水流质点依靠自身惯性流动，可以摆脱黏滞力的控制而发生质点的混掺，形成紊流。

【例3.5】 有一圆形输水管，其直径 $d=200$mm，管中水流的平均流速 $v=1.0$m/s，水温为15℃，试判别管中水流的形态。若通过管道的是石油，其他条件相同，试问流态是层流还是紊流？

解：温度15℃的水，其运动黏度 $n_水=0.0114$cm^2/s，相应的雷诺数为

$$Re = \frac{vd}{n} = \frac{1.0 \times 0.02}{0.0114 \times 10^{-4}} = 1.754 \times 10^4 > 2000$$

通过管道中的水流处于紊流状态。

温度15℃的石油，其运动黏度 $n_{石油}=0.6$cm^2/s，相应的雷诺数为

$$Re = \frac{vd}{n} = \frac{1.0 \times 0.02}{0.6 \times 10^{-4}} = 333.3 < 2000$$

通过管道中的水流处于层流状态。

思考：若水温升高至35℃，其他条件同例3.5，试问此时水流处于什么状态？

3.5.3　沿程水头损失的分析与计算

3.5.3.1　沿程水头损失的通用计算公式——达西-魏斯巴哈公式

$$h_f = \lambda \frac{L}{4R} \frac{v^2}{2g} \tag{3.24}$$

式中　λ——沿程水头损失系数，反映了水流流动形态、边界粗糙度对水头损失的影响，无单位。

对于圆管，$4R=d$，故上式可写为

$$h_f = \lambda \frac{L}{4R} \frac{v^2}{2g} \tag{3.25}$$

3.5.3.2　沿程水头损失计算的经验公式——谢才公式

1769年，谢才总结了明渠均匀流的实测资料，提出计算均匀流的经验公式，后人称为谢才公式，即

$$v = C\sqrt{RJ} \tag{3.26}$$

式中　C——谢才系数，m$^{\frac{1}{2}}$/s；

　　　J——水力坡度。

将水力坡度 $J=\dfrac{h_f}{L}$ 代入式（3.26），得

$$h_f = \frac{v^2}{C^2 R} L \tag{3.27}$$

常采用下列经验公式计算谢才系数。

1. 曼宁公式

最常用的谢才系数计算公式是曼宁公式：

$$C = \frac{1}{n} R^{\frac{1}{6}} \tag{3.28}$$

式中 n——粗糙系数，简称糙率，它是衡量边界形状不规则和边壁粗糙度影响的一个无量纲综合系数。无实测资料时可以查表3.1。

表 3.1　　　　　　　　　　不同输水管道边壁的糙率 n 值

等级	槽　壁　种　类	n	$\frac{1}{n}$
1	涂覆珐琅或釉质的表面，极精细刨光而拼合良好的木板	0.009	111.1
2	刨光的木板，纯粹水泥的粉饰面	0.010	100.0
3	水泥（含$\frac{1}{3}$细砂）粉饰面，（新的）陶土，安装和接合良好的铸铁管和钢管	0.011	90.9
4	未刨而拼合良好的木板，无显著积垢的给水管，极洁净的排水管，极好的混凝土面	0.012	83.3
5	琢磨的石砌体，极好的砖砌体，正常的排水管，略微污染的给水管，非完全精密拼合的未刨的木板	0.013	76.9
6	"污染"的给水管和排水管，一般的砖砌体，一般情况下渠道的混凝土面	0.014	71.4
7	粗糙的砖砌体，未琢磨的石砌体，有修饰的表面，安置平整的石块，极污垢的排水管	0.015	66.7
8	普通块石砌体，旧破砖砌体，较粗糙的混凝土，光滑的、开凿得极好的崖岸	0.017	58.8
9	覆有坚厚淤泥层的渠槽，用致密黄土和致密卵石做成、而为整片淤泥层所覆盖的良好渠槽	0.018	55.6
10	很粗糙的块石砌体，用大块石干砌体，卵石铺筑面，岩山中开筑的渠槽，黄土、致密卵石和致密泥土做成、而为淤泥薄层所覆盖的渠槽（正常情况）	0.020	50.0
11	尖角的大块乱石铺筑面，表面经过普通处理的岩石渠槽，致密黏土渠槽，黄土、卵石和泥土做成而非为整片的（有些地方断裂的）淤泥薄层所覆盖的渠槽，中等养护的大型渠槽	0.0225	44.4
12	中等养护的大型土渠，良好养护的小型土渠，小河和溪闸（自由流动无淤塞和显著水草等）	0.025	40.0
13	中等条件以下的大渠道和小渠槽	0.0275	36.4
14	条件较差的渠道和小河（例如有些地方有水草和乱石或显著的茂草，有局部的坍坡等）	0.030	33.3
15	条件很差的渠道和小河（断面不规则、严重受到石块和水草的阻塞等）	0.035	28.6
16	条件特别差的渠道和小河（沿河有崩岸的巨石、绵密的树根、深潭、坍岸等）	0.04	25.0

因为曼宁公式形式简单，且应用于管道及较小的河渠可得到较满意的结果，故现为世界各国工程界所采用。注意：曼宁公式适用于 $v > 1.2\text{m/s}$ 的情况。

将式（3.28）代入（3.26）得

$$J = \frac{h_f}{L} v = \frac{1}{n} R^{\frac{2}{3}} J^{\frac{1}{2}} \tag{3.29}$$

2. 巴甫洛夫斯基公式

$$C = \frac{1}{n} R^y \tag{3.30}$$

其中
$$y = 2.5\sqrt{n} - 0.13 - 0.75\sqrt{R}(\sqrt{n} - 0.1) \tag{3.31}$$

作近似计算时，y 值可用下列简式求得

当 $R < 1.0\text{m}$ 时，
$$y = 1.5\sqrt{n} \tag{3.32}$$

当 $R > 1.0\text{m}$ 时，
$$y = 1.3\sqrt{n} \tag{3.33}$$

巴甫洛夫斯基公式适用范围为 $0.1\text{m} \leqslant R \leqslant 3.0\text{m}$，$0.011 \leqslant n \leqslant 0.04$。

这里要注意，上述各公式中水力半径 R 的单位均采用 m。

【例 3.6】 试求直径 $d = 200\text{mm}$、长度 $l = 1000\text{m}$ 的铸铁管，在流量 $Q = 50\text{L/s}$ 时的水头损失。

解：根据已知条件，可求水力要素

$$A = \frac{\pi}{4}d^2 = \frac{\pi}{4} \times 0.2^2 = 0.0314(\text{m}^2)$$

$$v = \frac{Q}{A} = \frac{0.05}{0.0314} = 1.6(\text{m/s})$$

$$R = \frac{d}{4} = \frac{0.2}{4} = 0.05(\text{m})$$

查资料可得 $n = 0.012$，$C = \frac{1}{n}R^{\frac{1}{6}} = \frac{1}{0.012} \times 0.05^{\frac{1}{6}} = 48.5(\text{m}^{\frac{1}{2}}/\text{s})$

$$h_f = \frac{v^2}{C^2 R}l = \frac{1.6^2}{48.5^2 \times 0.05} \times 1000 = 21.8(\text{m})$$

【例 3.7】 有一坚实黏土梯形断面渠道，底宽 $b = 10.0\text{m}$，水深 $h = 3.0\text{m}$，渠道的边坡系数 $m = 1.0$。要求：①用各种公式计算谢才系数 C；②当通过流量 $Q = 39\text{m}^3/\text{s}$ 时，计算水流每公里流动长度上的水头损失。

解：首先计算断面水力要素

过水面积 $A = (b + mh)h = (10.0 + 1 \times 3.0) \times 3.0 = 39(\text{m}^2)$

湿周 $\chi = b + 2h\sqrt{1 + m^2} = 10.0 + 2 \times 3.0\sqrt{1 + 1.0^2} = 18.5(\text{m})$

水力半径 $R = \frac{A}{\chi} = \frac{39}{18.5} = 2.11(\text{m})$

根据渠道壁面情况，由表 3.1 查得 $n = 0.0225$

按曼宁公式计算谢才系数

$$C = \frac{1}{n}R^{\frac{1}{6}} = \frac{1}{0.0225} \times 2.11^{\frac{1}{6}} = 50.3(\text{m}^{\frac{1}{2}}/\text{s})$$

按巴甫洛夫斯基公式计算谢才系数

$$C = 2.5\sqrt{n} - 0.13 - 0.75\sqrt{R}(\sqrt{n} - 0.1)$$
$$= 2.5\sqrt{0.0225} - 0.13 - 0.75\sqrt{2.11}(\sqrt{0.0225} - 0.1)$$
$$= 0.19(\text{m}^{\frac{1}{2}}/\text{s})$$

以上计算结果表明，按曼宁公式计算的 C 值偏小，代入式（3.27）计算沿程水

头损失偏安全，故 1km 长度的水头损失为

$$h_f = \frac{v^2}{C^2 R}l = \frac{Q^2}{C^2 A^2 R}l = \frac{39^2 \times 1000}{50.3^2 \times 39^2 \times 2.11} = 0.19(\text{m})$$

3.5.4 局部水头损失的分析与计算

大多数的边界变化地段的局部水头损失，目前还不能用理论方法推导。但由于各种类型的局部水头损失都具有共同的特征（图 3.26）：第一，在不同程度上，存在有主流与固体边壁脱离的漩涡区，漩涡区内液体具有强烈的紊动，不断消耗液流的机械能；第二，流速分布不断调整，并使某些断面上的相对运动大大增加，从而增加了流层间的切力。所以可以采用共同的通用计算公式：

$$h_j = \zeta \frac{v^2}{2g} \tag{3.34}$$

式中 ζ——为局部水头损失系数，由实验测定。

必须指出，ζ 是对应于某一流速水头而言的，因此，在选用时应注意两者的关系，以免用错了流速水头。局部水头损失系数可采用表 3.2 的数据，更详细的系数可查相关水力计算手册。

表 3.2　　　　　　　　　　管路各种局部水头损失系数表

名称	简　图	局部水头损失系数 ζ 值								
断面突然扩大		$\zeta' = (1-\frac{A_1}{A_2})^2$（应用公式 $h_j = \zeta' \frac{v_1^2}{2g}$） $\zeta'' = (\frac{A_2}{A_1}-1)^2$（应用公式 $h_j = \zeta'' \frac{v_2^2}{2g}$）								
断面突然缩小		$\zeta = 0.5(1-\frac{A_2}{A_1})$								
进口	完全修圆	0.05～0.10								
	稍微修圆	0.20～0.25								
	没有修圆	0.50								
出口	流入水库（池）	1.0								
	流入明渠	A_1/A_2	0.1	0.2	0.3	0.4	0.5	0.6	0.7	0.8	0.9
		ζ	0.81	0.64	0.49	0.36	0.25	0.16	0.09	0.04	0.01

续表

名称	简图	局部水头损失系数 ζ 值							
急转弯管		圆形	$\alpha/(°)$	30	40	50	60	70	80	90
			ζ	0.20	0.30	0.40	0.55	0.70	0.90	1.10
		矩形	$\alpha/(°)$	15	30	45	60	90	
			ζ	0.025	0.11	0.26	0.49	1.20	

名称	简图		局部水头损失系数 ζ 值						
弯管		90°	R/d	0.5	1.0	1.5	2.0	3.0	4.0	5.0
			$\zeta_{90°}$	1.2	0.80	0.60	0.48	0.36	0.30	0.29
		任意角度	\multicolumn{7}{c	}{$\zeta_{\alpha°} = \alpha \zeta_{90°}$}
			$\alpha/(°)$	20	30	40	50	60	70	80
			α	0.40	0.55	0.65	0.75	0.83	0.88	0.95
			$\alpha/(°)$	90	100	120	140	160	180	
			α	1.00	1.05	1.13	1.20	1.27	1.33	

名称	简图		局部水头损失系数 ζ 值						
闸阀		圆形管道	\multicolumn{7}{c	}{当全开时（a/d＝1）}
			d/mm	15	20～50	80	100	150	200～250	
			ζ	1.5	0.5	0.4	0.2	0.1	0.08	
			d/mm	300～450		500～800		900～1000		
			ζ	0.07		0.06		0.05		
			\multicolumn{7}{c	}{当各种开启度时}
			a/d	7/8	6/8	5/8	4/8	3/8	2/8	1/8
			$A_{开启}/A_{总}$	0.948	0.856	0.740	0.609	0.466	0.315	0.159
			ζ	0.15	0.26	0.81	2.06	5.52	17.0	97.8

名称	简图		局部水头损失系数 ζ 值
截止阀		全开	4.3～6.1

名称	简图		局部水头损失系数 ζ 值								
莲篷头（滤水网）		无底阀	\multicolumn{10}{c	}{2～3}
		有底阀	d/mm	40	50	75	100	150	200	250	300	350	400	500	750
			ζ	12	10	8.5	7.0	6.0	5.2	4.4	3.7	3.4	3.1	2.5	1.6

名称	简图	局部水头损失系数 ζ 值
平板门槽		0.05～0.20

续表

名称	简图	局部水头损失系数 ζ 值
拦污栅	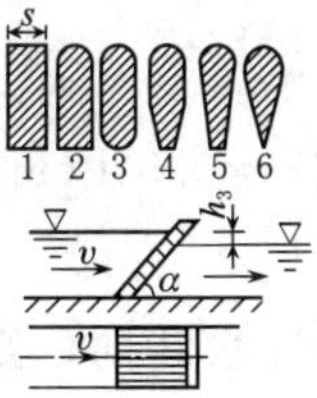	$\zeta = \beta \left(\dfrac{s}{b}\right)^{\frac{4}{3}} \sin\alpha$ 式中 s——栅条宽度，m； b——栅条间距，m； α——倾角； β——栅条形状系数，用下表确定 | 栅条形状 | 1 | 2 | 3 | 4 | 5 | 6 | |---|---|---|---|---|---|---| | β | 2.42 | 1.83 | 1.67 | 1.035 | 0.92 | 0.76 |

【例 3.8】 从水箱引出一直径不同的管道，如图 3.28 所示。已知 $d_1=150\text{mm}$，$L_1=30\text{m}$，$\lambda_1=0.036$，$d_2=125\text{mm}$，$L_2=20\text{m}$，$\lambda_2=0.038$，第二段管子上有一平板闸阀，其开度为 $a/d=0.5$。当输送流量 $Q=25\text{L/s}$ 时，求：沿程水头损失 $\sum h_f$，局部水头损失 $\sum h_j$，水箱的水头 H。

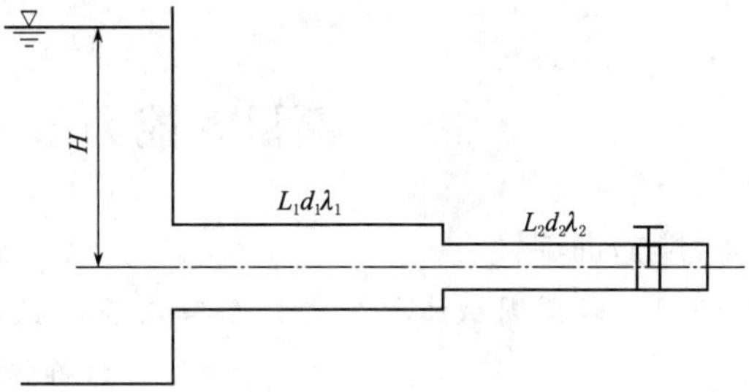

图 3.28 例 3.8 题图

解：（1）沿程水头损失。

第一段： $Q=25\text{L/s}=0.025\text{m}^3/\text{s}$

断面平均流速 $v_1=\dfrac{Q}{A_1}=\dfrac{4\times 0.025}{3.14\times 0.15^2}=1.42(\text{m/s})$

则沿程水头损失 $h_{f1}=\lambda_1\dfrac{L_1}{d_1}\dfrac{v_1^2}{2g}=0.036\times\dfrac{30}{0.15}\times\dfrac{1.42^2}{19.6}=0.741(\text{m})$

第二段：

断面平均流速 $v_2=\dfrac{Q}{A_2}=\dfrac{4\times 0.025}{3.14\times 0.125^2}=2.04(\text{m/s})$

则沿程水头损失 $h_{f2}=\lambda_2\dfrac{L_2}{d_2}\dfrac{v_2^2}{2g}=0.038\times\dfrac{20}{0.125}\times\dfrac{2.04^2}{19.6}=1.291(\text{m})$

$$\sum h_f = h_{f1}+h_{f2}=0.741+1.291=2.032(\text{m})$$

（2）局部水头损失。

进口损失：查表直角进口 $\zeta_{\text{进口}}=0.5$，则

$$h_{j1}=\zeta_{\text{进口}}\dfrac{v_1^2}{2g}=0.5\times\dfrac{1.42^2}{19.6}=0.051(\text{m})$$

缩小损失，根据 $\dfrac{A_2}{A_1}=\left(\dfrac{d_2}{d_1}\right)^2=0.694$，查表 3.2，得

$$\zeta_{\text{缩}}=0.5\times\left(1-\dfrac{A_2}{A_1}\right)=0.5\times(1-0.694)=0.153$$

则 $$h_{j2} = \zeta \frac{v_2^2}{2g} = 0.153 \times \frac{2.04^2}{19.6} = 0.032(\text{m})$$

闸阀损失，由平板闸阀的开度 $a/d = 0.5$，查表3.2得 $\zeta_{闸} = 2.06$，

则 $$h_{j3} = \zeta_{闸} \frac{v_2^2}{2g} = 2.06 \times \frac{2.04^2}{19.6} = 0.437(\text{m})$$

$$\sum h_j = h_{j1} + h_{j2} + h_{j3} = 0.051 + 0.032 + 0.437 = 0.520(\text{m})$$

(3) 水箱的水头 H。

以管轴为基准面，取水箱内断面和管道出口断面为两过水断面，则列能量方程后得

$$H = \frac{av_2^2}{2g} + h_w = \frac{av_2^2}{2g} + Sh_f + Sh_j = \frac{1 \times 2.04^2}{19.6} + 2.032 + 0.520 = 2.77(\text{m})$$

项目3 能力与素质训练题

【能力训练】

3.1 我国国土面积广大，农田众多，农田水利灌溉渠道工程建设也在不断增加。为确保农田水利灌溉渠道工程建设质量，帮助农业实现长远发展，必须注重水利工程设计质量，对设计要点进行科学规划，并将设计方案严格落实，确保灌溉渠道的应用良好。有一河道在某处分为内江和外江两支，如题图3.1所示。为便于灌溉，在外江修建一座溢流坝。已测得上游河道流量 $Q = 1400 \text{m}^3/\text{s}$，通过溢流坝的流量 $Q_1 = 350 \text{m}^3/\text{s}$。内江的过水断面面积 $A_2 = 380 \text{m}^2$，求通过内江的流量 Q_2 及2—2断面的平均流速。

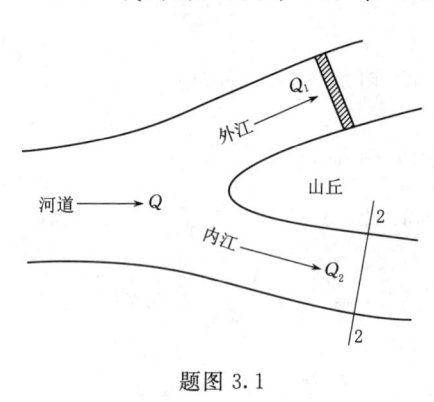

题图3.1

3.2 农村供水管网改造是一项民心工程、民生工程，为了能让老百姓吃上放心水、干净水，保证供水正常运作不停水，某乡镇进行农村供水管网改造，某输水管道如题图3.2所示，当阀门 K 完全关闭时，压力表的读数为0.5工程大气压，打开阀门 K，压力表读数降低至0.3工程大气压，若水箱中水面高度 H 保持不变，管道中压力表前的水头损失为0.5m，求管道中的平均流速。

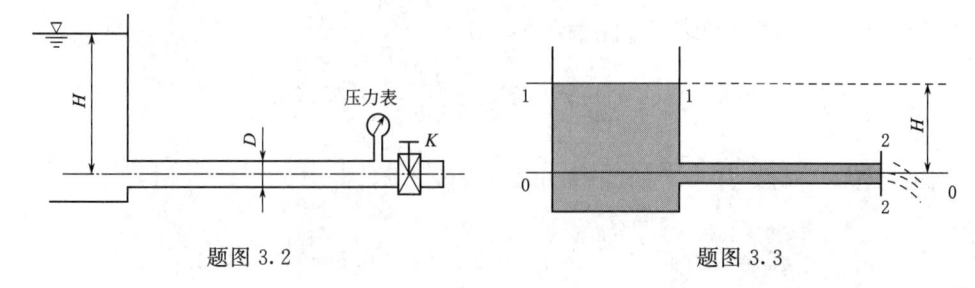

题图3.2

题图3.3

3.3 如题图3.3所示,一等直径的输水管,管径$d=100\text{mm}$,水箱水位恒定,水箱水面至管道出口形心点的高度$H=2\text{m}$,若忽略水流运动的水头损失,求管道中的输水流量。

3.4 虹吸管是利用大气压力而工作的一种压力输水管道,具有施工工艺简单、能跨越高地减少土方开挖、工程维护方便、工程造价较低、不易引起穿越处渗漏破坏等优点。某虹吸管作为辅助取水设施在某城市取水工程中应用,如题图3.4所示为用虹吸管越堤引水。已知管径$d=0.2\text{m}$,$h_1=2\text{m}$,$h_2=4\text{m}$。不计水头损失。取动能校正系数为1。问:(1)虹吸管的流量q_v为多少?(2)设允许最大真空值为0.7m,B点的真空压强是否超过最大允许值?

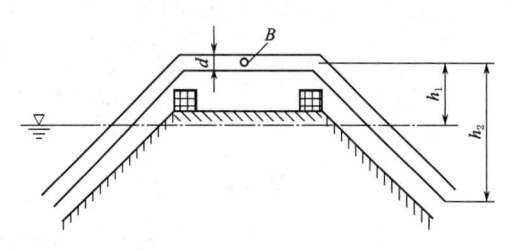

题图3.4

3.5 某泵站的吸水管路如题图3.5所示,已知管径$d=150\text{mm}$,流量$Q=30\text{L/s}$,水头损失(包括进口)$h_w=1.0\text{m}$,试确定水泵的最大安装高程。

3.6 题图3.6所示为矩形平底渠道中设平闸门,门高$a=3.2\text{m}$,门宽$b=2\text{m}$。当流量$Q=8\text{m}^3/\text{s}$时,闸前水深$H=4\text{m}$,闸后收缩断面水深$h_c=0.5\text{m}$,不计摩擦力,取动量校正系数为1。求作用在闸门上的动水总压力,并与闸门受静水总压力相比较。

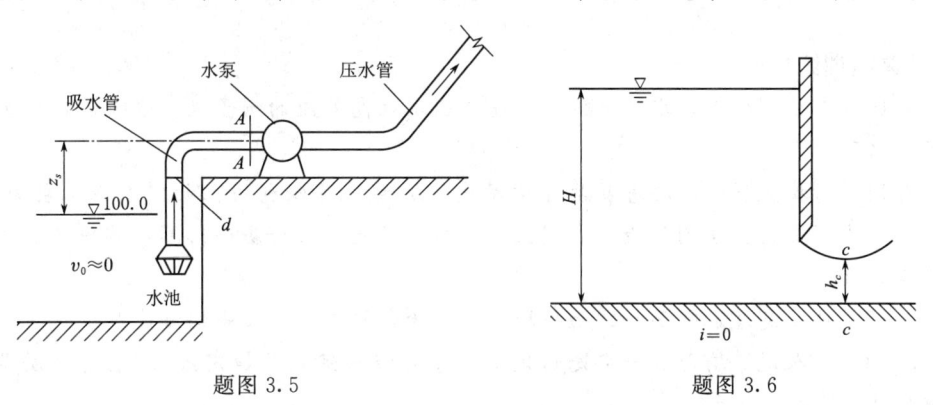

题图3.5 题图3.6

3.7 如题图3.7所示,水流由直径$d_A=200\text{mm}$的A管,经一渐缩弯管,流入$d_B=150\text{mm}$的B管,管轴中心线在同一水平面内,A管与B管之间的夹角为60°,通过管道的流量$Q=0.1\text{m}^3/\text{s}$,A端中心处相对压强$p_A=120\text{kPa}$,若不计水头损失,求水流对弯管的作用力。

3.8 有一个水平面放置的分叉管道,其管径如题图3.8所示,已知两管的出口流速$v_1=v_2=10\text{m/s}$,不计管道中的水头损失,试计算水流对此分叉管作用力的大小和方向。

3.9 某压力输水管路的渐变段由镇墩固定,管道水平放置,管径由$d_1=1.5\text{m}$渐缩到$d_2=1.0\text{m}$,如题图3.9所示。若1—1断面形心点相对压强$p_1=392\text{kN/m}^2$,通过的流量$Q=1.8\text{m}^3/\text{s}$,不计水头损失,试确定镇墩所受的轴向推力。如果考虑水

67

头损失，其轴向推力是否改变？

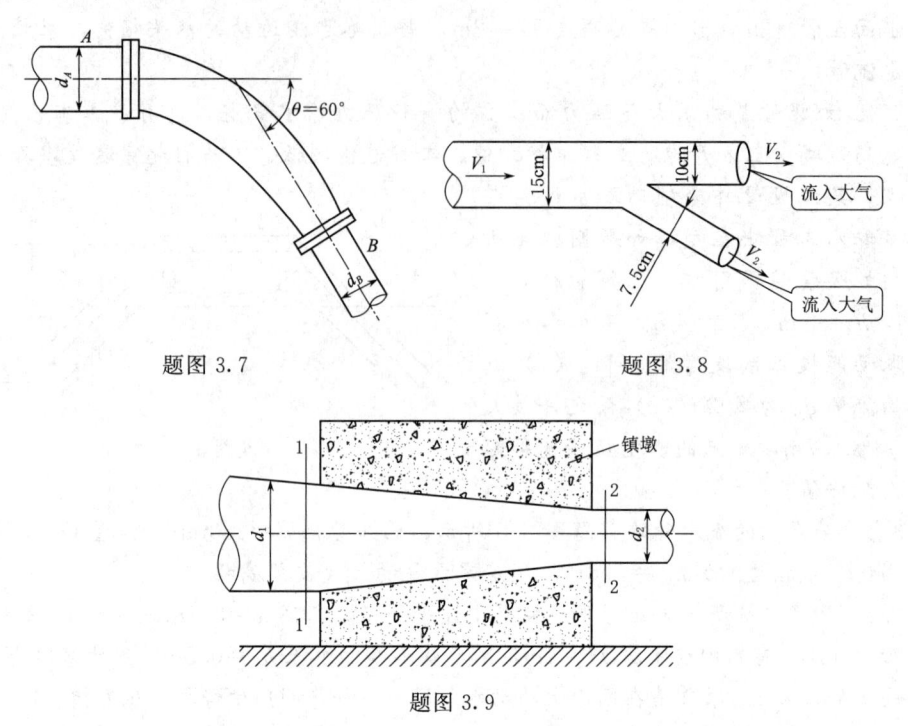

题图 3.7

题图 3.8

题图 3.9

【素质训练】

3.10 人往高处走，水往低处流。能举出水往高处流的例子吗？水流流向到底取决于什么？

3.11 请搜集资料，思考乒乓球运动中，运动员可以利用上旋、下旋、左侧旋、右侧旋、左侧上旋、左侧下旋、右侧上旋、右侧下旋等技巧赢得比赛，其中的水力学原理是什么？

3.12 什么是过水断面和断面平均流速？为何要引入断面平均流速？

3.13 有人说"均匀流一定是恒定流，急变流一定是非恒定流"，这种说法是否正确？为什么？

3.14 你认为在水利水电工程中使用能量方程时应注意哪些问题？

【扩展阅读】

大 禹 治 水

鲧禹治水的故事说明认识水的运动特性和规律的重要性。流动的水，既呈现了"天下之至柔"的处下不争性，又有"驰骋天下之至坚"的进攻破坏性（《老子·四十三篇》），因而既能"到江送客棹，出岳润民田"，造福人类，又会"浊浪排空至，江流万山穿"，危及社会安全。鲧禹治水是中国著名的上古大治水传说。鲧、禹父子受命于尧、舜二帝，鲧采用"围堵"的办法治水 9 年，大水还是没有消退。禹采用"疏导"的办法治水 13 年，让昔日咆哮的河水平缓地向东流去，当地人尊他为"禹神"。只有"识其性"，才能"得其利，避其害"，只有实现"人水和谐"，经济社会才可能协调可持续发展。

项目 4

有压管道水力分析与计算

【知识目标】

熟悉管流的特性和分类；掌握自由出流、淹没出流的计算方法；掌握虹吸管、倒虹吸管、水泵装置的工作原理；了解水击的概念和避免发生直接水击的方法。

【能力目标】

能绘制总水头线和测压管水头线；会进行简单短管和简单长管的水力计算；能进行虹吸管、倒虹吸管、水泵的水力计算。

【素养目标】

培养学生精益求精的工匠精神；培养学生的劳动精神和团结协作能力。

【项目导入】

南水北调工程是 21 世纪国家重要战略性工程之一，是世界规模最大、距离最长、受益人口最多、受益范围最广的调水工程。南水北调中线干线工程，是国家南水北调工程的重要组成部分，是缓解我国黄淮海平原水资源严重短缺、优化配置水资源的重大战略性基础设施，是关系到受水区河南、河北、天津、北京等省（直辖市）经济社会可持续发展和子孙后代福祉的百年大计。中线总干渠特点是规模大，渠线长，建筑

南水北调中线穿黄工程二维效果图

物样式多，交叉建筑物多，总干渠呈南高北低之势，具有自流输水和供水的优越条件。以明渠输水方式为主，局部采用管涵过水。

南水北调中线穿黄工程是人类历史上最宏大的穿越大江大河的水利工程，是整个南水北调中线的标志性、控制性工程。其任务是将中线调水从黄河南岸输送到黄河北岸，之后向黄河以北地区供水，同时在水量丰沛时可向黄河补水。一期工程设计流量为 $265\text{m}^3/\text{s}$，加大流量为 $320\text{m}^3/\text{s}$。穿黄隧洞水流为有压流，此流量大小与洞长、洞径、材料及布设有关，可根据有压管道进行水力计算。

任务1　简单短管水力计算

4.1.1　管流的特性及其分类

4.1.1.1　管流的定义和特点

充满整个管道的水流，称为管流。其特点是：没有自由液面，过水断面的压强一般都不等于大气压强（即相对压强一般不为零），它是靠压力作用流动的，因此，管流又称为压力流。输送压力流的管道称为压力管道。管流的过水断面一般为圆形断面。有些管道，水只占断面的一部分，具有自由液面，因而就不能当作管流，而必须当明渠水流来研究。

4.1.1.2　管流的分类

由于分类的方法不同，管流可分为各种类型，具体如下。

（1）根据管道中任意点的水力运动要素是否随时间发生变化，分为有压恒定流和有压非恒定流。当管道中任意一点的水力运动要素不随时间而变时，即为有压恒定流；否则为有压非恒定流。本项目主要研究的是有压恒定流的水力计算。

（2）根据管道中水流的局部水头损失、流速水头两项之和与沿程水头损失的比值不同，管流可分为长管和短管。

1）长管。当管道中水流的沿程水头损失较大，而局部水头损失及流速水头两项之和与沿程水头损失的比小于5%，以致局部水头损失及流速水头可以忽略不计，相应管道称为长管。

2）短管。当管道中局部水头损失与流速水头两项之和与沿程水头损失的比值大于5%，则在管流计算中局部水头损失与流速水头不能忽略，相应管道称为短管。

由工程经验可知，一般自来水管网及其他长度较大的串联或并联管路、环状管网、树状管网等可视为长管。虹吸管、倒虹吸管、坝内泄水管、抽水机的吸水管等，可按短管计算。

必须注意：长管与短管并不是按管道长短来区分的，如果没有忽略局部水头损失和流速水头的充分依据时，都应按短管计算，以免造成被动。

（3）根据管道出口情况，管流可分为自由出流与淹没出流。自由出流是指管道出口水流直接流入大气之中，如图4.1（a）所示；淹没出流是指管道出口位于下游水面以下，被水淹没，如图4.1（b）所示。

(a) 自由出流　　　　　　　　(b) 淹没出流

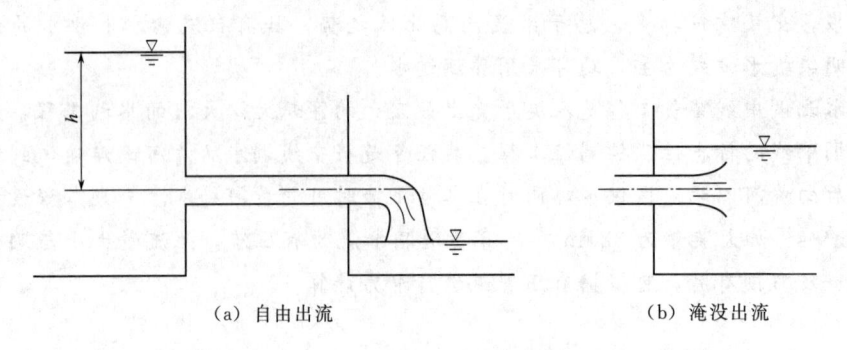

图 4.1　自由出流与淹没出流

（4）根据管道的布置情况，压力管道又可分为简单管路和复杂管路。简单管路是指单根管径不变、没有分支，而且流量在管路的全长上保持不变的管路，如图 4.2(a) 所示。复杂管路是指由两根及以上的管道所组成的管路，即各种不同管径的串联管路、并联管路、树状管网和环状管网，如图 4.2 (a)(b)(c)(d) 所示，如自来水管或水电站的油、水系统管路等都是复杂管路。

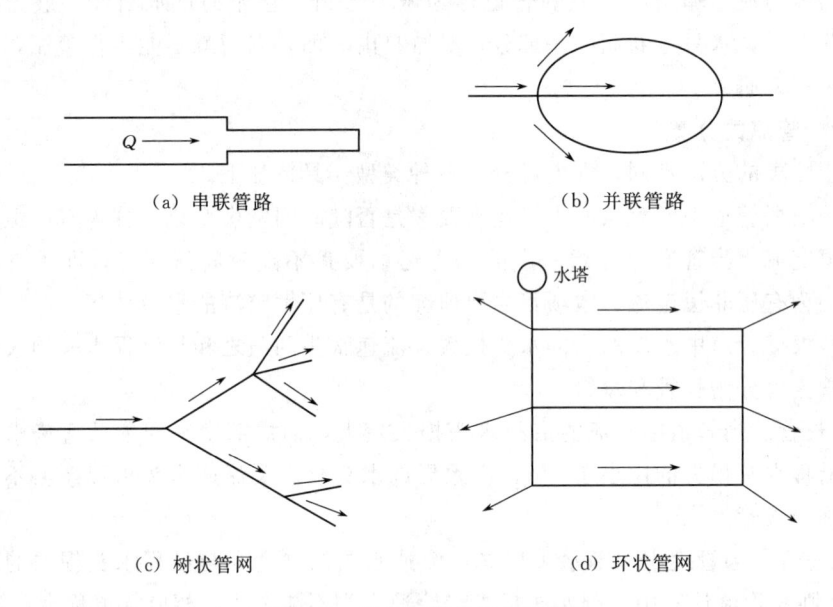

(a) 串联管路　　　　　　　　(b) 并联管路

(c) 树状管网　　　　　　　　(d) 环状管网

图 4.2　简单管路与复杂管路

4.1.1.3　管流的计算任务

管流水力计算的任务主要有以下两类：

一类是设计新管路或新管网，按照标准或规范中规定的方法利用人数及用水定额求出设计流量 Q。然后由经济流速 v_e 和连续方程求得管径 d，再求管流的水头损失 h_f 和 h_j，再求管流上游的水塔高度或水泵扬程 H（又称水头）。

另一类是校核计算已建成管路的通过流量 Q、断面平均流速 v、管道压强 p、作用水头 H 等，判断是否满足用水需求。

两类任务可综合归纳为以下计算内容：

（1）管道输水能力的计算。即给定水头、管线布置和断面尺寸的情况下，确定输送的流量 Q。

（2）当管线布置、管道尺寸和流量一定时，要求确定管路的水头损失，即输送一定流量所必需的水头 H。

（3）当管线布置、作用水头及输送的流量已知时，计算管道的断面尺寸（对圆形断面的管道则是计算所需要的直径 d）。

（4）给定流量、作用水头和断面尺寸，要求确定沿管道各断面的压强 p。

4.1.2 简单短管的水力计算

简单短管的计算可分为自由出流与淹没出流两种情况。

4.1.2.1 自由出流

管道出口水流流入大气，水流四周都受大气压强的作用，称为自由出流，如图 4.3 所示。以通过管道出断面口中心点的水平面为基准面，对 1—1 断面和 2—2 断面列能量方程如下：

$$H + \frac{p_1}{\gamma} + \frac{\alpha_1 v_0^2}{2g} = 0 + \frac{p_2}{\gamma} + \frac{\alpha_2 v_2^2}{2g} + h_{\omega 1-2}$$

上式中 $p_1 = p_2 = p_a$，令 $\alpha_1 = \alpha_2 = 1.0$，$v_2 = v$，$H_0 = H + \frac{v_0^2}{2g}$

$$h_{\omega 1-2} = \left(\lambda \frac{l}{d} + \sum \zeta\right) \frac{v^2}{2g}$$

则整理得

$$H_0 = \left(1 + \lambda \frac{l}{d} + \sum \zeta\right) \frac{v^2}{2g} \tag{4.1}$$

式中 v_0——上游水池中的流速，称为行进流速，m/s；

H——管道出口断面中心与上游水池水面的高差，称为管道的水头，m；

H_0——包括行进流速在内的总水头，m。

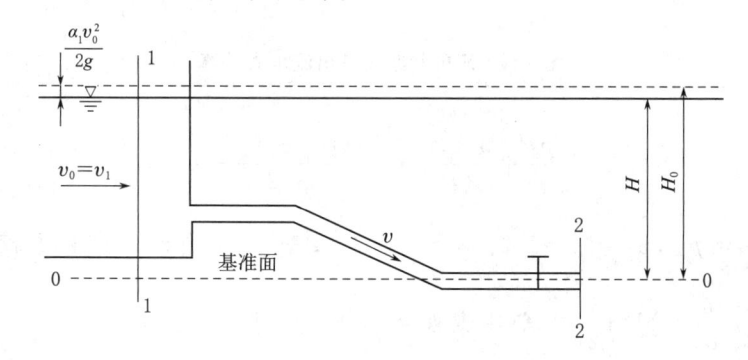

图 4.3 简单管路自由出流水力计算

式（4.1）说明，管道的总水头将全部消耗于管道的水头损失和保持出口的动能。上式可用于当已知流量 Q、管径 d 和管道布置等，求管道的作用水头 H。

将式（4.1）整理并代入 $Q = Av$ 得管中流量：

$$Q = Av = \frac{1}{\sqrt{1+\lambda\frac{l}{d}+\sum\zeta}} A\sqrt{2gH_0}$$

令

$$\mu_c = \frac{1}{\sqrt{1+\lambda\frac{l}{d}+\sum\zeta}}$$

则

$$Q = \mu_c A \sqrt{2gH_0} \tag{4.2}$$

式中 μ_c——短管自由出流的流量系数；

A——管道的过水断面面积，m^2。

式（4.2）即为短管自由出流的流量公式。

因一般管道的上游行进流速水头 $\frac{\alpha v_0^2}{2g}$ 很小，可忽略不计。则有

$$Q = \mu_c A \sqrt{2gH} \tag{4.3}$$

4.1.2.2 淹没出流

管道出口如果淹没在下游水面以下，称淹没出流。如图4.4所示。取上游水池断面1—1和下游水池2—2断面，并以下游水池的水面为基准面，水面点为代表点，列能量方程式：

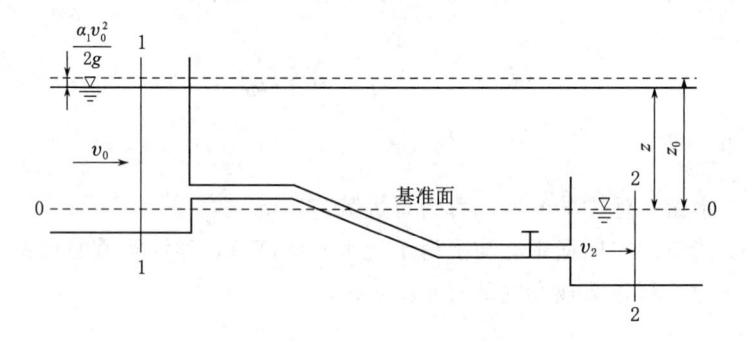

图4.4 简单管路淹没出流水力计算

$$z_1 + \frac{p_1}{\gamma} + \frac{\alpha_1 v_1^2}{2g} = 0 + \frac{p_2}{\gamma} + \frac{\alpha_2 v_2^2}{2g} + h_{w1-2}$$

式中 $p_1=p_2=p_a$，$\alpha_1=\alpha_2=1.0$，$v_1=v_0$，$z_0=z+\frac{\alpha v_0^2}{2g}$，并设2—2断面较大，$\frac{\alpha v_2^2}{2g}\approx 0$，$h_{w1-2}=\left(\lambda\frac{l}{d}+\sum\zeta\right)\frac{v^2}{2g}$，管中流速为 v，整理可得：

$$z_0 = \left(\lambda\frac{l}{d}+\sum\zeta\right)\frac{v^2}{2g} \tag{4.4}$$

式（4.4）说明，短管在淹没出流时，它的上下游水位差全部消耗于沿程水头损失和局部水头损失。用（4.4）式计算上下游水位差时较方便。

整理上式，代入 $Q=Av$ 流量：

$$Q = Av = \frac{1}{\sqrt{\lambda \frac{l}{d} + \sum \zeta}} A \sqrt{2gz_0}$$

令 $\mu_c = \dfrac{1}{\sqrt{\lambda \dfrac{l}{d} + \sum \zeta}}$ 称为短管淹没出流的流量系数。

整理得 $\qquad Q = \mu_c A \sqrt{2gz_0} \qquad$ (4.5)

当行进流速水头很小可忽略不计时，式（4.5）可写成

$$Q = \mu_c A \sqrt{2gz} \qquad (4.6)$$

比较（4.3）和（4.6）两式可知，短管自由出流和淹没出流的主要区别是：淹没出流时有效水头是上下游水位差 z，自由出流时有效水头是出口中心以上的水头 H。

注意：同一管路两种出流情况下流量系数 μ_c 的计算公式形式上虽然不同，但数值是相等的。因为淹没出流时，μ_c 计算公式的分母上虽然较自由出流时少了一项 α（$\alpha=1.0$），但淹没出流时的 $\sum \zeta$ 中比自由出流的 $\sum \zeta$ 中多一个出口局部阻力系数 ζ_0（出口流入水池时一般情况下 $\zeta_0=1.0$）。故当其他条件相同时，两者的实际值是相等的。

【例 4.1】 图 4.5 为某水库的泄洪隧洞，已知洞长 $l=300\mathrm{m}$，洞径 $d=2\mathrm{m}$，隧洞的沿程阻力系数 $\lambda=0.03$，转角 $\alpha=30°$，水库水位为 42.50m，隧洞出口中心高程 25.00m。试确定下游水位分别为 22.00m、30.00m 时隧洞的泄洪流量。

解：（1）下游水位为 22.00m 时，低于管的出口，则为自由出流。由于水库中行进流速很小，由式（4.3）计算流量：

$$Q = \mu_c A \sqrt{2gH}$$

查表可得，进口局部水头损失系数为 $\zeta_\text{进口}=0.5$，弯管局部水头损失系数为 $\zeta_\text{弯}=0.2$。则自由出流的流量系数为

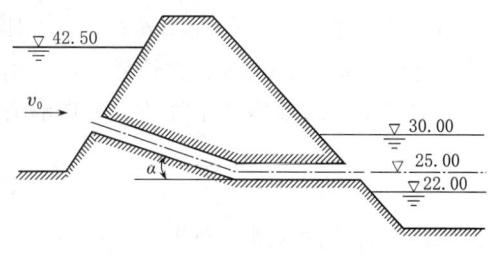

图 4.5 水库泄洪隧洞泄流量计算

$$\mu_c = \frac{1}{\sqrt{1 + \lambda \frac{l}{d} + \sum \zeta}} = \frac{1}{\sqrt{1 + 0.03 \times \frac{300}{2} + 0.5 + 0.2}} = 0.402$$

$$H = 42.5 - 25 = 17.5 \text{(m)}$$

则隧洞的泄流量为

$$Q = \mu_c A \sqrt{2gH} = 0.402 \times \frac{3.14 \times 2^2}{4} \times \sqrt{2 \times 9.8 \times 17.5} = 23.35 \text{(m}^3\text{/s)}$$

（2）下游水位为 30.00m 时，高于隧洞出口高程（25.00m），此时管流则为淹没出流，且上游行进流速水头忽略不计，则流量计算公式为 $Q = \mu_c A \sqrt{2gz}$

$$z = 42.5 - 30.00 = 12.50 \text{ (m)}$$

自由出流与淹没出流的流量系数相等：$\mu_c=0.402$

则隧洞的泄流量为

$$Q=\mu_c A\sqrt{2gz}=0.402\times\frac{3.14\times 2^2}{4}\times\sqrt{2\times 9.8\times 12.50}=19.76(\text{m}^3/\text{s})$$

4.1.2.3 简单短管水力计算中的问题

1. 管径的确定

影响管道直径的因素较多，因而管径确定一般考虑以下几个方面：

（1）管道的输水流量 Q、管道的布置情况已知时，要求选定所需的管径及相应的水头。在这种情况下，一般是从技术和经济条件综合考虑选定管道直径。

1）流量一定条件下，管径大小与流速有关，故确定管径要考虑管道使用的技术要求。若管内流速过大，开通或关闭水流时，会由于水击作用而使管道遭到破坏；对水流中挟带泥沙的管道，流速又不宜过小，以免泥沙沉积。一般情况下，水电站引水管中流速不宜超过 6m/s；给水管道中的流速不应大于 3.0m/s，也不应小于 0.25m/s。

2）若采用较小的管径，则管道造价低，但流速增大，水头损失增大，输水耗费的电能也增加；反之，若采用较大的管径，则管内流速小，水头损失减小，运行费用也减小，但管道造价增高，故选取管径也应考虑管道的经济效益。重要的管路，应选择几个方案进行技术经济比较，管道投资与运行费用的总和最小，这样的流速称为经济流速，其相应的管径称为经济管径。一般的给水管道，管径 d 为 100～200mm，经济流速为 0.6～1.0m/s；d 为 200～400mm，经济流速为 1.0～1.4m/s。水电站压力隧洞的经济流速约为 2.5～3.5m/s；压力钢管约为 3.0～4.0m/s，甚至 5.0～6.0m/s。经济流速涉及的因素较多，比较复杂，选用时应注意因时因地而异。

根据技术要求及经济条件选定管道的流速后，管道直径即可由下式求得

$$d=\sqrt{\frac{4Q}{\pi v}} \tag{4.7}$$

（2）当管道的流量、布置、管材及其作用水头等已知时，对于短管的直径确定，可采用试算法。

由式（4.3）$Q=\mu_c A\sqrt{2gH}$，$\mu_c=\dfrac{1}{\sqrt{1+\lambda\dfrac{l}{d}+\sum\zeta}}$，$A=\dfrac{1}{4}\pi d^2$ 联立求解可得

$$d=\sqrt{\frac{4Q}{\pi\sqrt{2gH}}}\sqrt[4]{1+\lambda\frac{l}{d}+\sum\zeta} \tag{4.8}$$

同样方法，利用式（4.6）$Q=\mu_c A\sqrt{2gz}$ 可推得淹没出流时的直径计算迭代公式

$$d=\sqrt{\frac{4Q}{\pi\sqrt{2gz}}}\sqrt[4]{\lambda\frac{l}{d}+\sum\zeta} \tag{4.9}$$

2. 水头线的绘制

根据恒定总流能量方程，有压管流的所有水头线中，绘制总水头线及测压管水头线，可直观了解位能、压能、动能及总能量沿程的变化情况，有利于掌握管道压强沿

程变化情况及影响管道使用的不利因素,并及时处理。如管道中出现过大的真空,则易产生空化和气蚀,从而降低管道输水能力,甚至危及管道安全;当管中出现过大压强时,则可能使管道破裂,而产生较大损失。因此设计管道系统时,应控制管道中的最大压强、最大真空值以及各断面的压强,以保证管道系统正常工作,满足用户的要求。

(1)总水头线的绘制。由能量方程可知,水流沿程能量的变化,如果没有能量的输入和输出的话,则主要是沿程的各类水头损失,能量沿程减小。因而总水头线的绘制方法为:从上游开始,逐步扣除水头损失。一般存在局部水头损失的管段,由于局部水头损失发生的长度比较短,则可假设其集中于一个断面上,即在断面变化处按一定比例铅垂扣除水头损失。

注意,在该断面上有两个总水头值,一个是局部损失前的,一个是局部损失后的。只有沿程水头损失的管段,可在管段末端扣除沿程水头损失,用直线连接两断面间的总水头,而得总水头线。如图4.6所示。

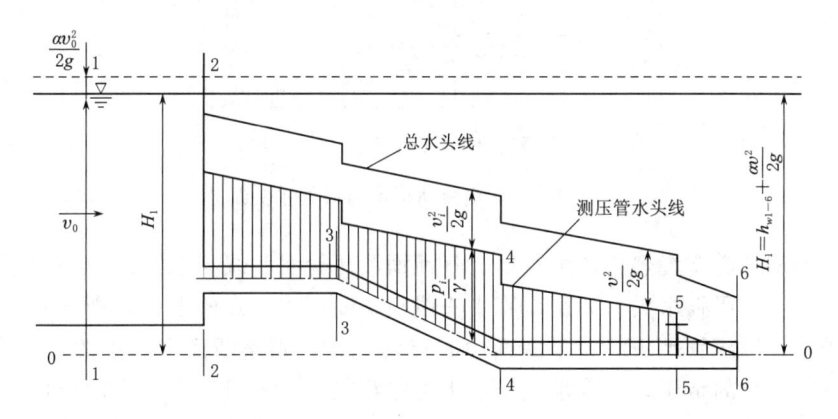

图4.6 管流(自由出流)水头线的绘制

(2)测压管水头线的绘制。因测压管水头比总水头少一项流速水头,则在总水头线的基础上扣除各断面相应的流速水头即得测压管水头线。

$$z + \frac{p_i}{\gamma} = H_i - \frac{\alpha v_i^2}{2g} \tag{4.10}$$

(3)绘制总水头线和测压管水头线时应注意的问题。

1)等直径的管段的沿程水头损失沿管长均匀分布,水头线为直线,测压管水头线与总水头线平行。则可由总水头线向下平移一个流速水头的距离,得到测压管水头线。

2)在绘制水头线时,要注意管道进、出口的边界条件,当上游行进流速水头约等于零时,总水头线的起点在上游液面;当上游流速水头不为零时,总水头线高出上游液面。

3)当管道为自由出流时,测压管水头线的终点应画在管道出口断面的中心点上,如图4.7(a)所示;淹没出流,当下游流速水头约为零时,测压管水头线的终点应与下游水面相连，如图 4.7（b）所示；当下游流速水头不为零时，测压管水头线终点低于下游水面，如图 4.7（c）所示。

（a）自由出流　　（b）淹没出流，下游流速水头约为零时

（c）淹没出流，下游流速水头不为零时

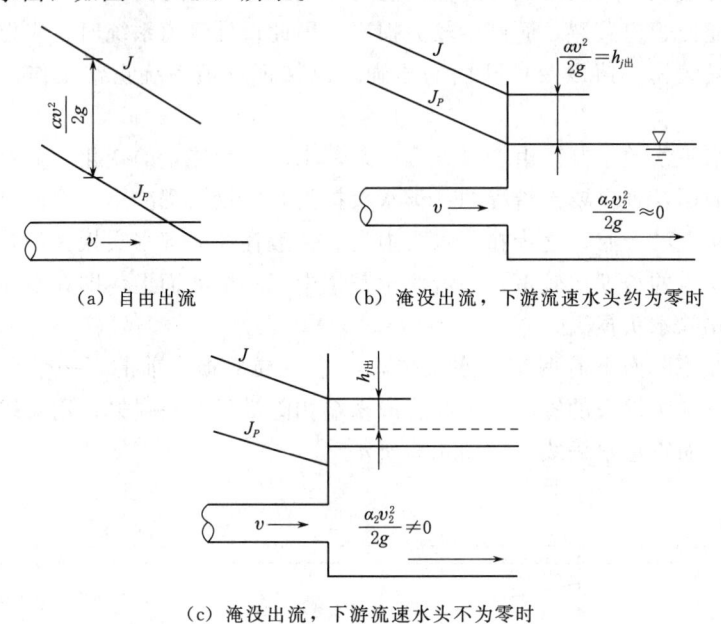

图 4.7　不同出流情形的出口处水头线

（4）调整管道布置避免产生负压。各断面测压管水头线与该断面中心的距离即为该断面中心点的压强水头。如测压管水头线在某断面中心点的上方，则该断面中心点的压强为正；测压管水头线在某断面中心点的下方，则该断面中心点的压强为负值。当管内存在较大的负压时，其水流处于不稳定状态，且有可能产生空蚀破坏。因此应采用必要措施以改变管内的受压情况。如图 4.8 中阴影部分，其为测压管水头低于管轴线的区域，为真空区。

从图 4.8 可知，管道系统任意断面压强水头：

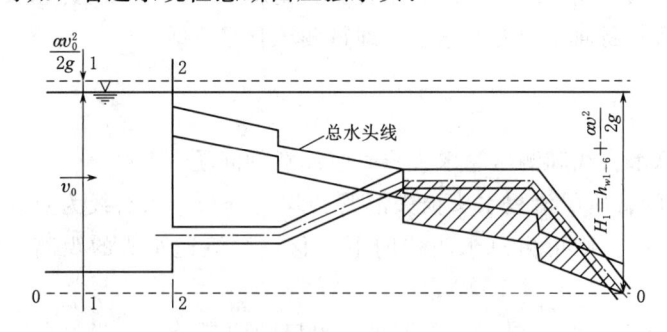

图 4.8　管流有局部负压时的水头线

$$\frac{p_i}{\gamma} = H_0 - h_{w0 \sim i} - \frac{v_i^2}{2g} - z_i \tag{4.11}$$

可见，在管道系统工作水头一定的条件下，影响压强水头的因素为式中的后三

项，可以通过改变这三项或其中的一项，来控制管中的压强。较有效的方法是降低管线的高度，以提高管道中的压强，避免管道中产生负压。

任务 2　短管应用举例

4.2.1　虹吸管的水力计算

由于虹吸管的局部水头损失和流速水头相应较大，一般按短管计算。我国黄河沿岸利用虹吸管引黄河水进行灌溉的例子较多。

1. 工作原理

在虹吸管的最高处产生真空，而进水口处水面的压强为大气压强，因此，管内外形成压强差，迫使水流由压强大的地方流向压强小的地方。只要虹吸管内的真空压强不被破坏，而且保持一定的水位差，水就会不断地由上游流向下游。

2. 管内真空值的限制

水流能通过虹吸管，是因为上下游水面与虹吸管顶部存在压差，而虹吸管内真空值的高低就决定了这个压差的大小。但必须注意的是，当负压达到一定程度时，水会产生汽化现象，破坏水流的连续性，致使不能正常输水。因此，为保证虹吸管的正常工作，根据液体汽化压强的概念，管内真空度一般限制在 6~8m 水柱高以内，以保证管内水流不被汽化。

3. 虹吸管计算的主要内容

(1) 计算虹吸管的泄流量。

(2) 由虹吸管内允许真空高度值，确定管顶最大安装高度 h_s。

(3) 已知安装高度，校核吸水管中最大真空高度是否超过允许值。

【例 4.2】　某乡村振兴灌溉工程中，用一直径 $d=0.4$m 的铸铁虹吸管，将上游明渠中的水输送到下游明渠中，如图 4.9 所示。已知上、下游渠道的水位差 2.5m，虹吸管各段长分别为 $l_1=10.0$m、$l_2=6$m、$l_3=12$m。虹吸管进口处为无底阀滤网，其局部阻力系数为 $\zeta_1=2.5$。其他局部阻力系数：两个折角弯头 $\zeta_2=\zeta_3=0.55$，阀门 $\zeta_4=0.2$，出口 $\zeta_5=1.0$。虹吸管顶端中心线距上游水面的安装高度 $h_s=4.0$m，允许真空高度采用 $h_v=7.0$m。试确定虹吸管输水流量，并校核管中最大真空值是否超过允许值。

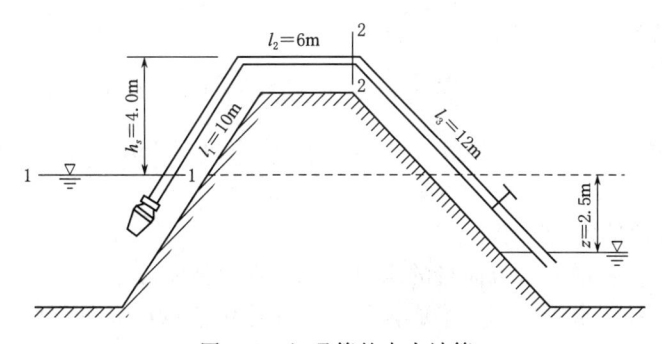

图 4.9　虹吸管的水力计算

解：(1) 确定输水流量。先确定管路阻力系数 λ，查表取得铸铁管糙率系数 $n=0.013$，水力半径 $R=d/4=0.1\text{m}$。

$$C=\frac{1}{n}R^{\frac{1}{6}}=\frac{1}{0.013}\times 0.1^{\frac{1}{6}}=52.41(\text{m}^{1/2}/\text{s})$$

$$\lambda=\frac{8g}{C^2}=\frac{8\times 9.8}{52.41^2}=0.0285$$

$$\mu_c=\frac{1}{\sqrt{1+\lambda\dfrac{l}{d}+\sum\zeta}}=\frac{1}{\sqrt{1+0.0285\times\dfrac{10+6+12}{0.4}+2.5+2\times 0.55+0.2+1.0}}$$

$$=0.358$$

$$Q=\mu_c A\sqrt{2gH}=0.358\times\frac{3.14}{4}\times\sqrt{2\times 9.8\times 2.5}=0.315(\text{m}^3/\text{s})$$

(2) 校核虹吸管中最大真空度。虹吸管的最大真空度应发生在管顶端最高段内。由于管中流速水头沿程不变，而总水头由于能量损失的原因沿程逐渐减小，且在第一弯头处还有局部能量损失，则管中压强从管进口一直到第二段弯头前，压强一直是降低的；下游第三管段，由于管路坡度一般大于水力坡度，即断面中心高程的下降大于沿程水头损失，所以，部分位能转化为压能，使第三段内压强沿程增加。则最大真空度应发生在 2—2 断面。

$$v=\frac{Q}{A}=\frac{0.315}{\dfrac{3.14}{4}\times 0.4^2}=2.51(\text{m/s})$$

以上游水面为基准面，取 $\alpha_1=1.0$，建立 1—1 断面与 2—2 断面的能量方程，即得

$$z_1+\frac{p_1}{\gamma}+\frac{v_1^2}{2g}=z_2+\frac{p_2}{\gamma}+\frac{v_2^2}{2g}+h_\omega$$

其中：$z_1=0,\dfrac{v_1^2}{2g}\approx 0,p_1=p_a=0,z_2=h_s,h_\omega=h_f+\sum h_j=\left(\lambda\dfrac{l_1}{d}+\sum\zeta\right)\dfrac{v_2^2}{2g}$

整理得安装高度的计算公式：

$$h_s=h_真-\left(1+\lambda\frac{l}{d}+\sum\zeta\right)\frac{v_2^2}{2g} \tag{4.12}$$

则真空高度的计算公式为

$$h_真=h_s+\left(1+\lambda\frac{l}{d}+\sum\zeta\right)\frac{v^2}{2g}=5.58(\text{m})$$

因为，实际真空高度 5.58m 小于允许真空高度 7.0m，则真空度没有超过允许值。

4.2.2 水泵装置的水力计算

水泵装置是一种增加水流能量的水力机械。在生活实际中被广泛应用。水泵装置由吸水管、水泵和压水管三部分组成，其水力计算包括吸水管和压水管的水力计算以及水泵机械配用功率等计算内容。水泵装置如图 4.10 所示。

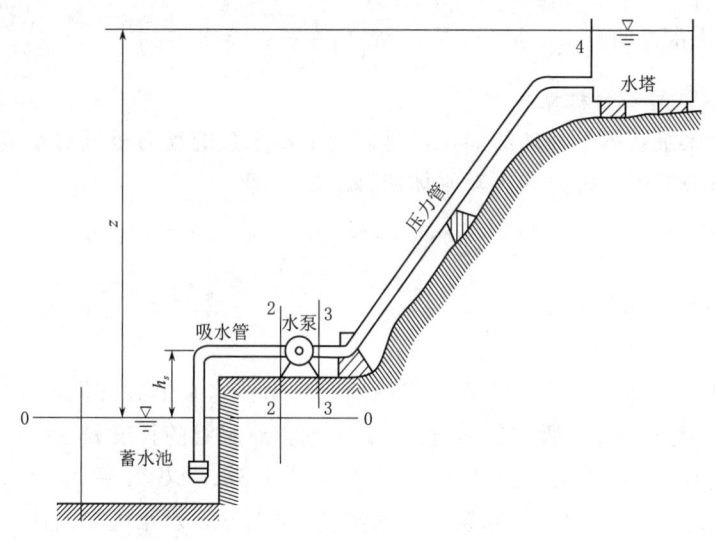

图 4.10 水泵装置

水泵的工作原理：开动水泵前，先用真空泵使水泵吸水管内形成真空，水源的水在大气压强的作用下，从吸水管进入泵壳；启动水泵，此时，由电机带动的水泵给水流输入能量（真空泵停止工作），水流获得能量，再经压水管，进入下游水池。

水泵水力计算的主要任务是：管道直径的确定、水泵的安装高度确定、水泵的扬程确定和配套功率的确定。

1. 管道直径确定

吸水管和压水管的直径确定，一般根据允许流速来确定。允许流速是在一定条件下确定的经济流速。当流速确定后，则 $d = \sqrt{\dfrac{4Q}{\pi v}}$。

2. 水泵的安装高度或最大允许真空高度确定

水泵的最大允许安装高度 h_s，主要取决于水泵的最大允许真空高度 $h_真$（或 h_v）。如图 4.10，以水源水面为基准面，以水源水面为 1—1 断面，吸水管的末端取过水断面 2—2，并列两个断面的能量方程。与虹吸管相同，可推导得水泵的安装高度计算式：$h_s = h_真 - \left(1 + \lambda \dfrac{l}{d} + \sum \zeta\right) \dfrac{v_2^2}{2g}$。

3. 水泵扬程计算

水泵的扬程就是从进水前池水位将水提升到出水池水位高度所必需的机械能。也就是出水池水位与进水池水位的水位差，再加上吸水管和压水管的总水头损失。可由能量方程推得

$$H_{扬程} = z + h_{\omega 吸} + h_{\omega 压} \tag{4.13}$$

式中　z——进水池和出水池之间的水位差；

　　　$H_{扬程}$——抽水机的扬程；

　　　$h_{\omega 吸}$——吸水管的总水头损失，$h_{\omega 吸} = \left(\lambda_吸 \dfrac{l_吸}{d_吸} + \zeta_网 + \zeta_弯\right) \dfrac{v_吸^2}{2g}$；

$h_{\omega 压}$——压水管的总水头损失，$h_{\omega 压}=\left(\lambda_压\dfrac{l_压}{d_压}+\zeta_压+\zeta_压\right)\dfrac{v_压^2}{2g}$。

4. 带动水泵的动力机械功率

水流经过水泵获得了外加的能量，是因为带动水泵的动力机械对水流做了功，动力机械的功率应等于单位时间内对水体所做的功，即

$$N=\dfrac{\gamma Q H_{扬程}}{\eta_泵\,\eta_动} \tag{4.14}$$

式中　$\eta_泵$——水泵机械效率；

$\eta_动$——动力机械效率。

【例 4.3】 某地田间灌溉工程中有一抽水泵站，水泵形式如图 4.10 所示，水泵的抽水量为 $Q=28\text{m}^3/\text{h}$，吸水管的管长 $l_吸=5\text{m}$，压水管的长度 $l_压=18\text{m}$，沿程阻力系数 $\lambda_吸=\lambda_压=0.046$。局部阻力系数：进口 $\zeta_网=8.5\text{m}$，$90°$弯头 $\zeta_弯=0.36$，其他弯头 $\zeta=0.26$，出口 $\zeta_{出口}=1.0$，水泵的抽水高度 $z=18\text{m}$，水泵进口断面的最大允许真空度 $h_v=6\text{m}$。试确定以下各项：①管道的直径；②水泵的安装高度；③水泵的扬程；④水泵的电机功率（水泵的效率为 $\eta_泵=0.8$，电机的效率 $\eta_动=0.9$）。

解：（1）水泵管道直径的确定。

根据吸水管允许流速 $v_吸=1.2\sim2\text{m/s}$，压水管允许流速 $v_压=1.5\sim2.5\text{m/s}$，选取 $v_吸=2\text{m/s}$，$v_压=2.5\text{m/s}$，则相应的管径为

$$d_吸=\sqrt{\dfrac{4Q}{\pi v}}=\sqrt{\dfrac{4\times28}{3.14\times2.0\times3600}}=0.070(\text{m})=70(\text{mm})$$

$$d_吸=\sqrt{\dfrac{4Q}{\pi v}}=\sqrt{\dfrac{4\times28}{3.14\times2.5\times3600}}=0.063(\text{m})=63(\text{mm})$$

由上计算结果并查表选用与它接近并大于它的直径，得 $d_吸=d_压=75\text{mm}$

则吸水管和压水管的流速均为

$$v=\dfrac{Q}{A}=\dfrac{4\times28}{3.14\times0.075^2\times3600}=1.76(\text{m/s})$$

（2）水泵的安装高度确定。

$$\begin{aligned}h_s&=h_真-\left(1+\lambda\dfrac{l}{d}+\sum\zeta\right)\dfrac{v_2^2}{2g}\\&=6-\left(1+0.046\times\dfrac{5}{0.075}+8.5+0.36\right)\times\dfrac{1.76^2}{19.6}\\&=3.96(\text{m})\end{aligned}$$

安装高度说明：安装高度最大不超过 3.96m，否则将因水泵真空受到破坏，而产生不能抽上水或抽水量非常小的现象。

（3）水泵的扬程。

吸水管水头损失：

$$h_{\omega 吸}=\left(\lambda_吸\dfrac{l_吸}{d_吸}+\zeta_网+\zeta_弯\right)\dfrac{v_吸^2}{2g}$$

$$= \left(0.046 \times \frac{5}{0.075} + 8.5 + 0.36\right) \times \frac{1.76^2}{19.6}$$
$$= 1.89(\text{m})$$

压水管水头损失：
$$h_{\omega 压} = \left(\lambda_压 \frac{l_压}{d_压} + \zeta_压 + \zeta_压\right)\frac{v_压^2}{2g}$$
$$= \left(0.046 \times \frac{18}{0.075} + 2 \times 0.26 + 1.0\right) \times \frac{1.76^2}{19.6}$$
$$= 1.98(\text{m})$$

所以，水泵的扬程为 $H = z + h_{\omega 吸} + h_{\omega 压} = 18 + 1.89 + 1.98 = 21.87(\text{m})$

（4）水泵电动机的功率。
$$N = \frac{\gamma Q H}{\eta_泵 \eta_动} = \frac{9.8 \times \frac{28}{3600} \times 21.87}{0.8 \times 0.9} = 2.32(\text{kW})$$

4.2.3 倒虹吸管的水力计算

渠道穿越河流、渠沟、洼地、道路，采用其他类型建筑物不适宜时，可选用倒虹吸。倒虹吸管中的水流只是一般压力管道，其出流方式一般为短管淹没出流。

倒虹吸管的水力计算任务主要有以下几种：
(1) 已知管道直径 d、管长 l、上下游水位差 z，求过流量 Q。
(2) 已知管道直径 d、管长 l 及管道布置、过流量 Q，求上下游水位差 z。
(3) 已知管道布置、过流量 Q 和上下游水位差 z，求管道直径 d。

【例 4.4】 某输水工程中有一横穿河道的钢筋混凝土倒虹吸管，如图 4.11 所示。管中设计流量 Q 为 $3\text{m}^3/\text{s}$，已知倒虹吸管全长 l 为 50m，上下游水位差 z 为 3m；中间经过两个弯管，其局部水头损失系数均为 0.20；进口局部阻力系数为 0.5，出口局部阻力系数为 1.0，上下游渠中流速 v_1 及 v_2 为 1.5m/s，管壁粗糙系数 $n=0.014$。①试确定倒虹吸管直径。②根据所选用管径，结合管道运行及环境实际情况（管长、局损系数、上下游水位差），校核该倒虹吸管的实际过流能力。

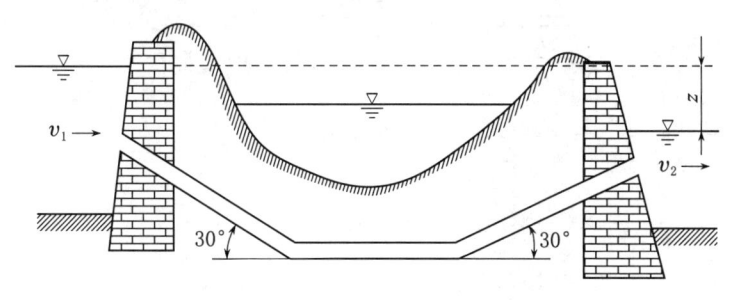

图 4.11 倒虹吸管

解：倒虹吸管一般作短管计算。
(1) 本例题管道出口淹没在水下，而且上下游渠道中水流流速相同，流速水头消去。

故应按短管的淹没出流式（4.9）计算

$$d=\sqrt{\frac{4Q}{\pi\sqrt{2gz}}}\sqrt[4]{\lambda\frac{l}{d}+\sum\zeta}$$

当沿程阻力系数用谢才系数计算时：$\lambda=\frac{8g}{C^2}$，$C=\frac{1}{n}R^{\frac{1}{6}}$，$R=\frac{d}{4}$。则可推得 $\lambda=\frac{2^{\frac{11}{3}}gn^2}{d^{\frac{1}{3}}}$，代入直径计算公式得：$d=\sqrt{\frac{4Q}{\pi\sqrt{2gz}}}\sqrt[4]{\frac{2^{\frac{11}{3}}gn^2l}{d^{\frac{4}{3}}}+\sum\zeta}$

代入数值：

$$d=\sqrt{\frac{4\times3}{3.14\times\sqrt{2\times9.8\times3}}}\sqrt[4]{\frac{2^{\frac{11}{3}}\times9.8\times0.014^2\times50}{d^{\frac{4}{3}}}+0.5+2\times0.2+1.0}$$

$$d=0.706\sqrt[4]{\frac{1.22}{d^{\frac{4}{3}}}+1.9}$$

列表试算，见表4.1。

表 4.1　　　　　　　　　　　迭 代 试 算 表

代入次数	1	2	3	4	5	6	7
代入值/m	∞	0.829	0.963	0.943	0.944	0.945	0.946
计算值/m	0.829	0.963	0.943	0.946	0.946	0.945	0.945

从表4.1计算结果可以看出，第6次计算的结果（计算值）与代入值几乎相等，且第6、7次计算的结果近似相同，则最终选取管径 d 为0.95m。根据管径尺寸标准，则选用直径为1.0m标准管径。

（2）根据所选用管径 $d=1.0$m，结合管道运行及环境实际情况（管长 $l=50$m、各局损系数 ζ_i、上下游水位差 $z=3$m），采用公式（4.5）计算

$$Q=\frac{A}{\sqrt{\lambda\frac{l}{d}+\sum\zeta}}\sqrt{2gz_0}=\frac{\frac{1}{4}\pi d^2}{\sqrt{\lambda\frac{l}{d}+\sum\zeta}}\sqrt{2gz_0}$$

因　　$z_0=z+\frac{\alpha_1 v_1^2}{2g}=3+\frac{1\times1.5^2}{2\times9.8}=3.115(\text{m})$，

$C=\frac{1}{n}R^{\frac{1}{6}}=\frac{1}{0.014}\times(\frac{1}{4})^{\frac{1}{6}}=56.693$，则

$$Q=\frac{\frac{1}{4}\times3.14\times1^2}{\sqrt{\frac{2\times9.8}{56.693^2}\times\frac{50}{1}+(0.5+2\times0.2+1)}}\times\sqrt{2\times9.8\times3.115}$$

$$=\frac{0.785}{1.485}\times7.814=4.13(\text{m}^3/\text{s})$$

即该倒虹吸管实际过流能力达到 4.13m³/s。

趣味水力学——虹吸原理的应用

虹吸式马桶是利用虹吸原理排水。在马桶底部有个拐水弯，拐弯的高度大约有马桶深度的一半左右，放水时水面先上升，当水面高过水弯时，就产生虹吸效应将桶内的水排出。当马桶内水位持续降低到只剩下少量水时，虹吸现象消失，在压强差作用下，留下的少量水，构成了水封。

虹吸现象的产生，主要是由于压强差在起作用。入口处的压强高于管顶的压强，使管顶形成真空，由于压差的作用，便可使液体从位置低于管顶的入口处流过管道的最高点，然后从出口处流出。虹吸原理不仅可用于水库泄水涵管改造，还广泛应用于水库的防洪抢险中。

虹吸马桶

任务3 长管水力计算

所谓长管，是指流速水头和局部水头损失的总和与沿程水头损失比小于5%的管道，因而计算时常常将其按沿程水头损失的某一百分数估算或完全忽略不计。一般情况下，给水管路、抽水机的压水管、输油管道等均可按长管计算，这样可使计算大为简化，也不影响计算精度。

根据长管的组合情况，长管水力计算可以分为简单管路和复杂管路。

4.3.1 简单管路

沿程直径不变、流量也不变的管道为简单管路。简单管路的计算是一切复杂管路水力计算的基础。

4.3.1.1 简单长管水力计算的基本公式

根据长管的定义，长管水力计算时，局部水头损失和流速水头忽略不计，能量方程式可简化为

$$H = h_f$$

1. 计算沿程水头损失的谢才公式

水利工程中的有压管道，水流一般属于紊流的水力粗糙区，其水头损失可直接由谢才公式计算。

$$h_f = \frac{v^2}{C^2 R} l = H \quad \left(\text{其中 } C = \frac{1}{n} R^{\frac{1}{6}}\right) \tag{4.15}$$

或由 $Q = Av$，$v = C\sqrt{RJ}$，$J = \dfrac{h_f}{l} = \dfrac{H}{l}$，联立求解有

$$h_f = \frac{Q^2}{A^2 C^2 R} l = H$$

令 $K = AC\sqrt{K}$，$S = \dfrac{1}{K^2}$ 可推得

$$h_f = \frac{Q^2}{K^2}l = SQ^2 l = H \tag{4.16}$$

式中　S——管道比阻，为单位流量通过单位长度管道的水头损失，s^2/m^2；

　　　K——流量模数，由式（4.16）可以看出，当水力坡度 $J=1$ 时，$Q=K$，故 K 具有与流量相同的量纲，在水力学中 K 称为流量模数，或特性流量。它综合反映管道断面形状、尺寸及边壁粗糙对输水能力的影响。水力坡度 J 相同时，输水能力与流量模数成正比。对于粗糙系数 n 为定值的圆管，K 值为管径的函数。不同直径及糙率的圆管，当谢才系数采用 $C = \dfrac{1}{n}R^{\frac{1}{6}}$ 计算时，其流量模数 K 值如表 4.2 所示。

对于一般给水管道，一般流速不太大，可能属于紊流的粗糙区或过渡区。可以近似认为当 $v < 1.2 \text{m/s}$ 时，管流属于过渡区，h_f 约与流速 v 的 1.8 次方成正比。计算水头损失时，可在式（4.16）中乘以修正系数 k，即

表 4.2　　给水管道的流量模数 $K = AC\sqrt{R}$ 数值 $\left(按 C = \dfrac{1}{n}R^{\frac{1}{6}}\right)$

直径 d/mm	流量模数 K/(L/s)		
	清洁管（$n = 0.011$）	正常管（$n = 0.0125$）	污秽管（$n = 0.0143$）
50	9.624	8.460	7.403
75	28.37	24.94	21.83
100	61.11	53.72	47.01
125	110.80	97.40	85.23
150	180.20	158.40	138.60
175	271.80	238.90	209.00
200	388.00	341.10	298.50
225	531.20	467.00	408.60
250	703.50	618.50	541.20
300	1.144×10^3	1.006×10^3	880.00
350	1.726×10^3	1.517×10^3	1.327×10^3
400	2.464×10^3	2.166×10^3	1.895×10^3
450	3.373×10^3	2.965×10^3	2.594×10^3
500	4.467×10^3	3.927×10^3	3.436×10^3
600	7.264×10^3	6.386×10^3	5.587×10^3
700	10.96×10^3	9.632×10^3	8.428×10^3
750	13.17×10^3	11.58×10^3	10.13×10^3
800	15.64×10^3	13.57×10^3	12.03×10^3
900	21.42×10^3	18.83×10^3	16.47×10^3

续表

直径 d/mm	流量模数 K/(L/s)		
	清洁管($n=0.011$)	正常管($n=0.0125$)	污秽管($n=0.0143$)
1000	28.36×10³	24.93×10³	21.82×10³
1200	46.12×10³	40.55×10³	35.48×10³
1400	69.57×10³	61.16×10³	53.52×10³
1600	99.33×10³	87.32×10³	76.41×10³
1800	136.00×10³	119.50×10³	104.60×10³
2000	180.10×10³	158.30×10³	138.50×10³

$$H = k\frac{Q^2}{K^2}l = kSQ^2 l \tag{4.17}$$

对于钢管或铸铁管，修正系数可查表 4.3。

表 4.3　　　　　　钢管及铸铁管修正系数 k 值

v/(m/s)	k	v/(m/s)	k	v/(m/s)	k	v/(m/s)	k
0.20	1.41	0.45	1.175	0.70	1.085	1.00	1.03
0.25	1.33	0.50	1.15	0.75	1.07	1.10	1.015
0.30	1.28	0.55	1.13	0.80	1.06	1.20	1.00
0.35	1.24	0.60	1.115	0.85	1.05		
0.40	1.20	0.65	1.10	0.90	1.04		

2. 规范标准中明确的计算公式

(1) 输配水管道和管网可按照《室外给水设计规范》(GB 50013—2006) 中规定的公式（也称海曾-威廉公式）计算。

$$h_f = \frac{10.67 Q^{1.852}}{C_h^{1.852} d^{4.87}} l = H \tag{4.18}$$

(2) 灌溉输水管道（包括喷灌、低压管灌管道）须按《喷灌工程技术规范》(GB/T 50085—2017)、《低压管道输水灌溉工程技术规范（井灌区部分）》(SL/T 153—95) 中规定的公式计算（只适用于灌溉管道）。

$$h_f = f\frac{Q^m}{d^b} l = H \tag{4.19}$$

(3) 各类塑料管可采用由达西-魏斯巴哈公式推得的下列公式计算。

$$h_f = 0.000915 \frac{Q^{1.774}}{d^{4.774}} l = H \tag{4.20}$$

4.3.1.2　简单长管水力计算的类型

1. 输水能力计算

已知作用水头、管道尺寸、管道材料及管线布置，计算校核输水能力。

【例 4.5】 某水塔只有一条管道向外供水，管道为铸铁管，总长 $l=1600\text{m}$，管径 $d=200\text{mm}$，水塔水面高程为 18.0m，供水管道末端高程为 8.0m，试求该管路的供水流量。

解：管道为铸铁管、总长为 1600m，管径不变，故可按简单长管计算。供水水头 $H=18.0-8.0=10(\text{m})$。

(1) 谢才公式计算。假设管内水流为阻力平方区的紊流，查表得管径 $d=200\text{mm}$ 的流量模数 $K=341.1\text{L/s}$，则管中通过的流量为：$Q=K\sqrt{\dfrac{H}{l}}=341.1\times\sqrt{\dfrac{10}{1600}}=26.97(\text{L/s})=0.02697(\text{m}^3/\text{s})$

验算流速是否符合假设条件：$v=\dfrac{Q}{A}=\dfrac{4Q}{\pi d^2}=\dfrac{4\times0.02697}{3.14\times0.2^2}=0.859(\text{m/s})$

因为 $v<1.2\text{m/s}$，属紊流过渡区，与假设不符，需要修正。

由表 4.3 内查得 $v=0.859\text{m/s}$ 时的修正系数 $k=1.042$。

$$Q=K\sqrt{\dfrac{H}{kl}}=341.1\times\sqrt{\dfrac{10}{1.042\times1600}}=26.42(\text{L/s})=0.02642(\text{m}^3/\text{s})$$

(2) 海曾-威廉公式计算。由于铸铁管考虑杂质沉积，查表可知，按旧管取 $C_h=100$，由海曾-威廉公式得

$$Q=\left(\dfrac{HC_h^{1.852}d^{4.87}}{10.67l}\right)^{\frac{1}{1.852}}=\left(\dfrac{10\times100^{1.852}\times0.2^{4.87}}{10.67\times1600}\right)^{\frac{1}{1.852}}=0.0261(\text{m}^3/\text{s})$$

2. 计算作用水头

已知管道尺寸、材料、管线布置和输水能力，可利用《水利技术标准汇编》等的管道水头损失计算方法计算作用水头（确定水塔高度）。

【例 4.6】 某给水管道选用硬聚氯乙烯（UPVC）管，管长 $l=500\text{m}$，糙率 $n=0.0125$，管中通过流量 $Q=60\text{L/s}$，选用经济流速 $v=1.2\text{m/s}$。试确定管径和作用水头。

解：(1) 首先计算管径。$D=\sqrt{\dfrac{4Q}{\pi v}}=\sqrt{\dfrac{4\times0.06}{3.14\times1.2}}=0.252(\text{m})$

选用直径为 250mm 的标准管径。

(2) 谢才公式计算。

流量模数

$$K=AC\sqrt{R}=\dfrac{\pi}{4}d^2\dfrac{1}{n}R^{\frac{2}{3}}=\dfrac{3.14}{4}\times0.25^2\times\dfrac{1}{0.009}\times\left(\dfrac{0.25}{4}\right)^{\frac{2}{3}}=0.859(\text{m}^3/\text{s})$$

管道比阻

$$S=\dfrac{1}{K^2}=1/0.859^2=1.335(\text{s}^2/\text{m}^6)$$

因为 $v\geqslant1.2\text{m/s}$，故修正系数取 $k=1$

则作用水头

$$H=kSQ^2l=1\times1.335\times0.06^2\times500=2.44(\text{m})$$

采用由达-魏公式推得的公式计算

$$H = 0.000915 \frac{Q^{1.774}}{d^{4.774}} l = 0.000915 \times \frac{0.06^{1.774}}{0.25^{4.774}} \times 500 = 2.33(\text{m})$$

3. 确定所需管径

管线布置已定，当要求输送一定流量时，确定所需的管径。

【**例 4.7**】 由一条长为 3300m 的灌溉管道（旧铸铁管）向水文站供水，作用水头 $H=20$m，需要通过的流量为 $Q=32$L/s，试确定管道的直径 d。

解： 按一般自来水管计算。考虑到管道在使用中，水里含有的杂质会逐渐沉积致使新管子变得有些污垢，故应按正常管考虑，取 $n=0.0125$。

先求流量模数 K 值，因为 $H=\frac{Q^2}{K^2}l$ 则

$$K = Q\sqrt{\frac{l}{H}} = 32 \times \sqrt{\frac{3300}{20}} = 411.1(\text{L/s})$$

查表 4.2，当 $K=411.1$L/s 时，所对应的管道直径在以下两个数字之间：

$$d=200\text{mm}, K=341.1\text{L/s}; d=225\text{mm}, K=467.0\text{L/s}。$$

为了保证对水文站的供水，应采用标准管 $d=225$mm 的管子。此时管中的流速为

$$v = \frac{Q}{A} = \frac{4Q}{\pi d^2} = \frac{4 \times 0.032}{3.14 \times 0.225^2} = 0.805(\text{m/s})$$

由于 $v<1.2$m/s，管中水流处于紊流过渡区，需要修正。查表 4.3，取 $k=1.059$。

按公式 $H=k\frac{Q^2}{K^2}l$ 得修正后的流量模数 K 为

$$K = Q\sqrt{k\frac{l}{H}} = 32 \times \sqrt{1.059 \times \frac{3300}{20}} = 423.00(\text{L/s})$$

此时流量模数仍在管径 200mm 与 225mm 的流量模数之间，故采用管径为 225mm 的管子，足可以保证供水。

4.3.2 复杂管路

复杂管路是由两根以上不同直径的管道组成的管路。复杂管道的每一根都可以看作是一条简单管道。

4.3.2.1 串联管路

由许多管段首尾相接组成的管道称串联管路。如图 4.12 所示。

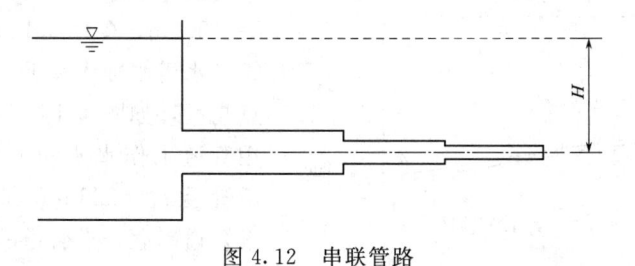

图 4.12 串联管路

由于串联管路各管段的管径不同，在通过同一流量时，各管段的流速是不同的，因而应分段计算水头损失，然后将各管段的水头损失叠加起来，便可知道通过一定流量所需的作用水头。利用能量方程可推导得

$$H = \sum h_f + \sum h_j + \frac{\alpha v^2}{2g}$$

经过具体推导可得串联管路的流量计算公式为

$$Q = \mu_c A \sqrt{2gH_0}$$

式中 μ_c——管道系统的流量系数。

$$\mu_c = \frac{1}{\sqrt{1 + \sum \lambda_i \frac{l_i}{d_i}\left(\frac{A}{A_i}\right)^2 + \sum \zeta_i \left(\frac{A}{A_i}\right)^2}} \quad (4.21)$$

式中 A——出口断面面积，m^2；
l_i——第 i 段管道的长度，m；
d_i——第 i 段管道的直径，m；
A_i——第 i 段管道的横断面面积，m^2。

同理可得，变断面串联管路恒定淹没出流流量公式为

$$Q = \mu_c A \sqrt{2gz_0}$$

式中的流量系数为

$$\mu_c = \frac{1}{\sqrt{\sum \lambda_i \frac{l_i}{d_i}\left(\frac{A}{A_i}\right)^2 + \sum \zeta_i \left(\frac{A}{A_i}\right)^2}} \quad (4.22)$$

注意：若为长管时，则任一管段的水头损失为

$$H = \frac{Q_i^2}{K_i^2} l_i \quad (4.23)$$

水池的作用水头：$H = \sum h_f = h_{f1} + h_{f2} + \cdots + h_{fi}$，则有

$$Q = \sqrt{\frac{H}{\sum \left(\frac{l_i}{K_i^2}\right)}} \quad (4.24)$$

式（4.23）或式（4.24）即为长管串联管道的简化计算公式。

【例 4.8】 水塔供水管道 AB 长 $l = 1200m$，$Q = 38L/s$，材料为铸铁管。水塔水面及管道末端断面中心 B 点高程，如图 4.13 所示。为了充分利用管道工作水头和节省管材，AB 采用管径 $d_1 = 225mm$ 和 $d_2 = 250mm$ 两根管道串联，求管道的长度 l_1 和 l_2。

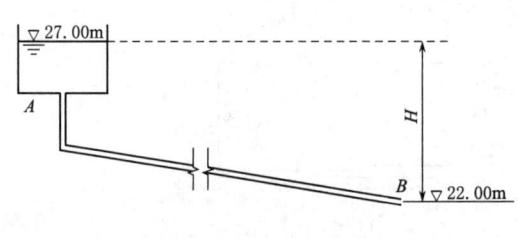

图 4.13 例 4.8 题图

解：第一段管中的流速：

$$v_1 = \frac{Q_1}{A_1} = \frac{4 \times 38 \times 10^{-3}}{3.14 \times 0.225^2} = 0.956 (\text{m/s})$$

第二段管中的流速：

$$v_1 = \frac{Q_2}{A_2} = \frac{4 \times 38 \times 10^{-3}}{3.14 \times 0.25^2} = 0.775 (\text{m/s})$$

由题意可知，此为长管的水力计算。若两个流速均小于 1.2m/s，则需修正，查表 4.3 得水头损失的修正系数 $k_1 = 1.034$，$k_2 = 1.065$。若不计行进流速的影响，则得串联管路的水头为

$$H = k_1 \frac{Q^2}{K_1^2} l_1 + k_2 \frac{Q^2}{K_2^2} l_2$$

按正常管道查表 4.2，得 $K_1 = 467$L/s 和 $K_2 = 618.5$L/s，将已知数值代入，又因 $l_1 + l_2 = 1200$m。

则有：$27 - 22 = 1.034 \times \left(\frac{38}{467}\right)^2 l_1 + 1.065 \times \left(\frac{38}{618.5}\right)^2 (1200 - l_1)$。

解得：$l_1 = 62.23$m，$l_2 = 1200 - 62.23 = 1137.77$（m），最后取 $l_1 = 60$m，$l_2 = 1140$m。

4.3.2.2 有压隧洞的水力计算

有压隧洞的水力计算原理与串联管路非常相似，由于管道直径比隧洞小得多，则作用水头一般取上游水面到下游出口中心，而隧洞的作用水头与管道有所区别。如图 4.14 所示。

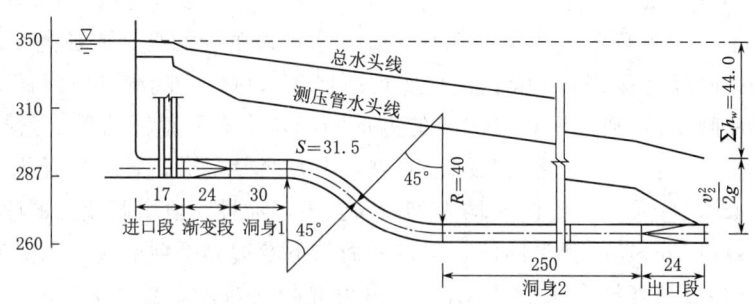

图 4.14 有压隧洞作用水头示意图

1. 有压隧洞的计算公式

有压隧洞从结构上讲，隧洞进口多为喇叭口，闸室多为方形，而洞身为圆形，出口处为避免产生负压，洞径有一圆变方的收缩。所以，有压隧洞的计算公式，在上述串联管路的基础上稍加改造即得

$$Q = \mu A \sqrt{2g(T_0 - h_p)} \tag{4.25}$$

$$\mu = \frac{1}{\sqrt{1 + \sum \frac{2gl_i}{C_i^2 R_i} \left(\frac{A}{A_i}\right)^2 + \sum \zeta_i \left(\frac{A}{A_i}\right)^2}}$$

式中　　μ——流量系数；

　　　　A——隧洞出口断面面积，m^2；

　　　　ζ_i——某一局部阻力系数，与之相应的过水断面面积为 A_i；该段的长度用 l_i 表示。

　　　　T_0——上游水面与隧洞出口底板高程差 T 及上游行进流速水头之和，m，一般可认为 $T_0 \approx T$；

　　　　h_p——隧洞出口断面水流的平均单位势能，m，自由出流时，$h_p = 0.5a + \dfrac{p}{\gamma}$，$a$ 为出口断面洞高，$\dfrac{p}{\gamma}$ 为出口断面平均单位压能，一般自由出流时 $\dfrac{p}{\gamma} = 0.5a$，淹没出流时 $h_p = h_s$。

2. 有压隧洞的水力计算内容

(1) 已知隧洞形式、尺寸和上游水位，求泄流量。

(2) 已知隧洞形式、尺寸和泄流量，求上游需要的水位。

(3) 已知上游水位、泄流量，求必需的洞径。

(4) 计算压坡线（即测压管水头线）。

绘制测压管水头线的目的是，检查隧洞内是否产生负压。隧洞的洞顶一般要有一定的正压（一般不宜小于 2m 水柱）以避免产生气蚀破坏。当绘制测压管水头线之后，如发现不能满足上述对压力的要求时，则要改变设计。通常采用的方法是将出口断面适当收缩，以使洞内压力得以提高。同时，要满足不致太多地减小泄流量，改变设计之后，要重新做水力计算。

【例 4.9】　某水库最高水位为 350.00m，水库泄洪隧洞身为内径为 6m 的圆形断面，隧洞进口底板高程 287.00m，出口底板高程 262.00m，隧洞进口段长 17m（包括喇叭形进口和闸室），闸室为 6m×6m 的方形断面，中有两道闸门槽。紧接着为一由方变圆的渐变段，长 24m。之后为圆形洞身，中有两段弯道，转弯半径 R 均为 40m，转角 θ 均为 45°，弯道中心线长 S 均为 31.5m。出口前设一段由圆变方的收缩渐变段，长为 24m，后设 5m×5m 弧形闸门。出口断面与下游边界平顺衔接，无回流死角。全洞长 408m，各段长度见图 4.14 所示。洞内为混凝土衬砌，糙率 $n = 0.014$。下游水位较低，不影响泄流。求下泄流量与库水位的关系，计算并绘制库水位为 350m 时的总水头线及压坡线。

解：(1) 求库水位与流量的关系。

出口断面面积 $A = 5 \times 5 = 25 m^2$。隧洞各段的局部与沿程能量损失系数的计算，见表 4.4 第 2 列至第 10 列。计算流量系数得

$$\mu = \dfrac{1}{\sqrt{1 + 0.408 + 0.701}} = 0.689$$

以出口断面底部高程为基准面，根据出口段为逐渐收缩及出口断面与下游边界的平顺衔接条件，可取出口断面的 $\dfrac{p}{\gamma} = 0.5a$，故 $h_p = 0.5a + \dfrac{p}{\gamma} = a = 5(m)$，库水位 ∇_1

长管水力计算 / 任务3

表 4.4 例 4.9 题表

(1) 管段	(2) A_i /m²	(3) $\frac{A}{A_i}$	(4) ζ_i	(5) $\zeta_i\left(\dfrac{A}{A_i}\right)^2$	(6) l_i /m	(7) R_i /m	(8) $C=\dfrac{1}{n}R_i^{\frac{1}{6}}$ /(m^{1/2}/s)	(9) $\lambda\dfrac{l_i}{4R_i}=\dfrac{2gl_i}{C^2R_i}$	(10) $\dfrac{2gl_i}{C^2R_i}\cdot\left(\dfrac{A}{A_i}\right)^2$	(11) v_i /(m/s)	(12) $\dfrac{v_i^2}{2g}$ /m	(13) $h_{ji}=$ (4)×(12) /m	(14) $h_{fi}=$ (9)×(12) /m	(15) h_{wi} /m	(16) $H_i=$ 350−262 $-h_{wi}$ /m	(17) $z_i+\dfrac{p_i}{\gamma}=H_i-\dfrac{v_i^2}{2g}$ /m
进口段 喇叭形进口	36.0		0.10	0.0483												
进口段 两道槽门		0.695	0.20	0.0966										6.42	81.58	62.6
进口段 段身	32.15 (平均)	0.778	0.05	0.0303	17.0	1.50	76.5	0.0380	0.0184	19.3	19.0	1.90	0.722	8.89	79.1	55.3
渐变段	28.3	0.883		0.0724	24.0	1.50	76.5	0.0537	0.0324	21.6	23.8	3.80	1.28	11.0	77.0	46.1
洞身 1	28.3	0.883	0.0928	0.0724	30.0	1.50	76.5	0.0671	0.0520	24.6	30.9	1.19	2.07	16.1	71.9	41.0
弯段 1	28.3	0.883	0.0928	0.0724	31.5	1.50	76.5	0.0705	0.0548	24.6	30.9	2.87	2.18	21.2	66.8	35.9
弯段 2	28.3	0.883	0.0928	0.0724	31.5	1.50	76.5	0.0705	0.0548	24.6	30.9	2.87	2.18	38.4	49.6	18.7
洞身 2	28.3	0.883	0.10	0.0880	250.0	1.50	76.5	0.5590	0.4350	24.6	30.9	3.48	17.2	44.0	44.0	9.2
出口渐变段	26.65 (平均)	0.938			24.0	1.37	75.4	0.0605	0.0531	26.1	34.8		2.10	44.0	44.0	4.8
出口断面	25.0	1								27.8	38.2					
总和				0.4080												

与流量的关系为

$$Q=0.689\times25\times\sqrt{2\times9.8(\nabla_1-262-5)}=76.26\times\sqrt{\nabla_1-267}$$

将库水位分别为350m、340m、330m、320m、310m代入，即得相应的流量Q为695m³/s、652m³/s、606m³/s、555m³/s、500m³/s。

(2) 计算并绘制当库水位为350m时的总水头线和压坡线。

计算见表4.4第11列至第17列，并以第16列和第17列的结果绘制水头线（图4.14）。出口断面水流单位势能$z+\dfrac{p}{\gamma}$计算结果为4.8m，与5.0m相差很小（属于计算累积误差），可知计算是正确的。

4.3.2.3 并联管路

由简单管道并联而成的管路称为并联管路。图4.15所示为三管段并联，A、B两点分别为各管段管道的起点和终点。通过每段管道的流量可能不同，但每段管道的水头差是相等的。也就是说，并联管道在节点上与分支管道相同，即节点流量满足连续性条件，不管节点上连接多少个管道，也不论各个管道的流量、管径、管长及材料如何，节点水头只有一个，并联的两个节点之间的水头差总是相同的。

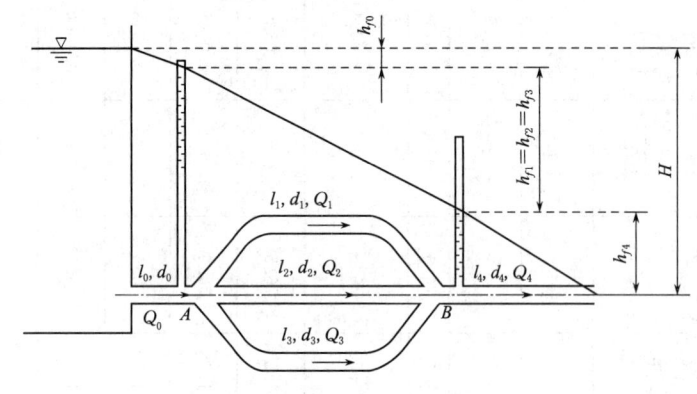

图4.15 复杂管路之并联管路

如图4.15所示，在并联管路两端点A、B分别连接测压管，则两测压管水面差代表3个并联管路中任一管路两端点的测压管水头差。该水头差也就是并联管路中各管的水头损失。当不计各管的局部水头损失时，各管路中的沿程水头损失相等。

$$h_{f1}=h_{f2}=h_{f3}=H_{AB} \quad (4.26)$$

节点A和节点B的流量存在以下关系

$$\begin{cases}Q_0=Q_1+Q_2+Q_3\\Q_4=Q_1+Q_2+Q_3\end{cases} \quad (4.27)$$

对于水力长管有式（4.17），即$h_f=H=k\dfrac{Q^2}{K^2}l=kSQ^2l$

由式（4.26）、式（4.27）与式（4.17）等四个方程联立，可求解Q_1、Q_2、Q_3及H。

【例 4.10】 有一并联管道,如图 4.15 所示,$l_1=500\text{m}$,$l_2=400\text{m}$,$l_3=1000\text{m}$,$d_1=d_2=150\text{mm}$,$d_3=200\text{mm}$,总流量 $Q=100\text{L/s}$,$n=0.0125$。求每一管段通过的流量 Q_1、Q_2、Q_3 及 A、B 两点间的水头损失。

解:根据并联管道两节点间水头差相等的关系,有

$$H=\frac{Q_1^2}{K_1^2}l_1=\frac{Q_2^2}{K_2^2}l_2=\frac{Q_3^2}{K_3^2}l_3$$

根据管径和糙率值,查出 K 值,$K_2=K_1=158.4\text{L/s}$,$K_3=341.0\text{L/s}$,则有

$$Q_2=\frac{K_2}{K_1}Q_1\sqrt{\frac{l_1}{l_2}}=\frac{158.4}{158.4}Q_1\sqrt{\frac{500}{400}}=1.12Q_1$$

$$Q_3=\frac{K_3}{K_1}Q_1\sqrt{\frac{l_1}{l_3}}=\frac{341.0}{158.4}Q_1\sqrt{\frac{500}{1000}}=1.52Q_1$$

根据节点流量连续性的条件,有

$$Q_0=Q_1+Q_2+Q_3=Q_1+1.12Q_1+1.52Q_1=3.64Q_1$$

所以

$$Q_1=\frac{Q}{3.64}=\frac{100}{3.64}=27.5(\text{L/s})$$

$$Q_2=1.12Q_1=1.12\times 27.5=30.8(\text{L/s})$$

$$Q_3=1.52Q_1=1.52\times 27.5=41.8(\text{L/s})$$

A、B 两点间水头损失:$H=\dfrac{Q_1^2}{K_1^2}l_1=\dfrac{27.5^2}{158.4^2}\times 500=14.96(\text{m})$

4.3.2.4 树状管路的水力计算

为了给更多的用户供水,在给水工程中往往将许多管路组合成管网。管网按其布置可分为树状管网及环状管网两种。

树状管路中,从水源到用户的管线,有如树枝状,从一点引出,逐级分流,见图 4.16 所示。这种管路的特点是造价较低,但供水可靠性较差,一旦管路有一处发生故障,则在该管段下游的各级管段都要受到影响。另外,树状管路由于逐级分流,流量较小,流速较低,甚至停滞,水质容易变坏。

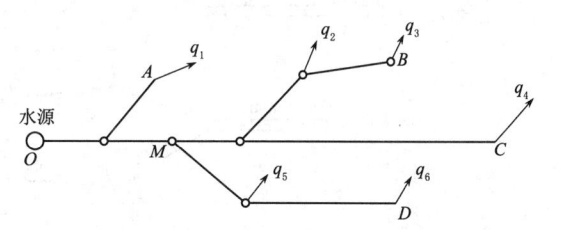

图 4.16 树状管网平面布置图

树状管路的流量逐级推算,即从最末端开始逐级推算上一级管段的流量,节点流量必须满足连续性方程,节点无论有多少分支,节点水头只有一个。

已知管段流量,树状管路可进行以下水力计算。

(1) 在一定水头差的条件下确定各级管段的管径。

(2) 在新建给水系统的设计中,是已知管路沿线地形,各管段长度 l 及通过的流量 Q 和端点要求的自由水头 H_z,要求确定管路的各段直径 d 及水泵的扬程或水塔的高度 H_t。

1) 首先按经济流速在已知流量情况下计算并选择标准直径。

2) 利用水头损失计算公式，计算各级管段的沿程水头损失。

3) 按串联管路计算干线中从水塔到管网控制点的总水头损失。管网的控制点是指在管网中水塔至该点的水头损失、地形标高和末端要求的自由水头三项之和最大值的点。应通过计算确定。

4) 对于水泵扬程或水塔高度 H_t 可按下式计算

$$H_t = \sum h_{fi} + H_z + z_0 - z_t \tag{4.28}$$

式中　H_z——控制点要求的压力水管工作水头，m；

　　　z_0——控制点地面高程，m；

　　　z_t——泵站或水塔处的地面高程，m；

　　　$\sum h_{fi}$——从水塔到管网控制点的总水头，m。

注意：管道或管网的局部水头损失可按沿程水头损失的5%～10%计算。

【例4.11】　有一用水塔向生活区供水的管网，如图4.17所示，按分支管网布置。各管段长度及节点所需分出流量已知。管路采用硬聚氯乙烯（UPVC）管。管路端点自由水头选为 $H_z=6.0\text{m}$，各端点地面高程如图所示。试求管网中各管段的管径及水塔高度。

解： 由上图可以看出，计算分叉管路有两条，即 A—1—2—3 和 A—1—4—5—6。根据连续性条件，确定所有管段的流量，见表4.5。下面举例说明列表的计算过程。

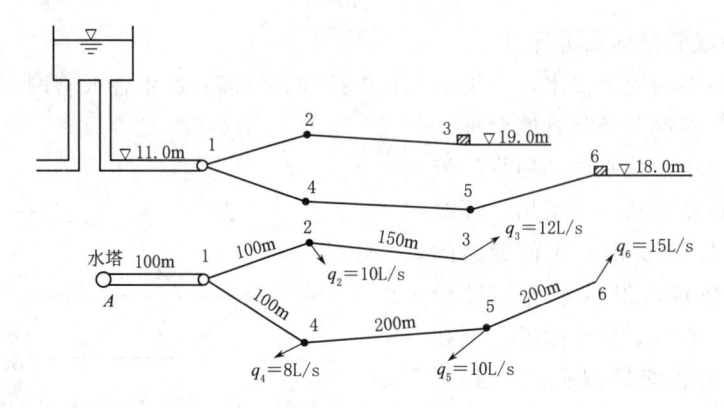

图4.17　树状分支管网的水力计算

(1) 确定各管段的直径。选用给水管路经济流速为 $v_{经}=1.5\text{m/s}$，以5—6管为例，流量 $Q=q_6=15\text{L/s}=54\text{m}^3/\text{h}$，则管径为

$$d = \sqrt{\frac{4Q}{\pi v}} = \sqrt{\frac{4 \times 0.015}{3.14 \times 1.2}} = 0.113(\text{m})$$

则取管道直径为125mm。

(2) 计算各管段水头损失。根据单位长度水头损失计算用公式：$h_f = f\dfrac{Q^m}{D^b}L$

查表4.4，$f=0.948\times10^5$，$m=1.77$，$b=4.77$ 代入上式有

$$h_f = 0.948 \times 10^5 \times \frac{Q^{1.77}}{D^{4.77}} L$$

$$h_{f5-6} = 0.948 \times 10^5 \times \frac{54^{1.77}}{125^{4.77}} \times 200 = 2.2(\text{m})$$

其余管段如表 4.5 计算。

表 4.5　　　　　　　　各管段沿程水头损失计算表

管段	管长/m	流量 L/s	流量 m³/h	管径 d/mm	流速 v/(m/s)	水头损失 h_f/m
5—6	200	15	54	125	1.22	2.2
4—5	200	25	90	150	1.42	2.27
1—4	100	33	118.8	175	1.37	0.89
A—1	100	55	198	225	1.38	0.66
2—3	150	12	43.2	100	1.53	3.22
1—2	100	22	79.2	150	1.25	0.91

（3）确定水塔高度。分别计算分支管路 A—1—2—3 和 A—1—4—5—6 所需要的水塔水头值，即

$$H_{A123} = \sum h_{fi} + H_z + z_0 - z_t = 4.79 + 6 + 19 - 11 = 18.79(\text{m})$$

$$H_{A1456} = \sum h_{fi} + H_z + z_0 - z_t = 6.02 + 6 + 18 - 11.0 = 19.02(\text{m})$$

由以上计算可以看出，最不利管路为 A—1—4—5—6 分支，考虑 5%～10% 的局部水头损失为 0.3～0.6m，则水塔高度选择为 19.5m。

*4.3.2.5　环状管网的水力计算

环状管网的设计，应根据用水的要求及地形条件布置管网，确定各管段长度及各节点需要向外供应的流量。对于环状管网来讲，虽然各节点的流量已知，但各管段中的流量却无法一次确定，有时管中水流的方向都无法确定。因此工程设计中常采用渐进分析法来解决。但不管用什么方法来求解，都必须遵循以下两个原则：

（1）由于水流的连续性和不可压缩性，对于任一节点来说，流入和流出的流量相等。也就是说，在节点处，流量的代数和为零，即

$$\sum Q = 0 \tag{4.29}$$

（2）对于管网中任何一个闭合环路来讲，从一个节点到另一个节点之间，沿两条不同的管线所计算的水头损失相等。因为每一节点的水头只可能有一个数值，所以任意两个节点之间的水头差（即水头损失）也只可能有一个。例如图 4.18（a）的闭合环路 1—2—3—9—1 中，沿着管线 1—2—3 所计算的水头损失，应等于沿管线 1—9—3 的水头损失，即 $h_{f1-2} + h_{f2-3} = h_{f1-9} + h_{f9-3}$。

或 $$(h_{f1-2} + h_{f2-3}) - (h_{f1-9} + h_{f9-3}) = 0$$

在进行闭合环路的计算时，规定顺时针方向计算的水头损失为正，例如 h_{f1-2} 和 h_{f2-3}；反时针方向为负，如 h_{f1-9} 和 h_{f9-3}。则沿同一方向转一周，计算的水头损失总和应为零，即

(a)　　　　　　　　　　　　　　(b)

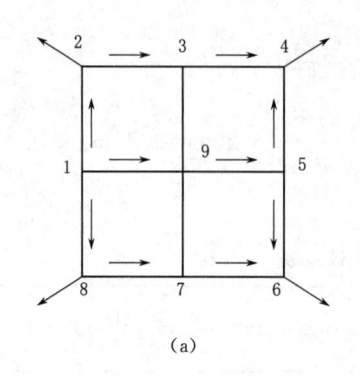

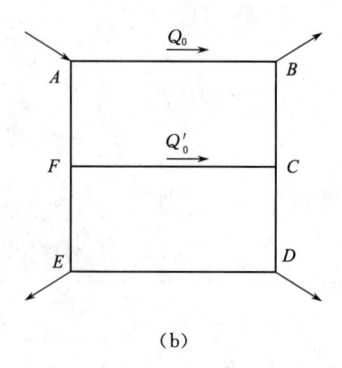

图 4.18　环状管网平面布置示意图

$$\sum_{环} h_{fi} = 0 \tag{4.30}$$

式中　h_{fi}——闭合环路中任一管段的水头损失。

下面介绍单一环状管网的渐进分析法。

设某段管网如图 4.18（b）所示，在管网中取闭合环路 A—B—C—F—A 进行分析。流入节点 A 的流量 Q 可以设想按两个方向流动，一支沿着 A—B—C 方向流动，其流量为 Q_0；另一支沿着 A—F—C 方向流动，其流量为 Q_0'。根据这样分配的流量，就可以选择各管段相应的管径，并计算相应原水头损失。若求得的水头损失有闭合差，即 $\sum_{环} h_{fi} \neq 0$

这说明没有满足上述第二个原则，其原因就在于流量分配的比例不当，其中一支管路流量过大，而另一支管路流量过小。因此，对流量的分配应进行校正，将一部分流量 ΔQ_0，由流量过大的一支管路分配到流量过小的一支去。设这时支线 A—B—C 的流量将变为 $Q_1 = Q_0 + \Delta Q_0$，则支线 A—F—C 的流量将变为 $Q_1' = Q_0' - \Delta Q_0$。为了满足第二个原则，必须使校正后的流量满足条件：$\sum_{环} h_{fi} = 0$

或　　　　　　　　　　　　$\sum_{ABC} h_{fi} = \sum_{AFC} h_{fi}$

因　　　　　　　　　　　　$H = \dfrac{Q^2}{K^2} l = sQ^2$

式中的 $s = \dfrac{l}{K^2}$，则式（4.30）可写成

$$\sum s(Q_0 + \Delta Q_0)^2 = \sum s'(Q_0' - \Delta Q_0)^2$$

将上式展开，并忽略二次微量，则得

$$\Delta Q_0 = -\frac{\sum sQ_0^2 - \sum s'Q_0'^2}{2\sum sQ_0 + 2\sum s'Q_0'}$$

令 h_{f0} 及 h_{f0}' 分别表示流量校正前两个分支线上各管段的水头损失，则 $h_{f0} = sQ_0^2$，$h_{f0}' = s'Q_0'^2$，上式可写成 $\Delta Q_0 = -\dfrac{\sum h_{f0} - \sum h_{f0}'}{2\sum \dfrac{h_{f0}}{Q_0} + 2\sum \dfrac{h_{f0}'}{Q_0'}}$

故校正流量可按下式计算

$$\Delta Q = -\frac{\sum h_f}{2\sum \dfrac{h_f}{Q}} \tag{4.31}$$

式中 Q、h_f——各管段中所分配的流量及相应各管段中的水头损失。

对同一闭合环路，在计算时，分子中各项的符号可以按顺时针方向流动的水头损失取（＋）号，反时针方向流动的取（－）号；分母中各项数值则不必考虑其正、负号。如果计算结果水头损失还有闭合差，可按上述步骤进行新的校正，直至闭合差小到可以忽略时为止。这时各管段的流量、管径和水头损失，就可作为最后确定的数据。

如果某一段管路为几个闭合环路中所共用，则这段管路的流量校正值应为那些闭合环路校正值的总和。例如，图 4.18（b）中管段 FC 的校正值，应为闭合环路 A—B—C—F—A 的校正值与闭合环路 F—C—D—E—F 的校正值之和。

任务4 水击现象分析

4.4.1 水击现象及水击分类

4.4.1.1 水击现象

物理学中把某一物理量的扰动在介质中的传播现象称为波。管道中的非恒定流也是一种波，它们是由某种原因引起水中某处水力要素如流速、流量、压强等变化，并沿管道传播和反射的现象。波所到之处，破坏了原先恒定流状态，使该处水力现象发生显著的变化。引起水流扰动的原因是多方面的，如水电站和水泵站在运行时，系统中发生突发事故，或某个大型用电设备启动或停机，则要求迅速增加或减少负荷，即要求迅速调节引水管道的阀门（或水轮机的导叶）的开度，改变电站（或水泵站）的引用流量。当管道阀门（或导叶）突然关闭时，由于管中流速突然减小，压强急剧增加。反之当阀门突然开启时，管中流速突然增大，则压强急剧减小。如果在管道上安装测压设备，可以直接观测到管中出现大幅度变化的压强波动现象。由于管中压强迅速变化，且幅度大，易于引起管道变形，甚至破裂。

这些都是管道非恒定流现象。压力管道中，由于管中流速突然发生变化，引起管中压强急剧升高（或降低），从而使管道断面上发生压力交替升降的现象，称为水击。

4.4.1.2 水击分类

以压强升高为特征的水击，称为正水击；反之，以压强降低为特征的水击，称为负水击。正水击时的压强升高可以超过管中正常压强的许多倍，可能导致压力管道破裂和水电站（或水泵站）的破坏。负水击时的压强降低，可能使管中发生不利的真空。因此，必须对水击这一特殊的水流现象加以研究，以便采取一些工程措施，减小水击的危害。

根据阀门开闭的快慢，又可以将水击分为直接水击和间接水击。

4.4.1.3 水击波传播过程

下面以压力管道的阀门突然关闭为例，说明水击波的传播过程。如图 4.19 所示，当阀门突然关闭时，靠近阀门处一个微小流段 Δs 的水体被迫停止运动。由于水流的惯性，就有一个力作用在阀门上。同时，阀门也有同样大小的反作用力作用在此微小水体上，由于水的特性，这个力也要传到管壁上。但是，这个微小流段上游面与它相邻的水体，仍然以原有的速度 v_0 继续前进。当受到已停止流动的微小流段的阻挡后，同样有一个力作用在前面的流段上，使前一微小流段的水体受到压缩，从而使

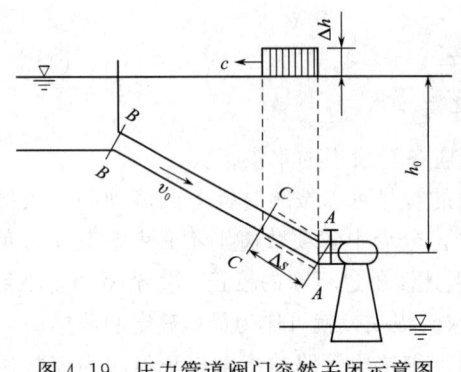

图 4.19　压力管道阀门突然关闭示意图

水体的压强升高，密度加大，管壁也相应地发生膨胀。接着第二个微小流段也相继停止流动，同时也伴随着压强升高，密度加大，管壁膨胀。如此连续下去，第三、第四……微小流段依次停止流动，形成一个从阀门处向上游传递的减速、增压运动，并以水击波速（水击波的传播速度）c 向压力管道进口推进，这种现象，称为水击波的传播。

以上分析只是水击传播过程中的一个阶段。实际中，水击是从阀门处开始的，传播到管道进口，再由进口传播到阀门，如此循环往复，直到水流的阻力作用使水击波的传播逐渐减弱，达到新的平衡。

水击波传播的每一个循环过程可以分为四个阶段。现以图 4.20 所示的压力管道为例加以说明。

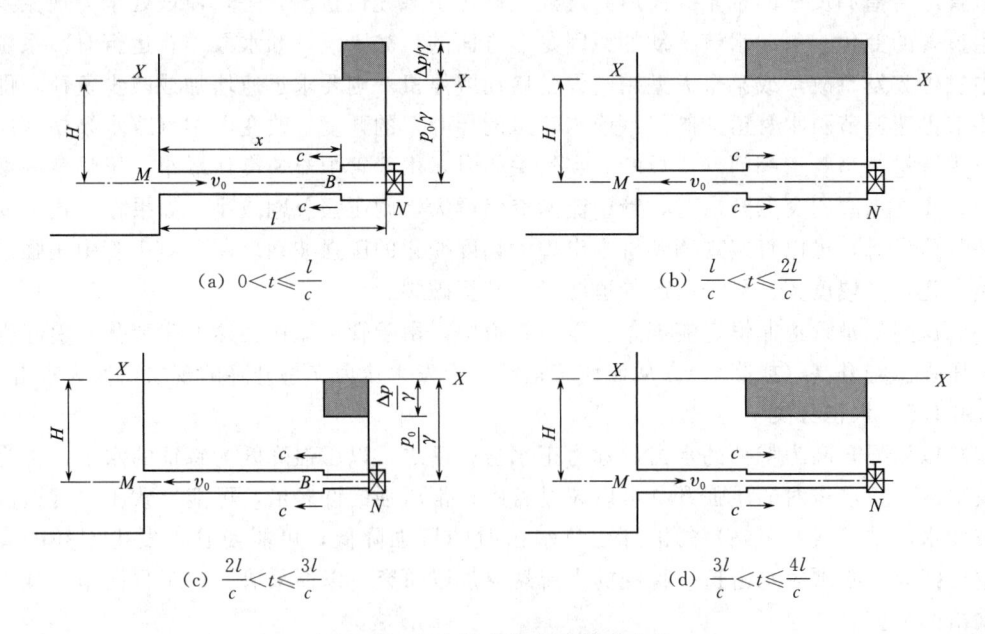

图 4.20　压力管道水击波传播过程

第一阶段：瞬间关门，产生增压波。时段：$0 < t \leqslant \dfrac{l}{c}$ [图 4.20（a）]。

在关闭阀门之前，水流以速度 v_0 向阀门方向流动。当时间 $t=0$ 时，阀门突然关闭。管中紧靠阀门一段长度为 Δs 的微小流段立即停止流动，其流速由 v_0 突然减小到零，这时从阀门处开始，一个以减速、增压、水的体积被压缩、密度增加和管壁膨胀为特点的水击波，以波速 c 向上游的管道进口传播。设管长为 l，则在时间 $t=\dfrac{l}{c}$ 时，水击波正好由阀门处传播到水管进口，此时管内水流会全部停止流动。

第二阶段：降压恢复。时段：$\dfrac{l}{c} < t \leqslant \dfrac{2l}{c}$。

如图 4.20（b）所示，上述的增压波刚好传播到管口，由于管道进口上游水库中水的体积庞大，水库水位不会因管中水击引起变化，所以管道进口处的压强、密度正常。这时在管进口 M 处出现压强、密度差。处在管口以内的压强大、密度大的水流就必然向水库（压强、密度正常）的方向流动。因此，从时间 $t=\dfrac{l}{c}$ 时起，开始了水击波传播的第二阶段，即从管口 M 处的微小流段开始，产生一个向水库方向流动的反向流速 $-v_0$，使该微小流段的压强和密度恢复到正常（和水库中的水体一样），管壁也收缩回原状。这时，从进口 M 开始，水击波以波速 c 向阀门方向传播，到 $t=\dfrac{2l}{c}$ 时，传播到阀门 N 处，结束了水击波传播的第二阶段。这时，全管水流的压强、密度和管壁状况都已恢复正常，只有全管水流都有一个反向流速 $-v_0$ 向水库方向流动。

第三阶段：减压收缩。时段：$\dfrac{2l}{c} < t \leqslant \dfrac{3l}{c}$ [图 4.20（c）]。

在 $t=\dfrac{2l}{c}$ 时，全管水流以一个反向流速 $-v_0$ 向水库方向流动着，但因阀门完全关闭，水得不到补充，水流被迫停止流动，流速又由 $-v_0$ 减小到零。这时，由于水流的惯性作用，水体有脱离阀门的趋势，致使阀门处压强降低。由于流速只有方向上的改变，在数值上与第一阶段是相同的，故相应的压强降低值仍为 Δp。与此同时，伴随着水体膨胀，密度减小，管壁收缩，这个减压波仍以波速 c 向上游水库方向传播。到 $t=\dfrac{3l}{c}$ 时，减压波传到管道进口 B 处，全管水体处于静止状态。这就是水击波传播的第三个阶段。

第四阶段：增压恢复。时段：$\dfrac{3l}{c} < t \leqslant \dfrac{4l}{c}$ [图 4.20（d）]。

在 $t=\dfrac{3l}{c}$ 时，减压波正好由阀门传播到管道进口，这时管道进口 M 的下游面（管道的面）水流的压强较 M 的上游面（水库的一面）水流的压强低 Δp。在压强差 Δp 的作用下，水库中水体所具有的正常压强又迫使水体以流速 v_0 向阀门方向流动，水体的压强和密度以及收缩的管壁又开始恢复正常，并且仍以波速 c 向下游方向传播，直到 $t=\dfrac{4l}{c}$ 时到达阀门处 N。这时全管水流的压强和密度以及管壁都恢复正常。

但水流具有向下游阀门方向流动的速度 v_0，这就结束了水击波传播的第四阶段。这时全管水流的状态与 $t=0$ 时完全一样。即当 $t=\dfrac{4l}{c}$ 时，水击波传播完成了一个全过程。以后，水击现象的传播将依次重复上述各个阶段，直至水流阻力作用使水击波的传播逐渐减弱，最后达到新的平衡。

下面着重分析管道 N 端阀门处的压强水头随着时间的变化过程。

如图 4.21 所示，以时间 t 为横坐标，压强水头 h 为纵坐标。$t=0$（阀门突然关闭的瞬间）时，阀门处压强水头由原来的 h_0 增加到 $h_0+\Delta h$，并一直保持到 $t=\dfrac{2l}{c}$ 时为止。

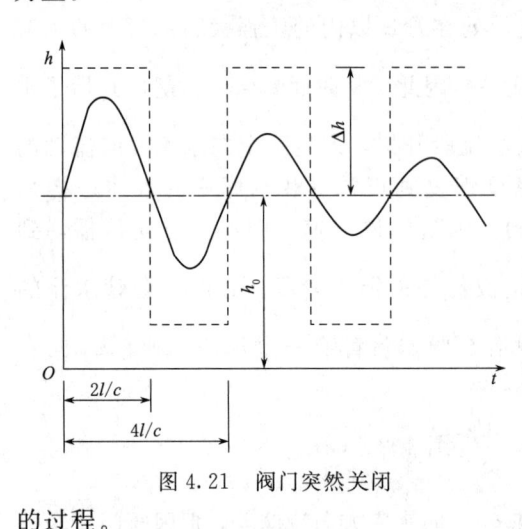

在 $t=\dfrac{2l}{c}$ 时，水击的减压波已从水库反射回来到达阀门处。这时，阀门处的压强水头降低至 $h_0-\Delta h$，并一直保持到 $t=\dfrac{4l}{c}$ 时为止。此后将重复上述过程而呈周期性变化。如果不考虑水流阻力作用，则水击波的传播现象将永无休止地按上述顺序循环下去，如图 4.21 中的虚线所示。但实际上，水流阻力是存在的，阀门处水击压强水头的变化，如图 4.21 中的实线那样，是一个逐渐减弱以致消失的过程。

图 4.21 阀门突然关闭

4.4.2 水击压强及水击波速

根据前面对水击的分析，可知阀门断面处的压强总是最先升高或降低，且时间最长，变幅最大；管道进口断面处压强增高或降低都发生在瞬间；对管中任一断面而言，其压强的变幅与持续时间介于上述两者之间。所以，阀门断面的水击最严重，它通常是水击压强的主要计算断面。

4.4.2.1 水击压强

设阀门瞬时关闭，$v=0$，波速为 c，应用牛顿第二定律，在忽略阻力的情况下，推得直接水击压强最大值公式为

$$\Delta p = \rho c v_0 \tag{4.32}$$

或

$$\Delta h = \frac{\Delta p}{\gamma} = \frac{c}{g} v_0 \tag{4.33}$$

水击压强在阀门突然关闭时可达到最大值，如果采用波速 $c=1000\text{m/s}$，管中原流速 $v_0=1\text{m/s}$，则由式（4.33）得

$$\Delta h = \frac{\Delta p}{\gamma} = \frac{c}{g} v_0 = \frac{1000 \times 1}{9.8} \approx 100 \text{（m 水柱）}$$

相当于 10 个工程大气压，可知水击的破坏力多大。

当阀门突然变化但并未完全关闭，管中后来的流速 $v\neq 0$，则式（4.32）和式（4.33）对应变为

$$\Delta p = -\rho c(v_0 - v) \tag{4.34}$$

或

$$\Delta h = \frac{\Delta p}{\gamma} = \frac{c}{g}(v_0 - v) \tag{4.35}$$

式（4.35）是1988年提出的儒柯夫斯基公式，该公式表明，水击压强 Δp 和管长无关，只取决于管中的原流速和变化的流速。关闭阀门后，阀门处的总压强应为 $p_0 + \Delta p$，其中 p_0 为关阀前阀门处的正常压强。

4.4.2.2 水击波的传播速度

当液体运动突然停止时，升高的压强首先发生在阀门旁，随后又沿着管路以速度 c 逆流传播，这个速度 c 称为水击波的传播速度。

如果将管壁视为无弹性的绝对刚体，当发生水击波传播时，可以推求其波速为

$$c_0 = \sqrt{\frac{K}{\rho}} = \sqrt{\frac{g}{\gamma}K} \tag{4.36}$$

式中 K——液体的体积弹性系数。

一般水的体积弹性系数 $K = 1.96 \times 10^6 \text{kPa}$，代入式（4.36）可得水击波的传播速度 $c_0 = 1435 \text{m/s}$。实际上，管壁是有弹性的，当管中压强增高时，管壁产生膨胀。弹性的液体在弹性的管壁中流动时，产生的水击波速 c 可按下式计算，即

$$c = \frac{c_0}{\sqrt{1 + \frac{DK}{\delta E}}} \tag{4.37}$$

式中 K——弹性模量，$K = 2.01 \times 10^9 \text{Pa}$；

D——管道的直径，m；

δ——管壁厚度，m；

E——管壁材料的弹性模量，可在表4.6中查取；

c_0——弹性液体在绝对刚体管道中的波速，m/s。

表4.6　几种常见管壁材料的弹性模量

管壁材料	E/Pa	管壁材料	E/Pa
钢管	2.06×10^{11}	混凝土管	2.06×10^{11}
铸铁管	8.73×10^{10}	木管	6.86×10^9

注　数据来源于武汉大学《水力学》，李大美、杨小亭。

式（4.37）说明，管道的直径 D 大，管壁厚度 δ 小，则水击波传播的速度 c 就较小；反之则较大。一般钢管的管径与管壁厚度的比值 $\frac{D}{\delta}$ 在50～200的范围内，相应的水击波传播速度 c 为800～1200m/s。大多数水电站的压力钢管 $\frac{D}{\delta}$ 值约为100，相应的水击波的传播速度约为1000m/s。

4.4.3 水击压强计算

正水击有两种形式,即直接水击和间接水击。

当关闭阀门所需的时间 $t < \frac{2l}{c}$ 时,从水库反射回来的减压波还没有到达阀门处,因此阀门处的最大水击压强就不会受到从水库反射回来的减压波的影响。工程上把这种关闭阀门时间 $t < \frac{2l}{c}$ 时所发生的水击叫作直接水击。

当关闭阀门所需时间 $t > \frac{2l}{c}$,阀门处产生的水击压强还没有达到最大值时,就会受到从水库反射回来的减压波的影响,使阀门处的压强不会达到直接水击的最大压强值。在工程上,把关闭阀门时间 $t > \frac{2l}{c}$ 时所发生的水击叫作间接水击。

4.4.3.1 直接水击最大水击压强的计算

在直接水击情况下,由于管道进口反射回来的减压波尚未到达阀门时,阀门已关闭,阀门处的压强未能受到减压波的影响。

如果阀门部分关闭,使管道内流速 v_0 减少到 v,并且发生了直接水击,则阀门处的最大水击压强值由式(4.35)进行计算,即

$$\Delta h = \frac{c}{g}(v_0 - v)$$

如果直接水击是因阀门完全关闭而引起的,则管道内流速由 v_0 变为零,这时其阀门处的最大水击压强值应按下式计算,即

$$\Delta h = \frac{cv_0}{g}$$

例如,在水电站压力钢管中,流速 v_0 若为 3~5m/s,水击波速 $c=1000$m/s,如阀门或导叶迅速完全关闭,并发生直接水击,则最大水击压强值由式(4.33)可求得 $\Delta h \approx 300 \sim 500$m 水柱,相当于 30~50 个工程大气压。这是一个很大的数值,因此在工程设计中,对水击问题,要认真研究。

4.4.3.2 间接水击最大水击压强的计算

在间接水击情况下,由管道进口反射回来的减压波到达阀门时,阀门还未完全关闭。不但阀门处的压强还未升到最大值,而且反射回来的减压波还会使阀门处的压强降低。所以,阀门处的压强增值要比直接水击时小。

间接水击情况比较复杂,确定水击压强值也比较困难,这里可用近似公式莫洛索夫公式来确定压强增高值 Δh,即

$$\Delta h = \frac{\Delta p}{\gamma} = \frac{2\sigma}{2-\sigma}h_0 \tag{4.38}$$

$$\sigma = \frac{v_0 l}{g h_0 T} \tag{4.39}$$

式中 σ——与管道特性有关;
h_0——管道阀门处的静水头 p_0/γ,m;

v_0——管道内未发生水击前的流速，m/s；

T——阀门完全关闭所需的时间，s。

当 σ 小于 0.5 且压力增高值较小时，式（4.38）可得到相当准确的结果。

实验证明，在阀门缓慢关闭而且发生间接水击时，管中所发生的压强增值 Δp，从阀门处均匀地减小，到进口处为零，即按直线变化。此时的间接水击压强也可近似地按下式计算：

$$\Delta p \approx \frac{2\gamma l v_0}{gT} \qquad (4.40)$$

式中 T——关闭阀门所用的时间，s。

【例 4.12】 焊接钢管内径 $D=1.2\mathrm{m}$，壁厚 $\delta=10\mathrm{mm}$，流速 $v=2.5\mathrm{m/s}$，管端处（阀门前）的压强水头 $h_0=55\mathrm{m}$，试求阀门迅速关闭时的压强值。

解：因阀门属于"迅速"关闭，可理解为关闭时间极短，管中将发生直接水击。查表 4.6 得，钢管管壁弹性模量 $E=2.06\times10^{11}\mathrm{Pa}$。

首先由水击波速公式（4.37）计算水击波速：

$$c=\frac{c_0}{\sqrt{1+\frac{DK}{\delta E}}}=\frac{1435}{\sqrt{1+\frac{1.2}{0.01}\times\frac{2.04\times10^9}{2.06\times10^{11}}}}=970.0(\mathrm{m/s})$$

由直接水击压强计算公式（4.35）得水击发生时，压强增值：

$$\frac{\Delta p}{\gamma}=\frac{c}{g}(v_0-v)=\frac{970.0}{9.8}\times(2.5-0)=247.46(\mathrm{kPa})$$

则水击发生时，阀门前处的压强值为

$$h_0+\Delta p=55+247.46=302.46(\mathrm{m})$$

【例 4.13】 某水电站工程中，已知引水钢管长 $l=60\mathrm{m}$，管中原始流速 $v_0=2.5\mathrm{m/s}$，管端处正常压强 $h_0=60\mathrm{m}$，水击波速 $c=950\mathrm{m/s}$，现将阀门关闭，关闭时长 $T=2.0\mathrm{s}$，求水击压强。

解：确定水击波往返的时间

$$t=\frac{2l}{c}=\frac{2\times60}{950}=0.13(\mathrm{s})$$

因为 $T=2.0>t$，所以为间接水击，按式（4.39）：

$$\sigma=\frac{v_0 l}{gh_0 T}=\frac{2.5\times60}{9.8\times60\times2}=0.13$$

因 $\sigma<0.5$，故水击压强可以按式（4.38）计算：

则压强增值 $\Delta h=\frac{2\sigma}{2-\sigma}h_0=\frac{2\times0.13}{2-0.13}\times60=8.34(\mathrm{m})$

故在阀门处的最大压强值为 $60+8.34=68.34(\mathrm{m})$

4.4.4 减小水击压强的措施

通过前面的分析，我们知道了水击的危害性，因此在实际工程中，必须设法减小由水击所造成的危害。工程上常常采取以下措施来减小水击压强。

1. 延长阀门（或导叶）的启闭时间

从水击波的传播过程可以看出，关闭阀门所用的时间越长，从水库发射回来的减压波所起的抵消作用越大，因此阀门处 A—A 断面的水击压强也就越小。工程中总是力求避免发生直接水击，并尽可能地设法延长阀门的启闭时间。但要注意，根据水电站运行的要求，阀门启闭时间的延长是有限度的。

2. 缩短压力水管的长度

压力管道越长，则水击波以速度 c 从阀门处传播到水库，再由水库反射回阀门处所需要的时间也越长（相长 $\dfrac{2l}{c}$ 越大），这样，在阀门处所引起的最大水击压强也就越不容易得到缓解。因此，在水电站或水泵站等工程设计中，应尽可能缩短压力管道的长度。

3. 在压力管道中设置调压室

若压力管道的缩短受到条件的限制，可根据具体情况，在管道中设置调压室（有关调压室的布置，可参阅有关水电站等工程设计资料）。这时水击的影响主要限制在调压室与水轮机间的管段内，实际上等于缩短了压力管道的长度。

4. 减小压力管道中的流速

减小压力管道中的流速，实际上相当于减小了发生水击时流速改变的幅度，从而可降低水击压强。但要减小流速，必然要加大管径，增加工程投资。

5. 安装水击消除阀

水击消除阀安装在管道上，当产生水击时，压力达到一定数值，则阀门自动打开，将一部分水从管道中放出，以达到降低水击压强的目的。当水击压强减小时，又自动关闭。

项目 4 能力与素质训练题

【能力训练】

4.1 某乡镇用虹吸管从蓄水池引水灌溉（题图 4.1）。虹吸管采用直径为 0.4m 的钢管，管道进口处安装一莲蓬头，有 2 个 $40°$ 转角；上下游水位差 z 为 4.0m；上游水面至管顶高度为 1.8m；管段长度 l_1 为 8m，l_2 为 4m，l_3 为 12m。要求计算：(1) 通过虹吸管的流量为多少？(2) 虹吸管中压强小的地方在哪里？其最大真空值是多少？

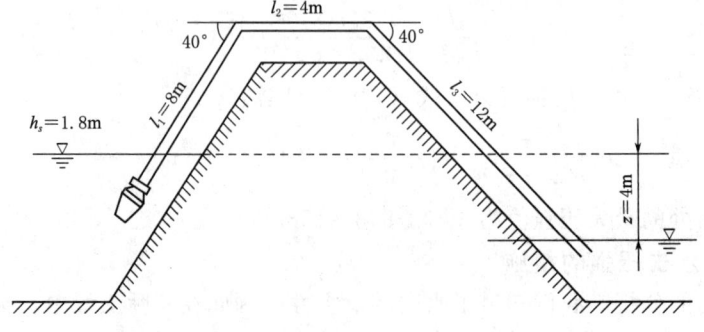

题图 4.1

4.2 某水库大坝底部埋设一预制混凝土引水管（题图 4.2），直径为 D 为 1m，长 100m，进口处有一道平板闸门来控制流量，引水管出口底部高程为 62.5m。当上游水位为 70.0m，下游水位为 60.5m，闸门全开时能引多少流量？

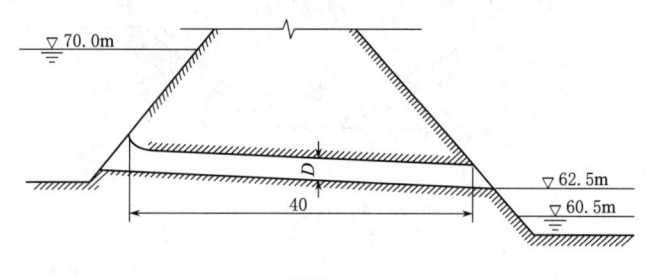

题图 4.2

4.3 试定性绘制题图 4.3 中各管道的总水头线和测压管水头线。

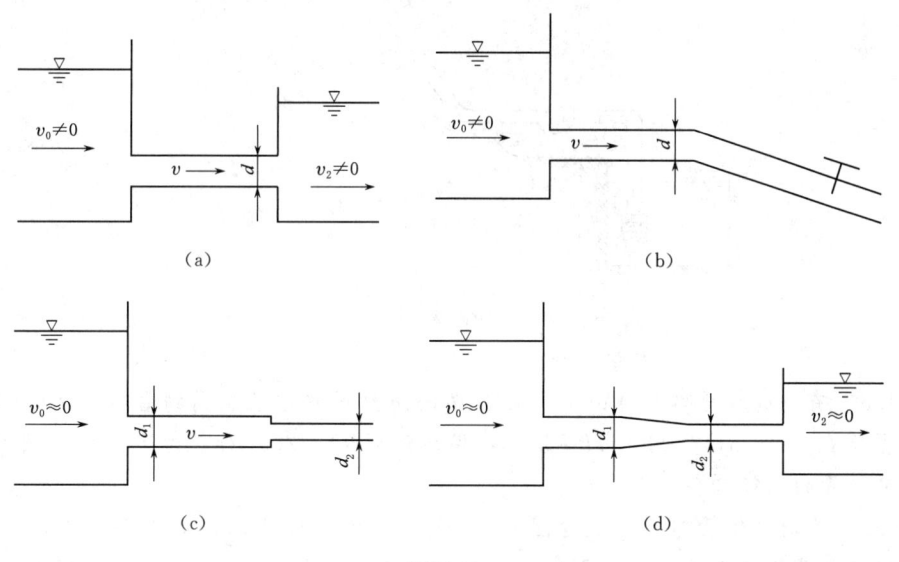

题图 4.3

4.4 某农田灌溉斗渠与一道路相交，用一折线式倒虹吸连接，如题图 4.4 所示，倒虹吸管径 $d=1.0$m，糙率 $n=0.017$，有两个拐角，角度均为 $40°$，三段管道长度分别为 $L_1=30$m、$L_2=10$m 和 $L_3=29$m，已知进、出口处的局部水头阻力系数 $\zeta_1=0.32$、$\zeta_4=0.2$。某次灌水时上游水位为 507.0m，下游水位 506.5m，上下游渠道流速相等，求此时通过倒虹吸的流量 Q。

4.5 用离心式水泵将湖水抽到水池（题图 4.5），流量为 $Q=0.2\text{m}^3/\text{s}$，湖面高程 z_1 为 85.0m，水池水面高程 z_3 为 105.0m，吸水管长 l_1 为 10m，水泵的允许真空值为 4.5m，吸水管底阀局部水头损失系数 ζ_1 为 2.5，$90°$ 弯头局部阻力系数 ζ_2 为 0.3，水泵入口前的渐变收缩段局部阻力系数 $\zeta_3=0.1$，吸水管沿程阻力系数 $\lambda=0.022$，压力管道采用铸铁管。其直径 $d_2=500$mm，长度 $l_2=1000$m，$n=0.013$。试确定：(1) 吸水管的直径 d_1；(2) 水泵的安装高度；(3) 抽水机的扬程。

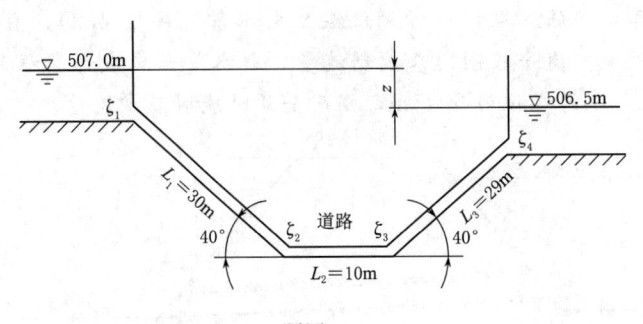

题图 4.4

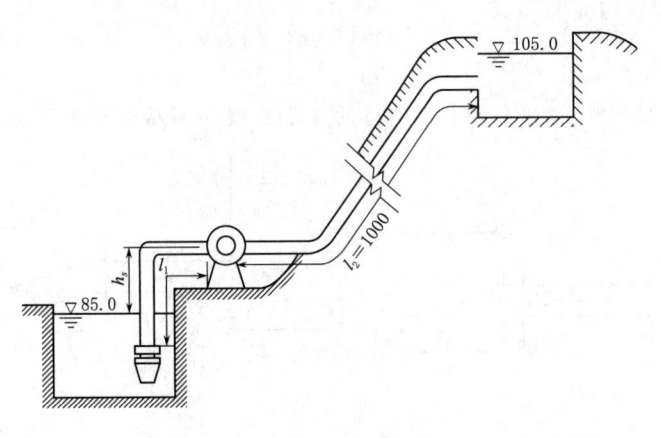

题图 4.5

4.6 有一输水管路，自山上水源引水向用户供水，采用铸铁管（$n=0.0125$），已知管长 $L=280\text{m}$，作用水 $H=30\text{m}$，供水流量 $Q=200\text{L/s}$，为了充分利用水头，试确定水管的直径。

4.7 某输水钢管布置图（题图 4.6）所示。已知管道工作水头 $H=35\text{m}$，各管道的直径与管长分别为：$d_1=300\text{mm}$，$l_1=1500\text{m}$；$d_2=350\text{mm}$，$l_2=500\text{m}$；$d_3=250\text{mm}$，$l_3=300\text{m}$。求管道的供水流量。

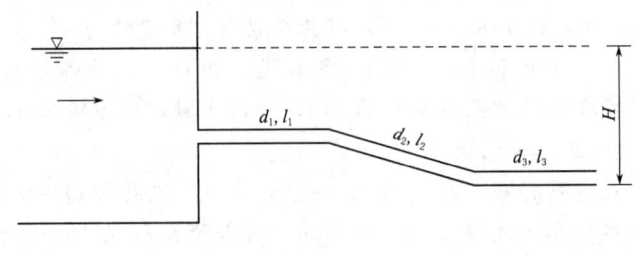

题图 4.6

4.8 设一钢管全长 $l=1200\text{m}$，管径 $d=300\text{mm}$，管壁厚度 $\delta=10\text{mm}$，管中流速 $v=10\text{m/s}$。当阀门在 1s 内关闭完成而发生水击现象时，其压强增量是多少？

【素质训练】

4.9 简述什么是管流，它的主要特点是什么？

4.10 请区分供水管网中，何谓短管和长管？短管与长管的判别标准和主要区别分别是什么？

4.11 管道直径的确定方法有几种，分别是如何计算的？

4.12 管径不变的一段有压管流，其测压管水头线和总水头线是什么关系？

4.13 农村饮水中，利用水泵提水，请问什么是水泵的扬程？水泵的扬程与上下游水位差是否相等？

4.14 抽水机安装高度和虹吸管的安装高度计算公式是否相同？具体是什么？

4.15 虹吸管的工作原理是什么？水泵（离心泵）的工作原理是什么？

【拓展阅读】

引江济淮工程

引江济淮工程沟通长江、淮河两大水系，是跨流域、跨省重大战略性水资源配置和综合利用工程。工程任务以城乡供水和发展江淮航运为主，结合灌溉补水和改善巢湖及淮河水生态环境，是国务院确定的全国172项节水供水重大水利工程之标志性工程，也是润泽安徽、惠及河南、造福淮河、辐射中原、功在当代、利在千秋的重大基础设施和重要民生工程。

工程供水范围涉及皖、豫两省15市55县（市、区），总面积7.06万km^2，输水线路总长723km。安徽省供水范围为13市、46县（市、区），总面积5.85万km^2。工程等别为Ⅰ等，自南向北分为引江济巢、江淮沟通、江水北送三大段，主要建设内容为引江济巢、江淮沟通两段输水航运线路和江水北送段的西淝河输水线路，以及相关枢纽建筑物、跨河建筑物、交叉建筑物、影响处理工程及水质保护工程等。皖境输水线路总长587.4km，其中利用现有河湖255.9km，疏浚扩挖204.9km，新开明渠88.7km，压力管道37.9km。工程开发航道354.9km，其中Ⅱ级航道185.9km，Ⅲ级航道169km。工程永久征地8.2万亩，临时用地15.5万亩，搬迁人口7.2万人，拆迁房屋274万m^2。工程2030年引江水量34.27亿m^3，淮河以北（出瓦埠湖）水量20.06亿m^3；2040年引江水量43.00亿m^3，淮河以北（出瓦埠湖）水量26.37亿m^3。

项目 5

明渠水流水力分析与计算

【知识目标】

理解明渠均匀流形成的基本条件；掌握明渠均匀流水力设计；掌握明渠水流的三种流态概念及判别；掌握断面单位能量、临界水深概念；了解水跃的水力计算原理、柱体渠道恒定非均匀渐变流水面曲线的分析方法和计算原理。

【能力目标】

能根据工程实际情况，分析明渠均匀流形成的基本条件；能使用 Excel 进行河渠水力分析与计算；能根据明渠水流基础知识，解决工程实际问题。

【素养目标】

培养学生的工程认知和科学严谨的专业素养；培养学生规范做事的行为习惯。

【项目导入】

南水北调工程是缓解我国北方水资源危机的战略性工程，工程建设意义重大。在工程建设规划设计阶段需对输水方式进行研究论证，针对总干渠明渠设计存在的主要问题进行分析，并对总干渠渠道进行水力计算，该计算结果为渠道输配水工程设计提供支撑，使中线工程水资源得到充分的利用和优化配置。

南水北调中线一期工程跨越长江、淮河、黄河、海河四大流域，线路总长 1432km。中线一期工程总干渠陶岔至北拒马河中支渠段采用明渠输水，总长约 1197km，其中明渠渠道长约 1103km，明渠段根据地形条件不同，又分为全挖方、半挖半填、全填方 3 种渠道修建形式，其中全挖方段长约 486km，半挖半填段长约 535km，全填方段长约 82km。渠道均采用混凝土进行衬砌，厚度一般为 8~10cm，明渠水流近似为恒定均匀流。

明渠作为输水的通道，广泛应用于水利水电工程中。本项目的主要任务是科学分析明渠水流水力现象及形成条件，利用明渠水力分析与计算，使明渠在保障水安全、修复水生态、优化水资源等方面发挥社会、经济、生态各方面效益。

任务 1　明渠均匀流的水力计算

5.1.1　明渠水流要素

明渠是一种人工修建或自然形成的渠槽，当液体通过渠槽而流动时，形成与大气相接触的自由表面,表面上各点压强均为大气压强。所以,这种渠槽中的水流称为明渠水流或无压流。输水渠道、无压隧洞、渡槽、涵洞以及天然河道中的水流都属于明渠水流。

当明渠中水流的运动要素不随时间的变化而变化时,称为明渠恒定流,否则称为明渠非恒定流。明渠恒定流中,如果流线是一簇平行直线,则水深、断面平均流速及流速分布均沿程不变,称为明渠恒定均匀流;如果流线不是平行直线,则称为明渠恒定非均匀流。

明渠的断面形状、尺寸、底坡等对水流流动状态有重要影响,所以为了研究明渠水流运动的规律,必须首先了解明渠的类型及其对水流运动的影响。

5.1.1.1 明渠的横断面

人工明渠的横断面,通常做成对称的几何形状。例如常见的梯形、矩形、U 形或圆形等。至于河道的横断面,则常呈不规则的形状,如图 5.1 所示。

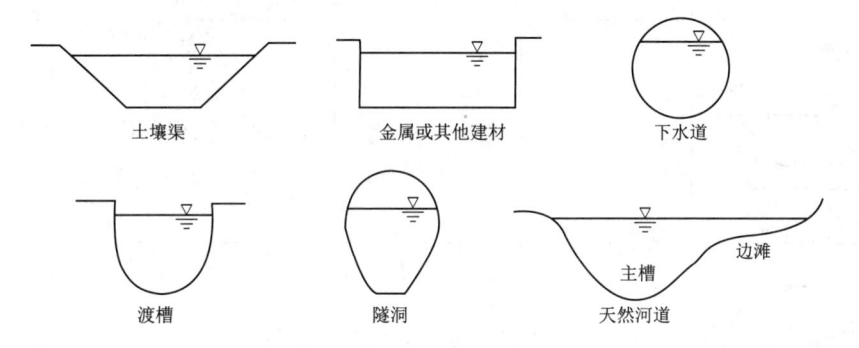

图 5.1 河槽横断面形式

当明渠修在土质地基上时,常设计成梯形断面,其两侧的倾斜程度用边坡系数 m($m=\cot\alpha$)表示,其中 α 为河岸与水平面的夹角。m 的大小应根据土的种类或护面情况而定(表 5.1)。矩形断面常用于岩石中开凿或两侧用条石砌筑而成的渠道;混凝土渠或木渠也常做成矩形。圆形断面通常用于无压隧洞。

表 5.1 梯形渠道的边坡系数

土壤种类	边坡系数 m	土壤种类	边坡系数 m
粉砂	3.0~3.5	半岩性的抗水的土壤	0.5~1.0
松散的细砂、中砂和粗砂	2.0~2.5	风化的岩石	0.25~0.5
密实的细砂、中砂、粗砂或黏质粉土	1.5~2.0	未风化的岩石	0~0.25
粉质黏土、黏土砾石或卵石	1.25~1.5		

根据渠道的横断面形状、尺寸,就可以计算渠道过水断面的水力要素。如工程中应用最广的梯形渠道,其过水断面的水力要素关系如下:

水面宽度: $$B = b + 2mh \tag{5.1}$$

过水断面面积: $$A = (b + mh)h \tag{5.2}$$

湿周： $$\chi = b + 2h\sqrt{1+m^2} \tag{5.3}$$

水力半径： $$R = \frac{A}{\chi} \tag{5.4}$$

对于矩形和圆形断面，可根据一定的几何关系，求出过水断面的水力要素，见表5.2。

表5.2　　　　　　　　　　　常见断面水力要素

断面形状	水面宽度 B	过水面积 A	湿周 χ	水力半径 R
(矩形)	b	$m \cdot h$	$b+2m$	$\dfrac{mh}{b+2h}$
(梯形)	$b+2hm$	$(b+mh)h$	$\chi = b+2h\sqrt{1+m^2}$	$\dfrac{(b+mh)h}{b+2h\sqrt{1+m^2}}$
(圆形)	$2\sqrt{h(d-h)}$	$\dfrac{d^2}{8}(\theta-\sin\theta)$（$\theta$以弧度计）	$\dfrac{1}{2}\theta d$	$\dfrac{d}{4}\left(1-\dfrac{\sin\theta}{\theta}\right)$

5.1.1.2　明渠的底坡

明渠渠底纵向倾斜的程度（即渠底纵向坡度）称为底坡，用 i 表示，它等于渠底线与水平线夹角 θ 的正弦，即

$$i = \sin\theta = \frac{z_1 - z_2}{\Delta l} \tag{5.5}$$

实际工程中，为计算方便，当底坡较小（$i<0.10$，$\theta \leqslant 6°$）时，$\sin\theta \approx \tan\theta$，渠段水平投影长度 $\Delta l'$ 与其沿底坡线长度（实际长度）Δl 相差很小，则渠段长度常用 $\Delta l'$ 代替 Δl，如图5.2（a）所示，则

$$i \approx \tan\theta = \frac{z_1 - z_2}{\Delta l'} \tag{5.6}$$

渠底高程沿水流方向逐渐下降的渠道，称为顺坡渠道或正坡渠道 [图 5.3（a）]，其底坡 $i>0$；渠底为水平的渠道，称为平坡渠道或平底渠道 [图 5.3（b）]，其底坡 $i=0$；渠底沿程逐渐升高的渠道，称为逆坡渠道或反坡渠道 [图 5.3（c）]，其底坡 $i<0$。

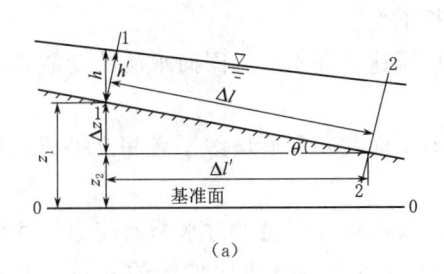

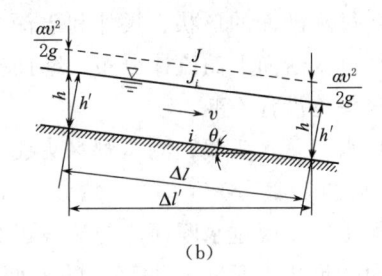

图 5.2 底坡及水头线

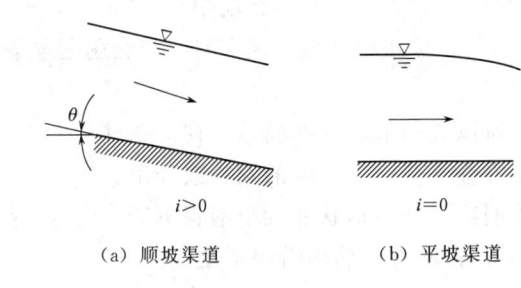

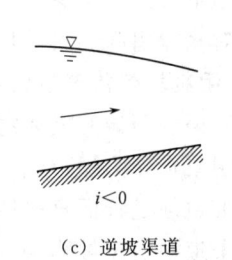

图 5.3 底坡的形式

5.1.2 明渠均匀流的特性、条件及计算公式

5.1.2.1 明渠均匀流的特性

设想在产生均匀流动的明渠中取出一单位长度的流段 $ABCD$ 进行分析（见图 5.4）。设此流段水体重量为 G，周界的摩阻力为 F_f，流段两端的动水压力各为 F_{P1}、F_{P2}，渠底线与水平线的夹角为 θ。明渠均匀流是一种等速直线运动，作用于流段上所有外力在流动方向的分量必相互平衡。

即得流段受力方程：　　　　$F_{P1} + G\sin\theta - F_f - F_{p2} = 0$ 　　　　(5.7)

因均匀流中过水断面上的压强按静水压强分布，而且各过水断面的水深及过水断面积相同，故可知 $F_{P1} = F_{P2}$，则可由流段受力方程推得

$$G\sin\theta = F_f \quad (5.8)$$

上式表明：明渠均匀流中摩阻力水流重力在流动方向的分力相平衡。当 $G \cdot \sin\theta \neq F_f$ 时，明渠中将产生非均匀流。

由图 5.4 可知，平底渠道底坡 $i=0$，流段重力在顺流方向分力 $G\sin\theta=0$；逆坡渠道底坡 $i<0$，流段重力的分力 $G\sin\theta$ 与摩阻力 F_f 的方向一致；因而都不可能满足 $G\sin\theta = F_f$ 的平衡条件，故平底及逆坡渠段中，不可能产生均匀流动，只有在顺坡渠段中，才有可能产生均匀流。

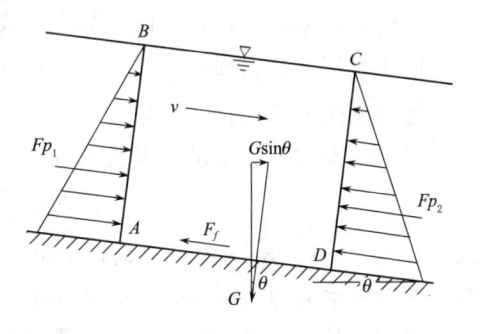

图 5.4 明渠均匀流段

明渠均匀流的流线为一簇相互平行的直线，因此，它具有下列特性：

(1) 过水断面的形状、尺寸和水深沿程不变。

(2) 过水断面上的流速分布、断面平均流速沿程不变,因而水流的动能修正系数及流速水头也沿程不变。

(3) 水流总水头线、测压管水头线(即水面线)和底坡线三者相互平行,即 $J = J_p = i$,见图 5.2 (b)。

必须指出,因过水断面应与流线正交,故明渠均匀流的过水断面应为与底坡线相垂直(同时也与水面线相垂直)的平面,所以应在垂直于底坡线的方向量取水深值(图 5.2 中此水深以 h' 表示)。工程实践中,因渠道底坡 i 一般都不大,为便于分析计算,常用铅垂方向的水深 h 代替真实的水深 h',当底坡较小($i<0.10$,$\theta \leqslant 6°$)时,如此处理对水深引起的误差均小于 1%,但当渠底坡 i 很大时,将会引起显著的误差。

5.1.2.2 明渠均匀流产生的条件

由于明渠均匀流有上述特性,所以它的形成需要满足下列的条件:

(1) 明渠水流为恒定流,流量沿程不变,无支流的汇入或分出。

(2) 渠道须是长而直的棱柱体明渠,断面形状和大小沿程不变。

(3) 渠道须是正坡明渠($i>0$),且底坡和糙率沿程不变。

(4) 所分析计算的渠段内水流不受闸、坝或跌水等水工建筑物的局部干扰。

显然,实际工程中的渠道并不是都能严格满足上述条件要求的,特别是许多渠道中总有这样或那样的建筑物存在,因此,大多数明渠中的水流都是非均匀流。但是,在顺直棱柱体渠道中的恒定流,当流量沿程不变时,只要渠道有足够的长度,在离渠道进口、出口或水工建筑物有一定距离的渠段内,流量、底坡和糙率变化较小时,水流仍近似于均匀流,实际上常按均匀流处理。至于天然河道,因其断面几何尺寸、坡度、糙率一般均沿程变化,所以不会产生均匀流。但对于水流较为顺直、断面规整的河段,当其余条件比较接近、变化很小时,也可近似看作均匀流。

5.1.2.3 明渠均匀流的计算公式

明渠均匀流水力计算有以下基本公式。

恒定流连续性方程: $\quad Q = vA = 常数 \quad$ (5.9)

均匀流谢才公式: $\quad v = C\sqrt{RJ} \quad$ (5.10)

对于明渠均匀流来讲,因为 $J=i$,所以谢才公式可以写成如下形式:

$$v = C\sqrt{Ri} \text{ 或 } Q = Av = AC\sqrt{Ri} = K\sqrt{i} \quad (5.11)$$

式中 $K = AC\sqrt{R}$ 为流量模数,单位为 m³/s,它综合反映明渠断面形状、尺寸和粗糙程度对过水能力的影响。在底坡一定的情况下,流量与流量模数成正比。

谢才系数 C 与断面形状、尺寸及边壁粗糙有关。

曼宁公式 $\quad C = \dfrac{1}{n} R^{\frac{1}{6}} \quad$ (5.12)

把曼宁公式代入明渠均匀流的基本公式,可得

$$Q = AC\sqrt{Ri} = \frac{1}{n} A i^{\frac{1}{2}} R^{\frac{2}{3}} = \frac{1}{n} \frac{A^{\frac{5}{3}} i^{\frac{1}{2}}}{\chi^{\frac{2}{3}}} \quad (5.13)$$

因此，根据实际情况正确地选定粗糙系数，对明渠的计算将有重要的意义。在设计通过已知流量的渠道时，如果 n 值选得偏小，计算所得的断面也偏小，过水能力将达不到设计要求，容易发生水流漫溢渠道造成事故，还会因实际流速过大引起冲刷。如果选择的 n 值偏大，不仅因断面尺寸偏大而造成浪费，对挟带泥沙的水流还会形成淤积。

严格说来糙率应与渠槽表面粗糙程度及流量、水深等因素有关；对于挟带泥沙的水流还受含沙量多少的影响。但主要的因素仍然是表面的粗糙情况。对于人工渠道，在长期的实践中积累了丰富的资料，实际应用时可参照这些资料选择糙率值（表5.3）。对于天然河道，由于河床的不规则性，实际情况更为复杂，有条件时应通过实测来确定 n 值，初步选择时也可以参照。

表 5.3　　　　　　　　　　渠道及天然河道的糙率 n 值

渠道和天然河道类型及状况	最小值	正常值	最大值
一、渠道			
（一）敷面或衬砌渠道的材料			
1. 金属			
（1）光滑钢表面	0.011	0.012	0.014
1）不油漆的	0.012	0.013	0.017
2）油漆的	0.021	0.025	0.030
（2）皱纹的			
2. 非金属			
（1）水泥			
1）净水泥表面	0.010	0.011	0.013
2）灰浆	0.011	0.013	0.015
（2）木材			
1）未处理，表面刨光	0.010	0.012	0.014
2）用木溜油处理，表面刨光	0.011	0.012	0.015
3）表面未刨光	0.011	0.013	0.015
4）用狭木条拼成的木板	0.012	0.015	0.018
5）铺满焦油纸	0.010	0.014	0.017
（3）混凝土			
1）用刮泥刀做平	0.011	0.013	0.015
2）用板刮平	0.013	0.015	0.016
3）磨光，底部有卵石	0.015	0.017	0.020
4）喷浆，表面良好	0.016	0.019	0.023
5）喷浆，表面波状	0.018	0.022	0.025
6）在开凿良好的岩石上喷浆	0.017	0.020	
7）在开凿不好的岩石上喷浆	0.022	0.027	

续表

渠道和天然河道类型及状况	最小值	正常值	最大值
(4) 用板刮平的混凝土底的边壁			
1) 灰浆中嵌有排列整齐的石块	0.015	0.017	0.020
2) 灰浆中嵌有排列不规则的石块	0.017	0.020	0.024
3) 粉饰的水泥石块圬工	0.016	0.020	0.024
4) 水泥块石石圬工	0.020	0.025	0.030
5) 干砌块石	0.020	0.030	0.035
(5) 卵石底的边壁			
1) 用木板浇注的混凝土	0.017	0.020	0.025
2) 灰浆中嵌乱石块	0.020	0.023	0.026
3) 干石砌块	0.023	0.033	0.036
(6) 砖			
1) 加釉的	0.011	0.013	0.015
2) 在水泥灰浆中	0.012	0.015	0.018
(7) 圬工			
1) 浆砌块石	0.017	0.025	0.030
2) 干砌块石	0.023	0.032	0.035
(8) 修正的方石	0.013	0.015	0.017
(9) 沥青			
1) 光滑	0.013	0.013	
2) 粗糙	0.016	0.016	
(二) 开凿或挖掘而不敷面的渠道			
(1) 渠线顺直，断面均匀的土渠			
1) 清洁，最近完成	0.016	0.018	0.020
2) 清洁，经过风雨侵蚀	0.018	0.022	0.025
3) 清洁，有卵石	0.022	0.025	0.030
4) 有牧草和杂草	0.022	0.027	0.033
(2) 渠线弯曲，断面变化的土渠			
1) 没有植物	0.023	0.025	0.030
2) 有牧草和一些杂草	0.025	0.030	0.033
3) 有茂密的杂草或深槽中有水生植物	0.030	0.035	0.040
4) 土底，碎石边壁	0.028	0.030	0.035
5) 块石底，边壁为杂草	0.025	0.035	0.040
6) 圆石底，边壁清洁	0.030	0.040	0.050
(3) 用挖土机开凿或挖掘的渠道			
1) 没有植物	0.025	0.028	0.033

续表

渠道和天然河道类型及状况	最小值	正常值	最大值
2）渠岸有稀疏的小树	0.035	0.050	0.060
（4）石渠			
1）光滑而均匀	0.025	0.035	0.040
2）参差不齐而不规则	0.035	0.040	0.050
（5）没有加以维护的渠道，杂草和小树没清除			
1）有与水深相等高度的浓密杂草	0.050	0.080	0.120
2）底部清洁，两侧壁有小树	0.040	0.050	0.080
3）在最高水位时，情况同上	0.045	0.070	0.110
4）高水位时，有稠密的小树	0.080	0.100	0.140
5）同上，水深较浅，河底坡度多变，平面上回流区较多	0.040	0.048	0.055
6）同4），但有较多的石块	0.045	0.050	0.060
7）流动很慢的河段，多草，有深潭	0.050	0.070	0.080
8）多杂草的河段、多深潭，或林木滩地过洪	0.075	0.100	0.150
二、天然河道			
（一）小河流（洪水位的水面宽＜30m）			
（1）平原河流部分			
1）清洁、顺直，无沙滩和深潭	0.025	0.030	0.033
2）同上，多石及杂草	0.030	0.035	0.044
3）清洁，弯曲，有深潭和浅滩	0.033	0.040	0.045
4）同上，但有些杂草和石块	0.035	0.045	0.050
5）同上，水深较浅，河底坡度多变，平面上回流区较多	0.040	0.048	0.055
6）同3），但有较多的石块	0.045	0.050	0.060
7）流动很慢的河段，多草，有深潭	0.050	0.070	0.080
8）多杂草的河段，多深潭，或林木滩地过洪	0.075	0.100	0.150
（2）山区河流（河槽无草树，河岸较陡，岸坡树丛过洪时淹没）			
1）河底有砾石，卵石间有孤石	0.030	0.040	0.050
2）河底有卵石和孤石	0.040	0.050	0.070
（二）大河流（洪水位的水面宽＞30m）			
相应于上述小河流各种情况，由于河岸阻力较小，n 值略小			
1）断面比较规整，无孤石或丛木	0.025	0.030	0.060
2）断面不规整，床面粗糙	0.035	0.035	0.100
（三）洪水时期滩地漫流			
（1）草地，无丛木			
1）短草	0.025	0.030	0.035
2）长草	0.030	0.035	0.050

续表

渠道和天然河道类型及状况	最小值	正常值	最大值
（2）耕种面积			
1）未熟禾稼	0.020	0.030	0.040
2）已熟成行禾稼	0.025	0.035	0.045
3）已熟密植禾稼	0.030	0.040	0.050
（3）矮丛木			
1）稀疏，多杂草	0.035	0.050	0.070
2）不密，夏季情况	0.040	0.060	0.080
3）茂密，夏季情况	0.070	0.100	0.160
（4）树木			
1）平整田地，干树无枝	0.030	0.040	0.050
2）平整田地，干树多新枝	0.050	0.060	0.080
3）密林，树下少植物，洪水水位在枝下	0.080	0.120	0.160
4）密林，树下少植物，洪水水位淹及树枝	0.100	0.120	0.160

5.1.3 明渠均匀流水力计算类型及有关问题

5.1.3.1 明渠均匀流的水力计算类型

在水利工程中，梯形渠道应用最为广泛，因而后面以梯形断面为代表，讨论渠道的水力计算方法。

因明渠流量计算公式为 $Q = \dfrac{A}{n} R^{\frac{2}{3}} i^{\frac{1}{2}} = \dfrac{\sqrt{i}}{n} \dfrac{A^{\frac{5}{3}}}{x^{\frac{2}{3}}}$

将梯形的面积 $A = (b + mh)h$、湿周 $\chi = b + 2h\sqrt{1 + m^2}$ 代入上式得

$$Q = \frac{\sqrt{i}}{n} \frac{[(b + mh)h]^{\frac{5}{3}}}{[b + 2h\sqrt{1 + m^2}]^{\frac{2}{3}}} \tag{5.14}$$

则 $Q = f(b, h, m, n, i)$，这说明，梯形断面水力计算存在着（Q、b、h、m、n、i）6 个变量。通常渠道的边坡系数 m 和糙率系数 n，可由渠的地质情况、施工条件、护面材料等实测确定或由经验查表确定。则渠道的水力计算主要是流量 Q、正常水深 h_0、渠宽 B 及渠底坡度 i 计算。

明渠均匀流的水力计算问题，可分为两大类：一类是对已建成的渠道进行计算，如校核流速、流量、糙率和底坡；另一类是按要求设计新渠道，如确定底宽、水深、底坡、边坡系数或超高等。

5.1.3.2 已建渠道的水力计算

已建渠道的水力计算任务是校核过水能力 Q 及流速 v，或由实测过水断面的流量反推糙率系数 n 和底坡 i。

1. 流量和流速的校核

【例 5.1】 某电站引水渠，在黏土中开凿，未作护面，渠线略有弯曲，在使用

过程中，岸坡滋生杂草。今测得下列数据：断面为梯形，边坡系数 m 为 1.5，底宽 b 为 34m，底坡 i 为 1/6500，渠底至堤顶高差为 3.2m（图 5.5）。电站引用流量 Q 为 67m³/s。今因工业发展需要，要求引水渠道分流供给工业用水，试计算渠道在保证超高为 0.5m 的条件下，除电站引用流量外，尚能供给工业用水多少？并校核此时渠中是否发生冲刷。

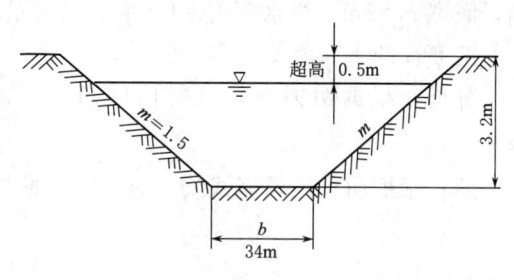

图 5.5 梯形断面渠道安全超高

解：当超高为 0.5m 时，渠中水深 $h=3.2-0.5=2.7(\mathrm{m})$，此时的断面水力要素如下。

过水断面面积：$A=(b+mh)h=(34+1.5\times2.7)\times2.7=102.74(\mathrm{m})^2$

断面湿周：$\chi=b+2h\sqrt{1+m^2}=34+2\times2.7\times\sqrt{1+1.5^2}=43.74(\mathrm{m})$

断面水力半径：
$$R=\frac{A}{\chi}=\frac{102.74}{43.74}=2.35(\mathrm{m})$$

根据引水渠情况查表 5.3 得，糙率 $n=0.03$

引水渠通过流量：
$$Q=AC\sqrt{Ri}=\frac{1}{n}Ai^{\frac{1}{2}}R^{\frac{2}{3}}=75(\mathrm{m^3/s})$$

在保证电站发电流量条件下，引水渠能供给工业用水量为 $Q=75-67=8(\mathrm{m^3/s})$

断面流速：
$$v=\frac{Q}{A}=\frac{75}{102.74}=0.73(\mathrm{m/s})$$

允许不冲流速：$v'=v'_R R^{\frac{1}{4}}=1.05(\mathrm{m/s})>0.73(\mathrm{m/s})=v$，故引水渠不会发生冲刷。

2. 糙率 n 值计算

【**例 5.2**】 某矩形有机玻璃水槽，底宽 $b=15\mathrm{cm}$，水深 $h=6.5\mathrm{cm}$，底坡 $i=0.02$，槽内水流系均匀流动，实测该槽通过的流量 $Q=17.3\mathrm{L/s}$，求糙率为多少？

解：根据明渠均匀流公式： $Q=AC\sqrt{Ri}$

推导得
$$n=\frac{A}{Q}R^{\frac{2}{3}}i^{\frac{1}{2}}$$

因 $A=bh=0.15\times0.065=0.00975(\mathrm{m}^2)$

$\chi=b+2h=0.15+2\times0.065=0.28(\mathrm{m})$

$$R=\frac{A}{\chi}=\frac{0.00975}{0.28}=0.0348(\mathrm{m})$$

则
$$n=\frac{A}{Q}R^{\frac{2}{3}}i^{\frac{1}{2}}=\frac{0.00975}{0.0173}\times0.0348^{\frac{2}{3}}0.02^{\frac{1}{2}}=0.0085$$

答：该有机玻璃槽的糙率为 0.0085。

3. 计算底坡

【**例 5.3**】 根据某渡槽中部水流为明渠均匀流，$n=0.017$，$L=200\mathrm{m}$，矩形断

面，底宽 $b=2\mathrm{m}$，当水深 $h=1\mathrm{m}$ 时，通过的流量 $Q=3.30\mathrm{m}^3/\mathrm{s}$。问该渡槽底坡为多少？两断面的水面落差为多少？

分析：根据明渠均匀流特性可知，底坡 $i=J_p=\Delta z/l$，则水面落差等于渠底高差。

解：根据明渠均匀流式 $Q=AC\sqrt{Ri}$ 推得如下公式：

$$i=\frac{Q^2}{A^2C^2R}$$

$$A=bh=2\times 1=2(\mathrm{m}^2)$$

$$\chi=b+2h=2+2\times 1=4(\mathrm{m})$$

$$R=\frac{A}{\chi}=\frac{2}{4}=0.5(\mathrm{m})$$

$$C=\frac{1}{n}R^{\frac{1}{6}}=\frac{1}{0.017}\times 0.5^{\frac{1}{6}}=52.4\ (\mathrm{m}^{\frac{1}{2}}/\mathrm{s})$$

则 $$i=\frac{Q^2}{A^2C^2R}=\frac{3.3^2}{2^2\times 52.4^2\times 0.5}=0.002$$

则 $$\Delta z=il=0.002\times 200=0.4(\mathrm{m})$$

答：该渡槽底坡为 0.002，水面落差为 0.4m。

5.1.3.3 新建渠道的水力计算

新设计渠道水力计算的任务主要是根据具体土质、地形、渠道设计流量和使用要求等选择断面形式，设计过水断面尺寸，或确定渠道的底坡 i。

对梯形和矩形断面主要计算渠底宽 b、正常水深 h_0，常见的计算方法有试算法、图解法。目前在渠道设计中，考虑人工试算过程烦琐且费时，图解法易产生误差，现多采用迭代法进行求解，现大都采用微软 Excel 电子表格软件进行明渠均匀流水力计算。现就梯形断面的迭代计算原理进行介绍。

1. 正常水深 h_0 的迭代公式

已知 Q、m、n、i、b，求 h_0。

将式 (5.14)：$Q=\frac{\sqrt{i}}{n}\frac{[(b+mh)h]^{\frac{5}{3}}}{(b+2h\sqrt{1+m^2})^{\frac{2}{3}}}$ 整理得

$$h_{(j+1)}=\left(\frac{nQ}{\sqrt{i}}\right)^{\frac{3}{5}}\frac{(b+2h_j\sqrt{1+m^2})^{\frac{2}{5}}}{b+mh_j} \tag{5.15}$$

迭代水深时可取初值为 $h_{(0)}=\left(\frac{nQ}{\sqrt{i}}\right)^{0.6}$

将式中的边坡系数 m 取为零，可得矩形断面正常水深的迭代计算公式：

$$h_{(j+1)}=\left(\frac{nQ}{\sqrt{i}}\right)^{0.6}\frac{(b+2h_j)^{0.4}}{b} \tag{5.16}$$

2. 明渠底宽 b 的迭代公式

当已知 Q、m、n、i、h，求 b。

由面积公式直接导出迭代公式：

$$b_{(j+1)} = \left(\frac{nQ}{\sqrt{i}}\right)^{0.6} \frac{(b_j + 2h\sqrt{1+m^2})^{0.4}}{h} - mh \tag{5.17}$$

以上各式中 j 代表迭代次数。具体的迭代过程为：先计算出式中的常数项，然后设一初值 $[h_{(0)}]$ 或 $[b_{(0)}]$，代入迭代式的右边，解出 $h_{(1)}$；将 $h_{(1)}$ 代回到公式右边的未知项中，解出 $h_{(2)}$，即完成了一个迭代过程。如此重复迭代，直到代入的 h 值与计算出的值十分接近，差值小于 0.01 即可，则最后计算得到的水深即为正常水深。

【例 5.4】 设梯形断面尺寸渠道，已知 $Q = 0.80 \text{m}^3/\text{s}$，$i = 1/1000$，$n = 0.025$，$m = 1.0$（重壤土），$b = 0.8\text{m}$，试求正常水深 h_0。

解：(1) 初值计算。

$$h_{00} = \left(\frac{nQ}{\sqrt{i}}\right)^{0.6} = \left(\frac{0.025 \times 0.80}{\sqrt{0.001}}\right)^{0.6} \approx 0.7597 \text{ (m)}$$

(2) 采用式 (5.15) 进行迭代计算。

$$h_{01} = \left(\frac{nQ}{\sqrt{i}}\right)^{0.6} \frac{(b + 2h_{00}\sqrt{1+m^2})^{0.4}}{b + mh_{00}}$$

$$= \left(\frac{0.025 \times 0.80}{\sqrt{0.001}}\right)^{0.6} \times \frac{(0.8 + 2 \times 0.7597 \times \sqrt{2})^{0.4}}{0.8 + 0.7597} \approx 0.8342(\text{m})$$

迭代差值计算 $h_{01} - h_{00} = 0.0745 > 0.01$ 需继续迭代。

(3) 计算 h_{02}。

$$h_{02} = \left(\frac{nQ}{\sqrt{i}}\right)^{0.6} \frac{(b + 2h_{01}\sqrt{1+m^2})^{0.4}}{b + mh_{01}}$$

$$= \left(\frac{0.025 \times 0.80}{\sqrt{0.001}}\right)^{0.6} \times \frac{(0.8 + 2 \times 0.8342 \times \sqrt{2})^{0.4}}{0.8 + 0.8342} \approx 0.7365(\text{m})$$

迭代差值计算 $|h_{02} - h_{01}| = 0.0977 > 0.01$ 需继续迭代。

(4) 计算 h_{03}。

$$h_{03} = \left(\frac{nQ}{\sqrt{i}}\right)^{0.6} \frac{(b + 2h_{02}\sqrt{1+m^2})^{0.4}}{b + mh_{02}}$$

$$= \left(\frac{0.025 \times 0.80}{\sqrt{0.001}}\right)^{0.6} \times \frac{(0.8 + 2 \times 0.7365 \times \sqrt{2})^{0.4}}{0.8 + 0.7365} \approx 0.7551(\text{m})$$

迭代差值计算 $|h_{03} - h_{02}| = 0.0186 > 0.01$ 需继续迭代。

(5) 计算 h_{04}。

$$h_{04} = \left(\frac{nQ}{\sqrt{i}}\right)^{0.6} \frac{(b + 2h_{03}\sqrt{1+m^2})^{0.4}}{b + mh_{03}}$$

$$= \left(\frac{0.025 \times 0.80}{\sqrt{0.001}}\right)^{0.6} \times \frac{(0.8 + 2 \times 0.7551 \times \sqrt{2})^{0.4}}{0.8 + 0.7551} \approx 0.7515(\text{m})$$

迭代差值计算 $|h_{04} - h_{03}| = 0.0036 < 0.01$ 迭代结束，正常水深 h_0 为 0.7515m。

5.1.3.4 利用 Excel 进行明渠均匀流的水力计算应用

利用微软 Excel 电子表格的计算功能直接试算或迭代若干次即可。试算及迭代具体表述如下（若 Q、m、b、i、n 均为已知，只有 h_0 未知）。

1. 试算法

在微软 Excel 电子表格中输入已知的 Q、m、b、i、n 以及 Q、V、R、A、C 相互关系的计算公式。先假设一 h_0，由于微软 Excel 电子表格的自动计算功能，根据公式可计算得 Q，如与给定的 Q 值相等，则 h_0 即为所求。否则重新假设一 h_0 又可得到一个 Q 值与已知的 Q 值比较，直到这两个 Q 值相等为止。

2. 迭代法

在微软 Excel 电子表格中输入已知的 Q、m、b、i、n 以及迭代计算式（5.15）。先假设一 h_0，由于微软 Excel 电子表格的自动计算功能，根据公式可计算出 h_{j+1} 与 h_j 值比较，若两者间绝对差值小于 0.01，迭代结束。

【例 5.5】 设梯形断面尺寸渠道，已知 $Q=0.80\text{m}^3/\text{s}$，$i=1/1000$，$n=0.025$，$m=1.0$（重壤土），$b=0.8\text{m}$，用 Excel 试算法试求正常水深 h_0。

【例 5.6】 设梯形断面尺寸渠道，已知 $Q=0.80\text{m}^3/\text{s}$，$i=1/1000$，$n=0.025$，$m=1.0$（重壤土），$b=0.8\text{m}$，用 Excel 迭代法试求正常水深 h_0。

5.1.4 明渠均匀流的有关问题

5.1.4.1 糙率 n 值的确定

由曼宁公式可知，糙率 n 对谢才系数 C 影响很大，对同一水力半径，如果选定的 n 值偏大，谢才系数 C 偏小，由明渠均匀流基本公式可知，为通过给定的设计流量，要求在设计时加大过水断面，或加大渠槽的底坡。这样，一方面加大了开挖工作量，另一方面因底坡大，水面降落快，控制的灌溉面积就要减小；此外，还由于渠道运行后实际流速偏大，又会引起渠道冲刷。反之，如果选定的 n 值比实际的偏小，对同一水力半径，C 值偏大，流速就偏大，为通过既定的设计流量，过水断面和渠槽的底坡就设计得较小，而渠道运行后实际的糙率 n 值比设计的大，从而导致渠道通水后实际流速不能达到设计要求，引起流量不足和泥沙淤积。由此可见，设计渠道时糙率 n 值的选定十分重要。

在设计渠道选择糙率 n 值时，应注意以下几点：

（1）选定了 n 值，就意味着将渠槽粗糙情况对水流阻力的影响作出了综合估计。因此，对前述的水流阻力和水头损失的各种影响因素及一般规律，必须要有正确的理解。

（2）要尽量参考一些比较成熟的典型糙率资料。

（3）应尽量参照本地和外地同类型的渠道实测资料和运用情况，使糙率 n 值的选择切合实际。

（4）为保证选定的 n 值达到设计要求，设计文件中应对渠槽的施工质量和运行维护提出有关要求。

5.1.4.2 水力最佳断面和实用经济断面

1. 水力最佳断面

在明槽的底坡、糙率和流量已定时，渠道断面的设计（形状、大小）可有多种选择方案，要从施工、运用和经济等各个方面进行方案比较。

从水力学的角度考虑，最感兴趣的一种情况是：在流量、底坡、糙率已知时，设计的过水断面形式具有最小的面积；或者在过水断面面积、底坡、糙率已知时，设计的过水断面形式能使渠道通过的流量为最大。这种过水断面称为水力最佳断面。

显然，水力最佳断面应该是在给定条件下水流阻力最小的过水断面。根据明渠恒定均匀流基本公式 $Q = \dfrac{A^{\frac{5}{3}}\sqrt{i}}{n\chi^{\frac{2}{3}}}$，所以要在给定的过水断面面积上使通过的流量为最大，过水断面的湿周就必须为最小。从几何学知，在各种明渠断面形式中最好地满足这一条件的过水断面为半圆形断面（水面不计入湿周），因此有些人工渠道（如小型混凝土渡槽）的断面设计成半圆形或 U 形，但由于地质条件和施工技术、管理运用等方面的原因，渠道断面常常不得不设计成其他形状。下面对土质渠道常用的梯形断面讨论其水力最佳条件。

梯形断面的湿周 $\chi = b + 2h\sqrt{1+m^2}$，边坡系数 m 已知，由于面积 A 给定，b 和 h 相互关联，$b = A/h - mh$，所以

$$\chi = \frac{A}{h} - mh + 2h\sqrt{1+m^2} \tag{5.18}$$

在水力最佳条件下应有

$$\frac{\mathrm{d}\chi}{\mathrm{d}h} = -\frac{A}{h^2} - m + 2\sqrt{1+m^2} = -\frac{b}{h} - 2m + 2\sqrt{1+m^2} = 0 \tag{5.19}$$

从而得到水力最佳的梯形断面的宽深比条件

$$\beta_m = \frac{b}{h} = (\sqrt{1+m^2} - m) \tag{5.20}$$

可以证明这种梯形的三个边与半径为 h、圆心在水面的半圆相切（图 5.6）。这里要指出的是，由于正常水深随流量改变，在设计流量下具有水力最佳断面的明渠，当流量改变时，实际的过水断面宽深比就不再满足式（5.20）了。

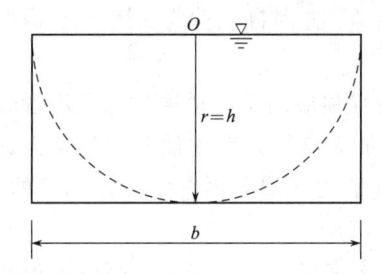

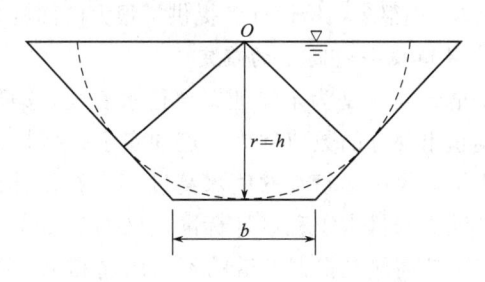

图 5.6 水力最佳的矩形与梯形断面

作为梯形断面的特例的矩形断面，$m = 0$，计算得 $\beta_m = 2$，或 $b = 2h$，所以水力最佳矩形断面的底宽为水深的两倍。$m > 0$ 时，用式（5.20）计算出的 β_m 值随着 m 增大而减小（见表 5.4 中 $A/A_m = 1.00$ 的一行）。当 $m > 0.75$ 时 $\beta_m < 1$，是一种底宽较小、水深较大的窄深型断面。

123

表 5.4　　水力最佳断面（$A/A_m=1.00$）和实用经济断面的宽深比

A/A_m	h/h_m	m	0.00	0.50	0.75	1.00	1.50	2.00	2.50	3.00
1.00	1.000		2.000	1.236	1.000	0.828	0.608	0.480	0.380	0.320
1.01	0.882	β_m	2.992	2.097	1.868	1.734	1.653	1.710	1.808	1.967
1.04	0.683		4.462	3.373	3.154	3.078	3.202	3.533	3.925	4.407

2. 实用经济断面

虽然水力最佳断面在相同流量下过水断面面积最小，但从经济、技术和管理等方面综合考虑，它有一定的局限性。应用于较大型的渠道时，由于深挖高填，施工开挖工程量及费用大，维持管理也不方便；流量改变时水深变化较大，给灌溉、航运带来不便。其实，设计渠道断面时，在一定范围内取较宽的宽深比 β 值，仍然可以使过水断面面积 A 十分接近水力最佳断面面积 A_m。根据式（5.18），同样的流量、糙率和底坡条件下，非水力最佳断面与水力最佳断面的断面变量之间有关系

$$\left(\frac{A}{A_m}\right)^{\frac{5}{2}} = \frac{\chi}{\chi_m} = \frac{h(\beta + 2\sqrt{1+m^2})}{h_m(\beta_m + 2\sqrt{1+m^2})} \quad (5.21)$$

且

$$\frac{A}{A_m} = \frac{h^2(\beta + m)}{h_m^2(\beta_m + m)} \quad (5.22)$$

可得

$$\frac{h}{h_m} = \left(\frac{A}{A_m}\right)^{\frac{5}{2}} \left[1 - \sqrt{1 - \left(\frac{A_m}{A}\right)^4}\right] \quad (5.23)$$

$$\beta = \left(\frac{h_m}{h}\right)^2 \frac{A}{A_m}(2\sqrt{1+m^2} - m) - m \quad (5.24)$$

其中有下标 m 的各参量为 $\beta=\beta_m$ 时的参量。从表 5.4 中 $A/A_m=1.01$ 和 $A/A_m=1.04$ 两行看到，过水断面只需比水力最佳断面大 1%～4%，相应的宽深比就比 β_m 要大很多，水深比 h_m 小很多，给设计者提供了很大的回旋余地，这种断面称为实用经济断面。

3. 渠道安全超高 a 的确定

安全超高 a 是为了保证渠道行水安全，渠道堤顶应高于渠道通过加大流量时的水位，其超出部分的数值称为渠道的安全超高 a。加大流量是考虑灌溉面积增大、气候特别干旱、渠中建筑物的壅水高度等，在设计流量的基础上再增大一定比例的流量，参照《灌溉与排水工程设计标准》（GB 50288—2018）。

安全超高 a 是根据渠道的不同用途和工程要求来确定的。安全超高的取值比较复杂，初步确定时可参考表 5.5，工程中可查《水利水电工程等级划分及洪水标准》（SL 252—2017）和《泵站设计规范》（GB 50265—2010）等涉及安全超高的工程设计规范。

表 5.5　　　　　　　　　　　渠道安全超高 a 值

加大流量/(m³/s)	>50	30.0～50.0	10.0～30.0	1.0～10.0	0.3～1.0	<0.3
超高/m	1.0 以上	0.8～1.0	0.6～0.8	0.4～0.6	0.3～0.4	0.2～0.3

5.1.4.3 渠道的允许流速

一条设计得合理的渠道，除了考虑上述水力最佳条件及经济因素外，还应使渠道的设计流速不应大到使渠床遭受冲刷，也不可小到使水中悬浮的泥沙发生淤积，而应当是不冲、不淤的流速。因此在设计中，要求渠道流速 v 在不冲、不淤的允许流速范围内，即

$$v'' < v < v' \tag{5.25}$$

式中　v'——免遭冲刷的最大允许流速，简称不冲允许流速，m/s；

　　　v''——免受淤积的最小允许流速，简称不淤允许流速，m/s。

渠道中的不冲允许流速 v'：它的大小决定于土质情况，即土壤种类、颗粒大小和密实程度，或决定于渠道的衬砌材料，以及渠中流量等因素。表 5.6 为我国陕西省水利厅 1965 年总结的各种渠道免遭冲刷的最大允许流速，可供设计明渠时选用。

表 5.6　　　　　　石渠不冲允许流速 v'　　　　　　单位：m/s

坚硬岩石和人工护面渠道	流量范围		
	<1	1~10	>10
软质水成岩（泥灰岩、页岩、软砾岩）	2.5	3.0	3.5
中等硬质水成岩（致密砾质、多孔石灰岩、层状石灰岩，白云石灰岩，灰质砂岩）	3.5	4.25	5.0
硬质水成岩（白云砂岩，砂质石灰岩）	5.0	6.0	7.0
结晶岩，火成岩	8.0	9.0	10.0
单层块石铺砌	2.5	3.5	4.0
双层块石铺砌	3.5	4.5	5.0
混凝土护面	6.0	8.0	10.0

渠道中的不淤允许流速 v''：保证含沙水流中挟带的泥沙不致在渠道淤积的允许流速下限，可参考有关文献。

【例 5.7】　某轻壤土土质灌溉渠道，清水渠，已由灌溉需求按《灌溉与排水工程设计标准》（GB 50288—2018）中的计算方法求得设计流量 $Q=10.00\text{m}^3/\text{s}$、$m=1.25$、$n=0.025$、$i=0.0002$；请按实用经济断面设计 h_e、b_e。

解：（1）求梯形水力最佳断面的正常水深 h_m。

由公式得水力最佳断面正常水深：

$$h_m = 1.189\left[\frac{nQ}{\sqrt{i}(2\sqrt{1+m^2}-m)}\right]^{\frac{3}{8}} = 1.189\left[\frac{0.025\times 10.00}{\sqrt{0.0002}(2\sqrt{1+1.25^2}-1.25)}\right]^{\frac{3}{8}}$$
$$= 2.72(\text{m})$$

（2）设计实用经济断面。

由梯形水力最佳断面的 $m=1.25$，$h_m=2.72\text{m}$，及偏离系数 $\alpha=1.01$，查表 5.8 得

$$\frac{h_e}{h_m} = 0.822 \text{ 和 } \beta_e = 1.673$$

则：

实用经济断面正常水深　　$h_e = 0.822 h_m = 0.822 \times 2.72 = 2.24$（m）

实用经济断面底宽　　　　$b_e = \beta_e h_e = 1.673 \times 2.24 = 3.73$（m）

实用经济断面平均流速　　$v_e = \dfrac{Q}{A} = \dfrac{10.00}{(3.73 + 1.25 \times 2.24) \times 2.24} = 0.68$(m/s)

查表 5.7 得：$v_{不冲} = 0.06 \sim 0.80$ m/s，一般清水渠 $v_{不淤} \leqslant 0.50$ m/s。

表 5.7　　　　　　　　　　土质渠道不冲允许流速 v'

土质		不冲允许流速/(m/s)		说　　明
均质黏性土	轻壤土	0.60～0.80		
	中壤土	0.65～0.85		
	重壤土	0.70～1.0		
	黏土	0.75～0.95		(1) 均质黏性土各种土质的干容重为 12.75～16.67 kN/m³。 (2) 表中所列为水力半径 $R = 1$ m 的情况。当 $R \neq 1$ m 时，应将表中数值乘以 R^α 才得相应的不冲允许流速。 (3) 对于砂、砾石、卵石和疏松的壤土、黏土，$\alpha = 1/3 \sim 1/4$。 (4) 对于密实的壤土、黏土，$\alpha = 1/4 \sim 1/5$。
	土质	粒径/mm	不冲允许流速/(m/s)	
均质无黏性土	极细砂	0.05～0.1	0.35～0.45	
	细砂、中砂	0.25～0.5	0.45～0.60	
	粗砂	0.5～2.0	0.60～0.75	
	细砾石	2.0～5.0	0.75～0.90	
	中砾石	5.0～10.0	0.90～1.10	
	粗砾石	10.0～20.0	1.10～1.30	
	小卵石	20.0～40.0	1.30～1.80	
	中卵石	40.0～60.0	1.80～2.20	

满足不冲不淤的要求，设计合理。

表 5.8　　　　　　　　　　实用经济断面宽深比 β_e

α	1.00	1.01	1.02	1.03	1.04
H_e/h_m	1.000	0.822	0.760	0.718	0.683
m			β_e		
0.00	2.000	2.922	3.530	3.996	4.462
0.25	1.561	2.459	2.946	3.368	3.790
0.50	1.236	2.097	2.564	2.968	3.373
0.75	1.000	1.868	2.339	2.746	3.154
1.00	0.828	1.734	2.226	2.652	3.078
1.25	0.704	1.673	2.110	2.654	3.109
1.50	0.608	1.653	2.221	2.712	3.202
1.75	0.528	1.658	2.271	2.802	3.332
2.00	0.480	1.710	2.377	2.955	3.533
2.25	0.420	1.744	2.463	3.058	3.707

任务 2　明渠非均匀流的水力计算

5.2.1　明渠水流的三种流态及相关概念

5.2.1.1　概述

前面研究了明渠均匀流，明渠均匀流只能在断面形状、尺寸、糙率和底坡都沿程不变的长直正坡渠道中发生。而天然河道或者人工渠道中的水流绝大多数是非均匀流。这是因为自然条件所限和人为控制水流（如改变过水断面形状及尺寸，糙率或底坡沿程变化，在河道或渠道中修建各种水工建筑物等）都可以使河渠中的水流变成非均匀流。如河（渠）道上水闸前后、渠道底坡变化处上下游的水流都属于明渠非均匀流。

明渠非均匀流的渠底线、水面线和总水头线彼此互不平行，三种线的坡度也不相等，即 $J \neq J_p \neq i$，且水面线和总水头线都是曲线，流速、水深也是沿程变化的。如果明渠非均匀流的流线间夹角较小，曲率半径较大，称为明渠渐变流，反之为明渠急变流。

河（渠）道的纵剖面与水面的交线称为水面线，水面线的壅高或降低不仅影响河（渠）道的堤防及护岸的高程，而且对河道、渠道的淤积、冲刷造成直接影响。因此，分析和计算明渠非均匀流水面线，在实际工程中有着十分重要的意义。本任务重点研究明渠恒定非均匀渐变流水面线的变化规律和计算方法。

5.2.1.2　明渠水流的三种流态及相关概念

1. 明渠水流的三种流态

在生活中大家会观察到这样一种现象，在平静的湖面上投一颗石子，水面将会产生一个干扰波，而且这个波动以石子的着水点为中心，以一定的速度 v_w 向四周传播。平静水面上干扰波的波形是半径不等的同心圆，如图 5.7（a）所示。如果在流动的水中投一颗石子，设水流的断面平均流速为 v，那么水面波的传播速度应是水流的速度与波速的矢量和。比较水流的流速 v 和干扰波传播的相对波速 v_w 的大小，水面干扰波的传播图形和速度如图 5.7（b）～（d）所示。

在工程水力学分析研究中，根据干扰微波能否向上游传播，将水流分为缓流、急流和临界流。

(1) 当 $v < v_w$ 时，水面波将以速度 $v'_w = v - v_w < 0$ 速度向上游传播，以速度 $v'_w = v_w + v$ 向下游传播。干扰波能向上游传播，称为缓流。

(2) 当 $v = v_w$ 时，$v + v_w = 2v_w$。干扰波不能向上游传播，但处于临界状态，称为临界流。

(3) 当 $v > v_w$ 时，水面波不能向上游传播，只能向下游传播，称为急流，向下游传播的速度为 $v + v_w$。

正确判别水流的三种流态，对分析研究明渠非均匀流的水面曲线变化有着重要作用。

2. 干扰波的相对波速

由上面的分析可知，要判别水流的流态，不仅需要知道水流的断面平均流速，还必须确定干扰波的相对波速。

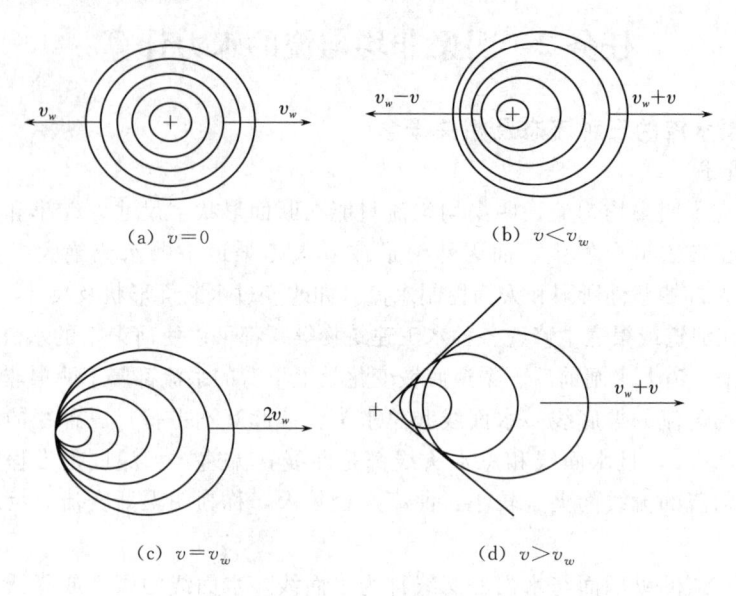

(a) $v=0$

(b) $v<v_w$

(c) $v=v_w$

(d) $v>v_w$

图 5.7　明渠水流的水面干扰波

借助能量方程可推出明渠水流干扰波波速计算公式：

$$v_w = \pm\sqrt{g\bar{h}}$$

式中　$\bar{h}$——平均水深，$\bar{h}=\dfrac{A}{B}$，A 为过水断面面积，B 为水面宽度；±只是具有数学上的意义，通常顺流方向取"+"，逆流方向取"−"。对于平均水深 $\bar{h}$ 而言，只有矩形断面的平均水深才等于过水断面水深 h，其他断面形式均不相等。

由此可以看出，在忽略摩擦阻力的情况下，干扰波的波速与断面平均水深的 1/2 次方成正比，水深越大，波速亦越大。

3. 流态判别数——弗劳德数 Fr

当求出明渠中的断面平均流速和干扰波的波速之后，将两者比较，就可以判别水流的流态。但在水力学研究中，通常是以水流的流速和波速的比值作为流态的判别数，称弗劳德数，用符号 Fr 表示：

$$Fr = \frac{v}{v_w} = \frac{v}{\sqrt{g\bar{h}}} \tag{5.26}$$

弗劳德数是一个无量纲数，是水力学中的一个极其重要的判别数。为了理解其物理意义，可以将弗劳德数改变一下形式，写为

$$Fr = \sqrt{2\dfrac{\dfrac{v^2}{2g}}{\bar{h}}} \tag{5.27}$$

由式（5.27）可看出，弗劳德数 Fr 反映了过水断面上单位重量的液体所具有的平均动能与平均势能之比。Fr 越大，水流的平均动能所占的比重越大，当平均单位动能等于平均单位势能的 1/2 时，$Fr=1$，即 $\dfrac{v}{\sqrt{g\bar{h}}}=1$，则有 $v=\sqrt{g\bar{h}}=v_w$，水流为临界流。

4. 断面单位能量和临界水深

为了从能量的角度进一步分析明渠水流的三种流态，需要引入断面单位能量和临界水深的概念。

（1）断面单位能量。如图 5.8 所示，明渠的底坡与水平面的夹角为 θ，水流为非均匀渐变流。任取一过水断面，设水深为 h、流速为 v。若以过水断面最低点的水平面为基准面，以水面为代表点，断面上单位重量的液体所具有的机械能，称为断面单位能量或断面比能，以 E_s 表示。

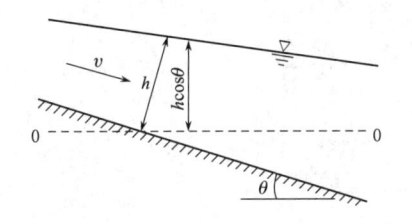

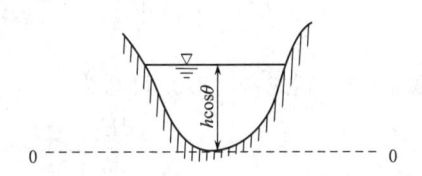

图 5.8 断面比能的计算

$$E_s = h\cos\theta + \dfrac{\alpha v^2}{2g} \tag{5.28}$$

当底坡较小（工程中一般当底坡 $i<10\%$）时，$\cos\theta\approx 1$，

式（5.28）则为
$$E_s = h + \dfrac{\alpha v^2}{2g} \tag{5.29}$$

上式可改写为
$$E_s = h + \dfrac{\alpha Q^2}{2gA^2} \tag{5.30}$$

由式（5.30）可以看出，当流量 Q 和渠道过水断面的形状和尺寸一定时，断面比能仅仅是水深的函数，即 $E_s=f(h)$。在非均匀流中，由于边界条件的影响，同一流量可能会以不同的水深通过某一过水断面，水深不同，过水断面面积 A 和流速 v 也不同，可以计算出不同的断面比能 E_s 值。以水深 h 为纵坐标，以 E_s 为横坐标，可以绘制出 $h \sim E_s$ 关系曲线。$h \sim E_s$ 关系曲线称为比能曲线。下面首先定性分析一下比能曲线的变化规律。

由式（5.30）可以看出：当 $h\rightarrow 0$ 时，$A\rightarrow 0$，则 $\dfrac{\alpha Q^2}{2gA^2}\rightarrow\infty$，故 $E_s\rightarrow\infty$，比能曲线以横坐标轴为渐近线；当 $h\rightarrow\infty$ 时，$A\rightarrow\infty$，则 $\dfrac{\alpha Q^2}{2gA^2}\rightarrow 0$，因而 $E_s\rightarrow h\rightarrow\infty$，比能曲线以 45°线为渐近线。因为断面比能是水深的连续函数，并且水深 h 从 0 增加到 ∞，

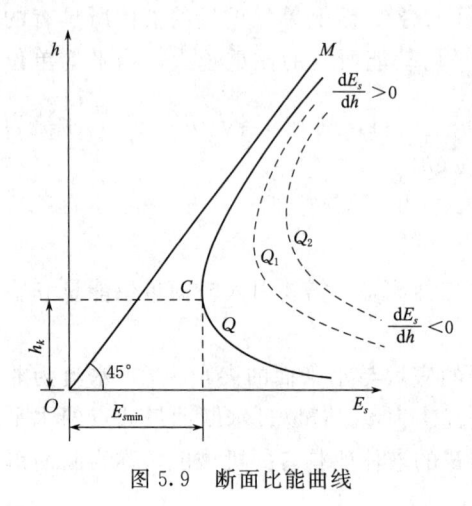

断面比能 E_s 从 ∞ 先是减小，而后再增加到 ∞，故比能曲线中间必有一拐点，拐点所对应的断面比能为最小值。根据上面的讨论，定性绘制出的比能曲线如图 5.9 所示。

(2) 临界水深。为了解断面比能最小值所对应的水深的意义，可以将式（5.30）对 h 求一阶导数，并令其等于零。

$$\frac{dE_s}{dh} = \frac{d}{dh}\left(h + \frac{\alpha Q^2}{2gA^2}\right) = 1 - \frac{\alpha Q^2}{gA^3}\frac{dA}{dh}$$

式中 dA 是水深变化 dh 引起的过水断面面积的变化，故 $\frac{dA}{dh} = B$，B 为过水断面的水面宽度，代入上式得

图 5.9 断面比能曲线

$$\frac{dE_s}{dh} = 1 - \frac{\alpha Q^2}{gA^3}\frac{dA}{dh} = 1 - \frac{\alpha v^2}{g\frac{A}{B}} \tag{5.31}$$

取 $\alpha = 1$，则式（5.31）可写为

$$\frac{dE_s}{dh} = 1 - \frac{v^2}{g\frac{A}{B}} = 1 - Fr^2 \tag{5.32}$$

式（5.32）表明，断面比能最小时，$Fr = 1$，这就是前面讲到的临界流。因此，把断面比能最小值 $E_{s\min}$ 所对应的水深称为临界水深，用 h_k 表示。

图 5.9 中，临界水深在比能曲线上所对应的点 C 将比能曲线分成上、下两支，曲线上半支随水深 h 的增大，断面比能 E_s 增大，即 $\frac{dE_s}{dh} > 0$，$Fr < 1$，为缓流；曲线下半支随水深 h 的增大，断面比能 E_s 减小，即 $\frac{dE_s}{dh} < 0$，$Fr > 1$，为急流。断面比能曲线是对某一固定断面而言的，且与流量有关。对于同一断面，不同流量可以得出不同的比能曲线及相应的临界水深，如图 5.9 中虚线所示。当渠道中通过某一流量时，实际水深 h 大于临界水深 h_k，相应于比能曲线上支，为缓流；实际水深 h 小于临界水深 h_k，相应于比能曲线下支，为急流；实际水深 $h = h_k$，则为临界流。因此，用临界水深也可判别水流的流态。

若以 A_k、B_k 分别表示临界水深 h_k 所对应的过水断面面积和水面宽度，由式（5.31）可以得到临界水深的计算公式为

$$1 - \frac{\alpha Q^2}{gA^3}\frac{dA}{dh} = 0$$

即

$$\frac{\alpha Q^2}{g} = \frac{A_k^3}{B_k} \tag{5.33}$$

当流量 Q、断面形状和尺寸一定时，可以用式（5.33）求解临界水深。由式

(5.33) 可知，临界水深既与渠底坡度无关，也与渠道糙率无关，完全取决于渠道通过的流量及明渠的断面形状。

对于矩形断面临界水深而言，$A_k = B_k h_k$，总流量 $Q = B_k q$，q 为单宽流量，单位是 $m^3/(s \cdot m)$，代入式 (5.33) 可以得到临界水深的计算公式为

$$h_k = \sqrt[3]{\frac{\alpha Q^2}{gb^2}} = \sqrt[3]{\frac{\alpha q^2}{g}} \tag{5.34}$$

下面再分析一下矩形明槽中的临界流动的水深、流速水头和断面单位能量间的关系。

将 $q = h_k v_k$ 代入式 (5.34)，整理得

$$h_k = 2 \frac{\alpha v_k^2}{2g} \tag{5.35}$$

上式说明，在临界流时，矩形断面的临界水深等于其流速水头的 2 倍，此时相应的断面比能 $E_{s\min} = h_k + \frac{\alpha v_k^2}{2g} = h_k + \frac{h_k}{2} = \frac{3}{2} h_k$。

任意断面临界水深的计算可以采用试算-图解法，即流量 Q 一定时，$\frac{\alpha Q^2}{g}$ 为一常数，于是可假定 3~5 个不同的水深，求得相应的 $\frac{A^3}{B}$。当求得的 $\frac{A^3}{B}$ 把 $\frac{\alpha Q^2}{g}$ 包含在中间时，绘制 $h - \frac{A^3}{B}$ 曲线，由已知的 $\frac{\alpha Q^2}{g}$ 值可从曲线上查的相应的水深值，该水深即为所求的临界水深。

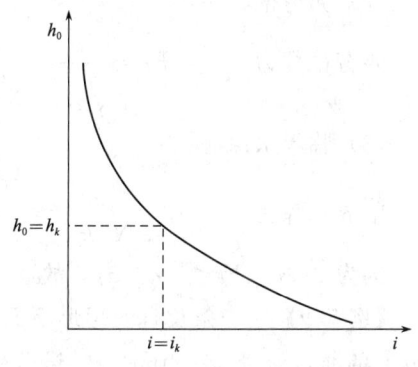

图 5.10 水深 h_0 与底坡 i 关系曲线

5. 缓坡、陡坡、临界底坡

从明渠均匀流计算公式可知，在断面形状、尺寸和糙率一定的棱柱体明渠，当通过一定流量形成均匀流时，渠道中的正常水深 h_0 仅与底坡 i 有关。正常水深 h_0 与底坡 i 的关系曲线如图 5.10 所示。底坡 i 越大，h_0 越小；底坡 i 越小，h_0 越大。

如果某一底坡恰好使渠道中的正常水深 h_0 等于相应流量的临界水深 h_k，该底坡称为临界底坡，用 i_k 表示。

当 $h_0 = h_k$ 时，$A_0 = A_k$，$i = i_k$。对于均匀流而言，应该有 $Q = A_k C_k \sqrt{R_k i_k}$。同时，这个均匀流又是临界流，即有

$$\frac{\alpha Q^2}{g} = \frac{A_k^3}{B_k}$$

联立上两式，可得到临界底坡的计算公式

$$i_k = \frac{g \chi_k}{\alpha C_k^2 B_k} \tag{5.36}$$

式中 A_k、B_k、C_k、R_k、χ_k——临界水深所对应的过水断面面积、水面宽度、谢才系数、水力半径和湿周。

由式（5.36）可知，临界底坡 i_k 与流量、断面形状及尺寸、糙率有关，与渠道的实际底坡 i 无关。对于一定的流量，如果渠中形成均匀流，渠道的底坡 i 与临界底坡 i_k 比较，存在三种情况：①$i<i_k$，$h_0>h_k$，渠道底坡称为缓坡；②$i>i_k$，渠道底坡称为陡坡；③$i=i_k$，渠道底坡称为临界坡。所以，在均匀流的情况下，根据临界底坡即可判别水流的流态。

注意：临界底坡并不是实际存在的渠道底坡，只是与某一流量、断面形状尺寸及粗糙系数相对应的某一特定底坡，是为了便于分析非均匀流而引入的一个概念。

【例5.8】 某河道岸坡陡直、两岸无浅滩，水流断面近乎矩形，已测得其过水断面面积 $A=480\text{m}^2$，水面宽度 $B=150\text{m}$，流量 $Q=1680\text{m}^3/\text{s}$，请分别用干扰波速 v_w、弗劳德数 Fr、临界水深 h_k 判别水流流态。

解：河道断面平均流速为 $v=Q/A=1680/480=3.50(\text{m/s})$

河道断面平均水深为 $\bar{h}=A/B=480/150=3.20(\text{m})$

河道单宽流量为 $q=Q/B=1680/150=11.50(\text{m}^2/\text{s})$

（1）干扰波速法：

干扰波相对波速 $v_w=\sqrt{g\bar{h}}=\sqrt{9.8\times 3.20}=5.60(\text{m/s})>3.50(\text{m/s})$

（2）弗劳德数法：

弗劳德数为 $Fr=\dfrac{v}{\sqrt{g\bar{h}}}=\dfrac{3.50}{\sqrt{9.8\times 3.20}}=0.625<1$

（3）临界水深法：

临界水深为 $h_k=\sqrt[3]{\dfrac{\alpha q^2}{g}}=\sqrt[3]{\dfrac{1\times 11.20^2}{9.8}}=1.046(\text{m})<3.20(\text{m})$

因为 $v<v_w, Fr<1, \bar{h}>h_k$，故通过三种方法都得到一致结论：河道中水流为缓流。

【例5.9】 一条长直的矩形断面渠道（$n=0.02$），宽度 $b=5\text{m}$，正常水深 $h_0=2\text{m}$ 时的通过流量 $Q=40\text{m}^3/\text{s}$。试分别用 h_K、i_K、Fr 及 v_K 来判别该明渠的水流的缓、急状态。

解：对于矩形断面明渠有

（1）临界水深：

$$h_K=\sqrt[3]{\dfrac{\alpha Q^2}{gb^2}}=\sqrt[3]{\dfrac{1\times 40^2}{9.80\times 5^2}}=1.87(\text{m})$$

可见 $h_0=2\text{m}>h_K=1.87\text{m}$，此均匀流为缓流。

（2）临界坡度：

$$i_K=\dfrac{Q^2}{K_K^2}，而 K_K=A_K C_K\sqrt{R_K}$$

其中： $A_k=bh_k=5\times 1.87=9.35(\text{m}^2)$

$$\chi_k = b + 2h_k = 5 + 2 \times 1.87 = 8.74 (m)$$

$$R_K = \frac{A_K}{\chi_K} = \frac{9.35}{8.74} = 1.07 (m)$$

$$K_K = A_K C_K \sqrt{R_K} = A_K \frac{1}{n} R_K^{1/6} R_K^{1/2} = \frac{A_K}{n} R_K^{\frac{2}{3}} = \frac{9.35}{0.02} \times 1.07^{\frac{2}{3}} = 489 (m^3/s)$$

得 $$i_K = \frac{Q^2}{K_K^2} = \frac{40^2}{489^2} = 0.0069$$

另外， $$i = \frac{Q^2}{K^2}, \text{而 } K = AC\sqrt{R}$$

其中： $$A = bh_0 = 5 \times 2 = 10 (m^2)$$

$$\chi = b + 2h_0 = 5 + 2 \times 2 = 9 (m)$$

$$R = \frac{A}{\chi} = \frac{10}{9} = 1.11 (m)$$

$$K = AC\sqrt{R} = \frac{A}{n} R^{\frac{2}{3}} = \frac{10}{0.02} \times 1.11^{\frac{2}{3}} = 536.0 (m^3/s)$$

得 $$i = \frac{Q^2}{K^2} = \frac{40^2}{536^2} = 0.0056$$

可见 $i = 0.0056 < i_K = 0.0069$，此均匀流为缓流。

（3）弗劳德数：

$$Fr^2 = \frac{\alpha v^2}{gh}$$

其中： $$h = h_0 = 2 m$$

$$v = \frac{Q}{A} = \frac{Q}{bh_0} = \frac{40}{5 \times 2} = 4 (m/s)$$

得 $$Fr^2 = \frac{\alpha v^2}{gh} = \frac{1 \times 4^2}{9.80 \times 2} = 0.816 < 1$$

可见 $Fr < 1$，此均匀流为缓流。

（4）临界速度：

$$v_K = \frac{Q}{A_K} = \frac{Q}{bh_K} = \frac{40}{5 \times 1.87} = 4.28 (m/s)$$

$$v = \frac{Q}{A} = \frac{Q}{bh_0} = 4 (m/s)$$

可见 $v < v_K$，此均匀流为缓流。

上述利用 h_K、i_K、Fr 及 v_K 来判别明渠水流状态是等价的，实际应用时只取其中之一即可。

【*例 5.10】 一梯形断面渠道，$Q = 45 m^3/s$，底宽 $b = 6 m$，边坡系数 $m = 2.0$，糙率 $n = 0.020$，底坡 $i = 0.0004$，渠中水流为明渠均匀流，试计算临界水深 h_k。

解：根据 $\frac{Q^2}{g} = \frac{A_k^3}{B_k}$，试算法计算临界水深 h_k 步骤如下。

先计算出方程式左边 $\dfrac{Q^2}{g}$，然后设临界水深 h_k 计算对应的过水断面面积 A_k 及水面宽 B_k，计算 $\dfrac{A_k^3}{B_k}$，判断 $\dfrac{A_k^3}{B_k}$ 是否等于 $\dfrac{Q^2}{g}$，不相等再设临界水深再试算，直到 $\dfrac{A_k^3}{B_k}$ 等于或近似等于 $\dfrac{Q^2}{g}$ 时，此水深为所求临界水深。

$$\dfrac{Q^2}{g}=\dfrac{45^2}{9.8}=206.63$$

假设临界水 $h_k=1.00\mathrm{m}$，则
$$A_k=h_k(b+mh_k)=1.00\times(6+2.0\times1.00)=8.00(\mathrm{m}^2)$$
$$B_k=b+2mh_k=6+2\times2\times1.00=10.00(\mathrm{m})$$

$\dfrac{A_k^3}{B_k}=\dfrac{8.00^3}{10.00}=51.20$ 与 $\dfrac{Q^2}{g}$ 相差甚远，假设的水深偏小。

再设临界水深 $h_k=1.20\mathrm{m}$，相应水力要素计算方法与水深 $h_k=1.00\mathrm{m}$ 时相同，为减少试算工作量，常利用 Excel 进行试算，下面结合例题利用 Excel 计算临界水深。

可利用 Excel 拖动功能计算不同水深对应的水力要素，见表 5.9。具体方法如下：

(1) 首先在表 5.9 第 1 行、第 2 行将 Q、b 等基本水力要素填充到单元格 A1：D2。

(2) 然后在第 3 行根据试算步骤依次输入水力要素。

(3) 在第 4 行的 A4 单元格，假设临界水深 h_k 值（设为 1.00m）并输入。

(4) 在第 4 行的 B4：D4 单元格分别计算 A_k、B_k、$\dfrac{A_k^3}{B_k}$，计算单元格时，把水力计算公式转换为 Excel 公式输入到对应单元格计算，各单元格水力计算公式及相应的 Excel 计算公式见表 5.10。

(5) 在第 4 行输入的水深计算出 $\dfrac{A_k^3}{B_k}$ 不等于 $\dfrac{Q^2}{g}$，再在第 5 行 A5 单元格设 $h_k=1.20\mathrm{m}$ 并输入 1.20，然后选中 B4：D4 单元格拖动填充到 B5：D5 单元格，计算 $h_k=1.20\mathrm{m}$ 对应的水力要素。

(6) 同理，在第 6 行 A6 单元格、第 7 行 A7 单元格、第 8 行 A8 单元格、第 9 行 A9 单元格设出水深，拖动填充，即可计算不同水深对应的水力要素，结果见表 5.9。

在表 5.9 所示的 Excel 表中试算是十分方便的，只需改变 A 列水深的数据，Excel 会自动完成新的计算和填充工作。通过拖动计算可以看出临界水深 1.5m 时，计算出的 $\dfrac{A_k^3}{B_k}$ 与 $\dfrac{Q^2}{g}$ 值很接近，$h_k\approx1.50\mathrm{m}$。

表 5.9　　　　　　　　　　　拖动填充临界水深计算表

	A	B	C	D
1	$Q=$	45	$b=$	6
2	$m=$	2	$Q^2/g=$	206.63

续表

	A	B	C	D
3	h_k	A_k	B_k	A_k^3/B_k
4	1.00	8.00	10.00	51.20
5	1.20	10.08	10.80	94.83
6	1.30	11.18	11.20	124.77
7	1.40	12.32	11.60	161.20
8	1.50	13.50	12.00	205.03
9	1.60	14.72	12.40	257.22

表 5.10　　　　　　　　　临界水深 Excel 计算表主要公式

序号	计算参数	单元格	Excel 公式	水力计算公式
1	A_k	B4	=A4*($D$1+$B$2*A4)	$A_k = h_k(b+mh_k)$
2	B_k	C4	=$D$1+2*$B$2*A4	$B_k = b+2mh_k$
3	A_k^3/B_k	D4	=B4^3/C4	A_k^3/B_k

注意：表 5.10 中，D1、B2 单元格列和行前面加 $，即 $D$1、$B$2，这是单元格的绝对引用，B4、C4 单元格列和行前面没加 $，这是单元格的相对引用。D1、B2 单元格中数据为已知条件，随着水深变化向下拖动填充时不变化，因此使用单元格的绝对引用，而 B4、C4 单元格数据随着水深变化，拖动填充时变化的，使用单元格的相对引用。

▶ 5.11

5.2.2　明渠水流流态转换现象——水跌与水跃

缓流和急流是明渠水流两种不同的流态。当水流由一种流态转换为另一种流态时，会产生局部水力现象——水跌和水跃。下面分别讨论这两种急变流水力现象的特点及有关问题。

5.2.2.1　水跌

水跌是明渠水流由缓流过渡到急流产生的水面连续跌落现象。如图 5.11 所示，在缓坡上处于缓流状态的明渠水流，因渠底变为陡坡或末端存在跌坎，水流在底坡改变的 c—c 断面的上下游一段距离内，由于重力作用增大，水流的势能将转变为动能，因此在边界条件变化出 c—c 断面上下游局部范围内水面会发生急剧降落，这就是水跌现象。

水流由缓流过渡到急流时，必然经过临界断面 c—c。根据实验观测，c—c 断面的水深并不等于 h_k，h_k 出现在 c—c 断面的上游，距 c—c 断面的距离为（3～4）h_k。但在实际工程中，一般仍近似认为转折断面 c—c 处的水深为 h_k。

5.2.2.2　水跃

水跃是明渠水流从急流状态过渡到缓流状态时，水面突然跃起的局部水力现象。例如，水闸、溢流堰泄流过程中，水流位能转化为动能，所以泄流建筑物下游附近水流多为急流状态，如果建筑物下游河（渠）道中水流为缓流，急流到缓流就会产生水跃现象。水跃的特点是：在很短的距离内，水深急剧增加，流速相应减小。图5.12为水闸下游产生的水跃。水跃区的水流结构可分为两部分：上部是不断翻腾旋滚，因掺入空气而呈白色，称为表面水滚区；在表面水滚区下面是主流，是流速急剧变化的区域，为底部主流区。在表面水滚区和底部主流区两者的交界面上流速梯度很大，紊动混掺强烈，液体质点不断地穿越交界面进行交换，由于水跃内部水体的强烈摩擦混掺而消耗大量机械能，因此泄水建筑物下游通常把水跃作为消能的有效方式之一。

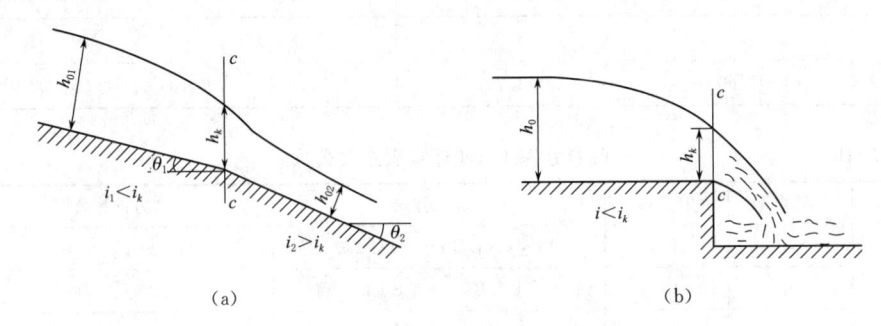

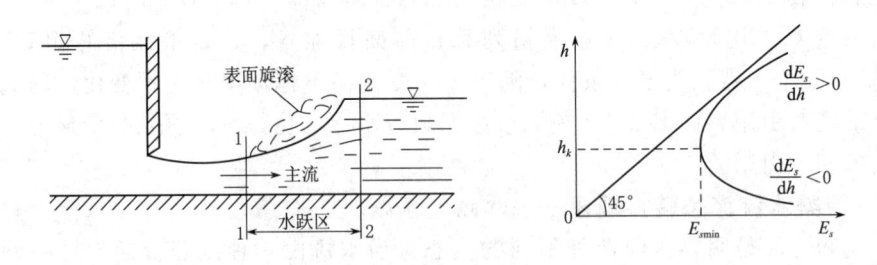

图5.11 水跃示意图（一）

图5.12 水跃示意图（二）

图5.12中，水跃上游水流为急流，水深$h<h_k$，闸后下游渠道水流往往是缓流，水深$h>h_k$。水流在从急流过渡到缓流过程中，水流必然会急剧通过临界水深，向下游跃起，在跃后水压力顶托的作用下，垂直跃起的水流向前倾倒，形成水跃现象。

水跃的跃前断面1—1和跃后断面2—2的水深，分别称为跃前水深h'和跃后水深h''，它们决定了水跃发生的位置，两者遵循一定规律有对应关系，这一对水深称为共轭水深。跃后水深与跃前水深之差叫水跃高度。跃前与跃后两断面间的距离，叫水跃长度。水跃水力计算的主要任务是求解共轭水深和计算水跃的长度。

5.2.3 水跃的基本方程及其水力计算

5.2.3.1 棱柱体平底明渠的水跃方程

要求解水跃的共轭水深，就必须推导出水跃的共轭水深关系式，即水跃方程式。图5.13为一棱柱体水平明渠中的水跃，这种不采取任何工程措施而产生的水跃，称为自由水跃。由于水跃区水流非常紊乱，能量损失很大，且不易求得，所以无法用能量方程建立自由水跃的共轭水深关系,只能应用动量方程式来推求。

设渠道中通过的流量为 Q,跃前断面 1—1 的水深为 h',断面平均流速为 v_1;跃后断面 2—2 的水深为 h'',断面平均流速为 v_2;水跃长度为 L_j。取跃前断面 1—1 和跃后断面 2—2 之间的水体为隔离体,并作如下假定:

(1) 因水跃长度不大,水流与槽身之间的摩擦力与水跃两端的水压力相比甚小,可以忽略不计。

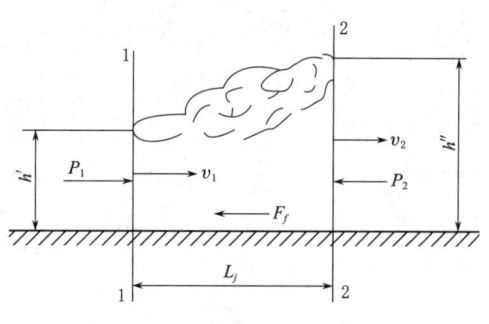

图 5.13 水跃方程推导

(2) 跃前、跃后两断面上的水流满足渐变流条件,动水压强分布可以按静水压强的分布规律计算,故作用于跃前和跃后两断面上的动水总压力分别为 $P_1=\gamma h_{c1}A_1$、$P_2=\gamma h_{c2}A_2$。式中,A_1、A_2 分别表示跃前、跃后断面的面积,h_{c1}、h_{c2} 分别表示跃前、跃后断面形心处的水深。

(3) 跃前、跃后断面的动量修正系数 $\beta_1=\beta_2=1$。

对 1—1 断面和 2—2 断面列动量方程,得

$$\gamma h_{c1}A_1 - \gamma h_{c2}A_2 = \frac{\gamma Q}{g}(v_2 - v_1)$$

根据连续方程 $v_1=\dfrac{Q}{A_1}$,$v_2=\dfrac{Q}{A_2}$ 代入上式并整理得

$$\frac{Q^2}{gA_1} + A_1 h_{c1} = \frac{Q^2}{gA_2} + A_2 h_{c2} \tag{5.37}$$

式 (5.37) 就是棱柱体水平明渠的水跃方程式。

当渠道的断面形状、尺寸一定时,上式中的断面面积 A 和形心在水面以下深度 h_c 都是水深 h 的函数。因此当流量 Q 一定时,水跃方程左、右两边分别是跃前水深 h' 和跃后水深 h'' 的函数,此函数称为水跃函数,并以 $J(h)$ 表示,即

$$J(h) = \frac{Q^2}{gA} + A h_c \tag{5.38}$$

水跃方程可以写为 $$J(h') = J(h'') \tag{5.39}$$

式 (5.39) 表明,对于平底棱柱体明槽,跃前水深与跃后水深所对应的水跃函数值应相等。

5.2.3.2 棱柱体平底明渠共轭水深的计算

根据水跃方程式可知,只要已知共轭水深中的一个便可求出另一个。但水跃方程中的 A 和 h_c 都与共轭水深有关,除矩形断面外,一般来讲,共轭水深不易直接求出,通常需采用图解法求解。方法是:在给定流量、断面形状和尺寸的情况下,设不同的水深 h,可算出一系列与水深相应的水跃函数值 $J(h)$。以 h 为纵坐标、$J(h)$ 为横坐标,可以绘出 $J(h) \sim h$ 关系曲线,称为水跃函数曲线,如图 5.14 所示。

设矩形断面明槽的底宽为 b,则单宽流量 $q=Q/b$。将 $Q=bq$,$A=bh$,$h_c=\dfrac{h}{2}$,

代入式（5.37），化简整理得

$$h''=\frac{h'}{2}\left(\sqrt{1+\frac{8q^2}{gh'^3}}-1\right) \quad (5.40)$$

$$h'=\frac{h''}{2}\left(\sqrt{1+\frac{8q^2}{gh''^3}}-1\right) \quad (5.41)$$

式（5.40）、式（5.41）即为矩形棱柱体平底明渠的共轭水深计算公式。因 $\frac{q^2}{gh'^3}=Fr_1^2$、$\frac{q^2}{gh''^3}=Fr_2^2$，式（5.40）、式（5.41）可改写为

$$h''=\frac{h'}{2}(\sqrt{1+8Fr_1^2}-1) \quad (5.42)$$

$$h'=\frac{h''}{2}(\sqrt{1+8Fr_2^2}-1) \quad (5.43)$$

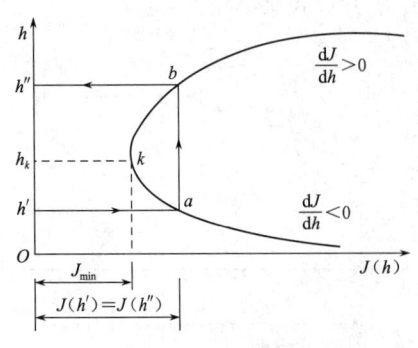

图 5.14 水跃函数曲线

式中 Fr_1、Fr_2——跃前断面和跃后断面的弗劳德数。

利用上面两组公式可直接计算矩形棱柱体平底明槽中的水跃共轭水深。

5.2.3.3 棱柱体水平明渠中的水跃长度

水跃长度是水工建筑物下游消能段长度设计的主要依据之一。由于水跃现象非常复杂，至今仍无计算水跃长度的成熟理论公式。工程实际中仍采用经验公式进行计算，常用的矩形断面跃长计算经验公式有：

(1) 欧勒佛托斯基公式 $\quad L_j=6.9(h''-h') \quad (5.44)$

(2) 切尔托乌索夫公式 $\quad L_j=10.3h'(Fr_1-1)^{0.81} \quad (5.45)$

(3) 陈椿庭公式 $\quad L_j=9.4(Fr_1-1)h' \quad (5.46)$

式中 h'、h''——跃前、跃后水深，m；

Fr_1——跃前断面的弗劳德数。

对于梯形断面平底明渠中的水跃长度，可查阅相关书籍。

注意：①由于水跃紊动强烈，水跃断面的位置前后摆动不定，水跃长度的估测结果差异较大，因此不同学者总结出水跃长度的经验公式较多，且计算结果出入较大。应注意经验公式的适用条件。②上述公式给出的水跃长度都是时均值。③实际水跃长度随渠壁粗糙程度的增加而缩短。

【例 5.11】 某棱柱体渠道断面为矩形，底宽 $b=5.0\text{m}$。渠道上建一水闸，闸门与渠道等宽。当闸门局部开启时，通过的流量 $Q=20.4\text{m}^3/\text{s}$，闸后产生自由水跃，跃前水深 $h'=0.62\text{m}$，求跃后水深 h''，并计算水跃的长度。

解：（1）求解跃后水深 h''。

跃前断面流速 $\quad v_1=\dfrac{Q}{bh'}=\dfrac{20.4}{5\times 0.62}=6.581(\text{m/s})$

跃前弗劳德数 $\quad Fr_1=\dfrac{v_1}{\sqrt{gh'}}=\dfrac{6.581}{\sqrt{9.8\times 0.62}}=2.67$

跃后断面水深

$$h'' = \frac{h'}{2}(\sqrt{1+8Fr_1^2}-1) = \frac{0.62}{2}(\sqrt{1+8\times 2.67^2}-1) = 2.05(\text{m})$$

(2) 估算水跃长度 L_j。

用式 (5.44) 计算：$L_j = 6.9(h''-h') = 6.9\times(2.05-0.62) = 9.87(\text{m})$

用式 (5.45) 计算：$L_j = 10.3h'(Fr_1-1)^{0.81} = 10.3\times 0.62\times (2.67-1)^{0.81}$
$= 9.67(\text{m})$

用式 (5.46) 计算：$L_j = 9.4(Fr_1-1)h' = 9.4\times(2.67-1)\times 0.62 = 9.73(\text{m})$

从上面的计算结果看，只要在公式的应用范围内，各公式的计算结果相差不大。

5.2.4　棱柱体渠道恒定非均匀渐变流水面曲线的分析与计算

5.2.4.1　明渠恒定非均匀渐变流的水力计算

分析计算明渠非均匀流问题，必须遵循非均匀流的基本方程式。下面利用能量方程式，首先推导非均匀渐变流微分方程的一般形式。

1. 明渠恒定非均匀渐变流的基本微分方程

图 5.15 表示底坡为 i 的明渠非均匀渐变流。沿流动方向任取一微小流段 dl，其上游断面 1—1 的水深为 h，水位为 z，断面平均流速为 v，底部高程为 z_0；下游断面 2—2 的水深、水位、断面平均流速、渠底高程可分别表示为 $h+dh$、$z+dz$、$v+dv$ 和 z_0+dz_0。由于水流为渐变流，以 0—0 为基准面，对 1—1、2—2 断面建立能量方程，得

$$z_0 + h\cos\theta + \frac{\alpha_1 v^2}{2g} = (z_0+dz_0) + (h+dh)\cos\theta$$
$$+ \frac{\alpha_2(v+dv)^2}{2g} + dh_f + dh_j \tag{5.47}$$

式中　dh_f、dh_j——1—1、2—2 断面间的沿程水头损失和局部水头损失。

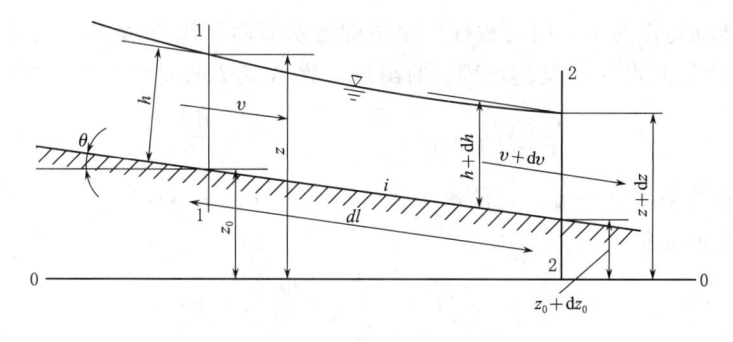

图 5.15　明渠恒定非均匀渐变流微分方程

因为　$\dfrac{\alpha_2(v+dv)^2}{2g} = \dfrac{\alpha_2}{2g}[v^2 + 2vdv + (dv)^2]$

已略去高阶微量，则

$$\frac{\alpha_2(v+\mathrm{d}v)^2}{2g} \approx \frac{\alpha_2}{2g}(v^2+2v\mathrm{d}v) = \frac{\alpha_2 v_2^2}{2g}\mathrm{d}\left(\frac{\alpha_2 v_2^2}{2g}\right)$$

令 $\alpha_1=\alpha_2=1$，并将上式及 $\mathrm{d}z_0 = -i\mathrm{d}l$ 代入式（5.47）化简得

$$i\mathrm{d}l = \mathrm{d}h\cos\theta + \mathrm{d}\left(\frac{\alpha v^2}{2g}\right) + \mathrm{d}h_f + \mathrm{d}h_j \tag{5.48}$$

沿程水头损失 $\mathrm{d}h_f$ 近似用均匀流公式计算，则

$$\mathrm{d}h_f = \frac{Q^2}{K^2}\mathrm{d}l = J\mathrm{d}l$$

式中　K——流量模数；

　　　J——沿程水头损失坡降，称为摩阻坡度。

并将上式及 $\mathrm{d}h_f$、$\mathrm{d}h_j$、$\mathrm{d}z_0$ 代入式（5.48）化简得

$$i\mathrm{d}l = \mathrm{d}h\cos\theta + (\alpha+\zeta)\mathrm{d}\left(\frac{\alpha v^2}{2g}\right) + J\mathrm{d}l \tag{5.49}$$

当底坡较小（$i<1/10$）时，$\cos\theta\approx 1$，则式（5.49）可写作

$$i\mathrm{d}l = \mathrm{d}h + (\alpha+\zeta)\mathrm{d}\left(\frac{v^2}{2g}\right) + J\mathrm{d}l \tag{5.50}$$

式（5.49）、式（5.50）就是明渠恒定非均匀流的基本微分方程。

2. 棱柱体明渠水深沿程变化的微分方程

对于人工渠道，渠底一般为平面，水深沿流程的变化能够反映出水面线的变化。为了便于分析人工棱柱体渠道的水面线，可将明渠非均匀流的基本微分方程变换为水深沿流程变化的形式。人工渠道的底坡一般都较小，可取 $\cos\theta=1$，下面仅讨论这种情况。

将式（5.50）两端同除以 $\mathrm{d}l$，经整理则有

$$i - J = \frac{\mathrm{d}h}{\mathrm{d}l} + (\alpha+\zeta)\frac{\mathrm{d}}{\mathrm{d}l}\left(\frac{v^2}{2g}\right) \tag{5.51}$$

设明渠水面宽度为 B，因为棱柱体渠道的过水断面面积 A 是水深的函数，即 $A=f(h)$，而非均匀流水深 h 又是流程 l 的函数，故 A 是 l 的复合函数，则可得

$$\frac{\mathrm{d}}{\mathrm{d}l}\left(\frac{v^2}{2g}\right) = \frac{\mathrm{d}}{\mathrm{d}l}\left(\frac{Q^2}{2gA^2}\right) = -\frac{Q^2}{gA^3}\frac{\mathrm{d}A}{\mathrm{d}l}$$

因为棱柱体明渠渐变流，局部水头损失很小，可忽略不计，$\zeta=0$，将上式代入式（5.51），整理简化得

$$i - J = \frac{\mathrm{d}h}{\mathrm{d}l}\left(1 - \frac{\alpha v^2}{g\frac{A}{B}}\right) = \frac{\mathrm{d}h}{\mathrm{d}l}(1 - Fr^2)$$

则有

$$\frac{\mathrm{d}h}{\mathrm{d}l} = \frac{i-J}{1-Fr^2} \tag{5.52}$$

式（5.52）就是棱柱体明渠水深沿程变化的微分方程，主要用于分析棱柱体明渠非均匀渐变流水面线的变化规律。

3. 明渠恒定非均匀渐变流断面比能沿流程变化的微分方程

对于人工渠道，不管是棱柱体渠道还是非棱柱体渠道，只要其水流为恒定非均匀渐变流，其局部水头损失 dh_j 都很小，可以忽略不计，于是非均匀渐变流的一般方程式（5.50）又可以改写成下面的形式

$$i\,dl = dh + d\left(\frac{\alpha v^2}{2g}\right) + J\,dl = d\left(h + \frac{\alpha v^2}{2g}\right) + J\,dl$$

因为上式为断面比能 $E_s = h + \frac{\alpha v^2}{2g}$ 的微小增量。因此，方程式（5.50）又可用断面比能 E_s 沿流程的变化来表示 $i\,dl = dE_s + J\,dl$

将上式两边同除以 dl，整理后得

$$\frac{dE_s}{dl} = i - J \tag{5.53}$$

式（5.53）为人工渠道中恒定非均匀渐变流断面比能沿流程变化的微分方程。该式表明，断面比能沿程的变化与水流的均匀程度有关，它是一般明渠中恒定非均匀渐变流水面曲线计算的基本公式。

5.2.4.2 棱柱体渠道恒定非均匀渐变流水面曲线的定性分析

明渠非均匀渐变流的水面线比较复杂，在进行定量计算之前，对水面线的性质、形状作定性分析是很有必要的。

利用式（5.52），可定性分析棱柱体渠道水面线的沿程变化。当 $\frac{dh}{dl} > 0$ 时，表明水深沿程增加，水流作减速流动，称为壅水曲线；当 $\frac{dh}{dl} < 0$ 时，水深沿程减小，水流作加速流动，称为降水曲线；当 $\frac{dh}{dl} \to 0$ 时，水深沿程不变，趋于均匀流动；当 $\frac{dh}{dl} \to \pm\infty$ 时，由式（5.52）可知 $Fr \to 1$，则水深趋于临界水深，即 h 趋近 h_k，必然产生水跃或水跌。水面线的具体形式取决于明渠底坡大小和水流流态。

1. 水面线的分类

从式（5.52）可以看出，水深沿流程的变化率 $\frac{dh}{dl}$ 与渠道的底坡 i 有关，明渠的底坡不同，可以产生不同形式的水面线。为了便于分析，需根据底坡对水面线进行分类。明渠底坡分为5种：平坡（$i=0$）、缓坡（$i<i_k$）、陡坡（$i>i_k$）、临界坡（$i=i_k$）和逆坡（$i<0$）。因临界水深与渠道底坡无关，故5种底坡上都可以产生临界流，用 $K-K$ 线表示渠道的临界水深线，只有正坡棱柱体渠道中可以产生均匀流，用 $N-N$ 线表示渠道的正常水深线，$K-K$ 线表示渠道的临界水深线（$N-N$ 线和 $K-K$ 线分别是水深等于正常水深 h_0 和临界水深 h_k，且与渠底平行的直线）。那么用 $N-N$ 线可以判别水流是均匀流还是非均匀流，用 $K-K$ 线可以判别水流是急流还是缓流。

$N-N$ 线、$K-K$ 线、渠底线三条线将渠道水流流过的空间分为3个区域，$N-N$ 线或 $K-K$ 线之上为 a 区，$N-N$ 线与 $K-K$ 线之间为 b 区，$N-N$ 线或 $K-K$

线之下，渠底之上为 c 区。

5 种底坡上 3 个区域将渠道水流流过的空间共分为 12 个区域，渐变流水面落在哪个区域，就是哪个区域的水面线，如此可以得到 12 条渐变流水面曲线。按照渠道底坡与所在区域分别给这 12 条水面曲线编号，为便于记忆，编成顺口溜"平、缓、陡、临、逆"，"0、1、2、3、′（对应的上下角标）"。如：平坡，无正常水深，所以没有 a 区，只有 b 区和 c 区，又因右下角标为"0"，所以落在 b 区、c 区的水面线为 b_0、c_0，平坡只有这两条水面线；缓坡，可以产生均匀流，有正常水深线 N—N 线，也有 K—K 线，所以有 a、b、c 三个区域，右下角标为"1"，所以缓坡上有 a_1、b_1、c_1 三条水面线；同理可得：陡坡，有 a_2、b_2、c_2 三条水面线；临界坡，$h=h_k$，N—N 线与 K—K 线重合，没有 b 区，只有 a 区和 c 区，所以有 a_3、c_3 两条水面线；逆坡，无 N—N 线，即无 a 区，只有 b'、c' 两条水面线。综合上述 12 条水面曲线，其编号分别为 b_0、c_0、a_1、b_1、c_1、a_2、b_2、c_2、a_3、c_3、b'、c'。如图 5.16、图 5.17 所示。

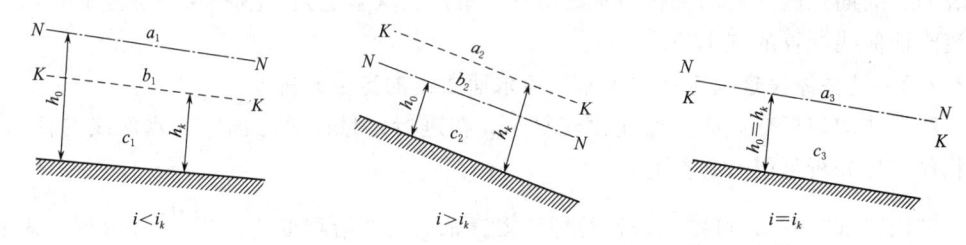

图 5.16 （正坡）河（渠）道水流空间的分区

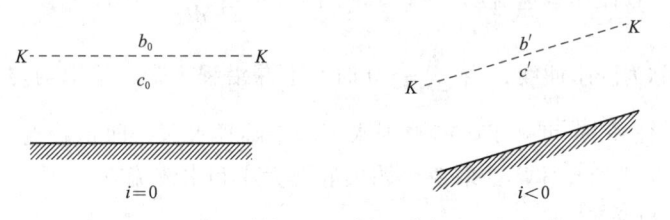

图 5.17 （平、逆坡）河（渠）道水流空间的分区

2. 水面线定性分析

棱柱体明渠中的各种水面线的定性分析，可以从式（5.52）得出。下面以缓坡渠道为例，分析各区水面线的形式。

（1）a 区。该区水深为 h，且有 $h>h_0>h_k$，所以为缓流，故 $Fr<1$，$1-Fr^2>0$；$h>h_0$，水力坡度（摩阻坡度）$J<i$，$i-J>0$，可得 $dh/dl>0$，水深沿程增加，为 a_1 型壅水曲线。当 $h\to\infty$ 时，$J\to 0$，$Fr\to 0$，$\dfrac{dh}{dl}=i$，水面线趋近水平线。这就是说 a_1 型水面线的下游以水平线为渐近线。向上游水深减小，当 $h\to h_0$ 时，$J\to i$，$Fr\to 0$，$\dfrac{dh}{dl}\to 0$，趋于均匀流动。所以 a_1 型水面线的上游端以正常水深线 N—N 线为渐近线，下游以水平线为渐近线 [图 5.18（a）]。在缓坡渠道上修建的挡水建筑物，当抬高上游水位，使上游控制水深 $h>h_0$ 时，建筑物上游出现的水面线就是 a_1 型壅水曲线［图 5.18（b）］。

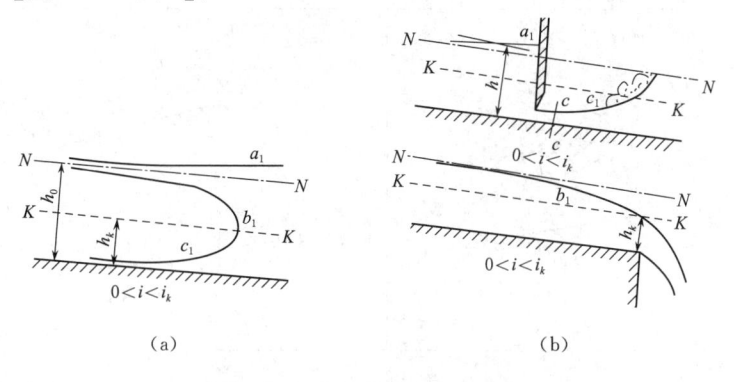

图 5.18 分析各区水面线型式

(2) b 区。该区水深为 h，且有 $h_0>h>h_k$，则 $Fr<1$，$1-Fr^2>0$；$h<h_0$，$J>i$，$i-J<0$，由式（5.52）得 $dh/dl<0$，故水深沿程减小，为 b_1 型降水曲线。向下游水深减小，当 $h \to h_k$ 时，$Fr \to 1$，$1-Fr^2 \to 0$，$\dfrac{dh}{dl} \to \infty$，水面线与 $K-K$ 线有成正交的趋势，将出现从缓流向急流转换的水跌现象。向上游水深增大，当 $h \to h_0$ 时，$J \to i$，$i-J \to 0$，$\dfrac{dh}{dl} \to 0$，水深沿程不变，趋于均匀流动［图 5.18（a）］。当缓坡渠道的下游存在跌坎时，跌坎上游的水面线便是 b_1 型降水曲线［图 5.18（b）］。

(3) c 区。该区水深 $h<h_k<h_0$，$h<h_0$，$J>i$，$i-J<0$；$h<h_k$，$Fr>1$，$1-Fr^2<0$，由 $dh/dl>0$，水深沿程增加，为 c_1 型壅水曲线。向下游水深增大，当 $h \to h_k$ 时，$Fr \to 1$，$1-Fr^2 \to 0$，$\dfrac{dh}{dl} \to \infty$，水面线有与 $K-K$ 线成正交的趋势，将产生水跃现象［图 5.18（a）］。c_1 型水面线的上游端的水深不可能为 0，其最小水深通常是由水工建筑物控制的。在缓坡渠道上修建的水闸，当闸门局部开启时，闸门后收缩断面 $c-c$ 的水深 $h_c<h_k$，为急流，在流动过程中克服阻力，断面单位能量减小，水深增大，自 $c-c$ 断面至跃前断面就是 c_1 型壅水曲线［图 5.18（b）］。

用同样的方法，可以分析陡坡、临界坡、平坡和逆坡棱柱体渠道上的水面线，这里不再一一进行讨论。图 5.19 给出了陡坡、临界坡、平坡和逆坡上各类水面线的型式及实例供参考。需要指出的是，a_3 型和 c_3 型水面线，当水深 $h \to h_k$ 时，水面线以水平线为渐近线，这两种水面线实际上是很少出现的。

3. 水面线分析应注意的问题

12 种水面线既有共同的规律，又有各自的特点，分析时应注意以下几个问题：

(1) 所有 a 区和 c 区只能产生壅水曲线，b 区只能产生降水曲线。

(2) 无论何种底坡，每一个流区只可能有一种确定的水面曲线型式。如缓坡上的 a 区，只能是 a_1 型壅水曲线，没有其他型式的水面线。

水面曲线类型	实例

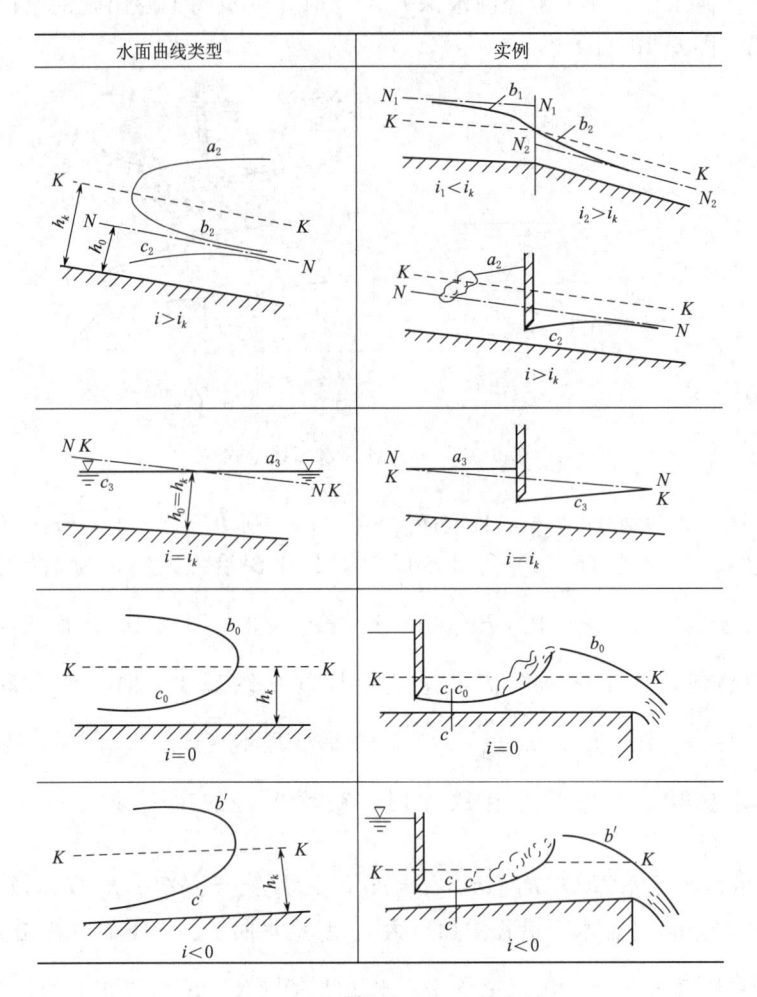

图 5.19　水面曲线类型及其实例

（3）对于正坡渠道，当渠道很长，在非均匀流影响不到的地方，水深 $h \to h_0$，水面线与 $N-N$ 线相切，水流趋近均匀流动。水面线与 $K-K$ 线相趋近时，是以相垂直的方式趋近 $K-K$ 线。

（4）水流由缓流过渡为急流产生水跌，在底坡由缓坡变为陡坡或有跌坎的转折断面上，水深近似等于临界水深 h_k。水流由急流过渡到缓流发生水跃，水跃的位置应根据临界式水跃的跃后水深与下游水深相比较而确定。

（5）分析、计算水面线必须从已知水深的断面开始，这种断面称为控制断面。例如，当明渠中的水深受水工建筑物的控制时，建筑物上、下游的水深（详见项目六）作为控制水深；在跌坎上或其他缓流过渡为急流时的临界水深 h_k 即为控制水深。

（6）因为急流中的干扰波不能向上游传播，缓坡中的干扰波能向上游传播，所以急流应自上而下分析、推算水面线；缓流的控制水深在下游，应自下而上分析、推算水面线。

4. 水面线定性分析举例

分析的前提条件是先牢牢记住 12 条水面线的型号和形状（不记住是无法分析的），型号按顺口溜记忆，即"平、缓、陡、临、逆"；"0、1、2、3、′"。平坡对应右下角标 0，无正常水深，故只有 b_0、c_0。两条水面线，缓坡对应右下角标 1，其他类推，只有逆坡是右上角标"′"。

形状按壅、降水及趋向性记忆：a、c 区只能产生壅水，b 区只能产生降水；还要区别是下凹的壅水、降水还是上凸的壅水、降水。这要看水面线的趋向，如是趋向于 $N—N$ 线，则是以相切的方式与 $N—N$ 线相连接，就只能凸面向着 $N—N$ 线；如是趋向于 $K—K$ 线，则是以相垂直的方式趋向于 $K—K$ 线，就只能凹面向着 $K—K$ 线（只要记住了水面线与 $N—N$ 线相切，与 $K—K$ 线相垂直，就记住了水面线的凹凸性）。

分析步骤（刚开始一定要按步骤做）：

(1) 先画出 $N—N$ 线和 $K—K$ 线，平坡、逆坡只画 $K—K$ 线。

(2) 找出突变断面（渠道上发生改变的断面），如变坡处闸、坝前后等。

(3) 从上游第 1 突变断面开始分析，分析断面前后的流态，流态变换只有 4 种情况：缓变急（即缓流变急流）、急变缓、缓变缓、急变急。缓变急发生水跌，即降水曲线，只能是 b 型水面线，再由所在底坡决定其右角标；急变缓，发生水跃（3 种水跃任画一种）；急变急，则因水波不能向上游传播，从断面向下游分析，上游不变，如断面上游水深小于断面下游水深，则是壅水曲线，定是 c 型水面线，再由所在底坡决定其角标，反之，则是降水曲线，定是 b 型水面线；缓变缓，水波可向上游传播，从断面向上游分析，其下游不变，上游水深小于下游水深，则是壅水曲线，定是 a 型水面线，再由所在底坡决定其角标，反之，则是降水曲线，定是 b 型水面线，再由所在底坡决定其角标。注意对于平坡、逆坡，没有正常水深，在没有障碍时，直接画 b 型水面线；有障碍时如闸、坝后，均有一收缩断面，断面前为急变流（不在分析范围内），断面后是 c 型水面线。

(4) 按与 $N—N$ 线相切，与 $K—K$ 线相垂直的方式画出水面线。

在水面线型式分析中，两相邻渠段底坡一定不相同，可能是一缓一陡，也可能都是陡坡或都是缓坡，无论什么情形，它们的 $N—N$ 线与 $K—K$ 线的位置关系及 $N—N$ 线高度一定有联系又有区别，务请明确清晰。

【例 5.12】 水库溢洪道为棱柱体渠道，进口设有闸门控制流量，纵剖面如图 5.20 所示。已知 $i_1=0$、$i_2>i_k$，下游河道不影响陡坡上的流动，试定性分析闸门局部开启时的沿程水面线的变化。

解：(1) 根据已知条件，分别绘出 $K—K$ 线和 $N—N$ 线。

(2) 确定控制断面，分析控制水深。水流在进口处受到闸门的控制，由于惯性的作用，闸门后存在一最小水深小于闸门的开度，称为收缩断面水深 h_c。h_c 就是闸后急流段的控制水深。平坡与陡坡的转折断面为另一控制断面，其水深受上游水流条件的影响。

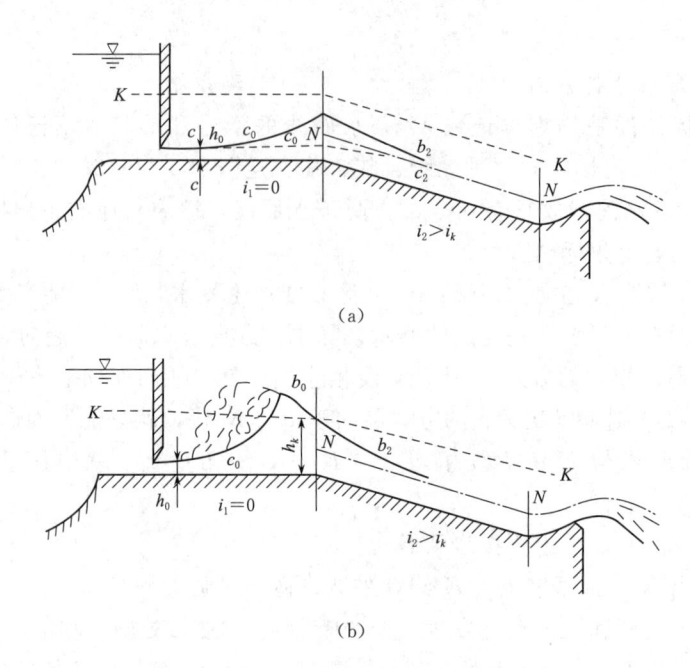

图 5.20　棱柱体水库溢洪道水面曲线分析

（3）水面线定性分析。收缩断面水深位于 c 区，收缩断面之后将出现 c_0 型壅水曲线，根据平坡段的长度不同，可以出现两种情况。

一种情况如图 5.20（a）所示，平坡段较短，c_0 型水面线由于升高至水深 $h<h_k$，已达陡坡转折断面。如果 $h<h_{02}$，在陡坡上形成 c 型壅水曲线，如图 5.20（a）中虚线所示；如果 $h_{02}<h<h_k$，则在陡坡上形成 b_2 型降水曲线，如图 5.20（a）中实线所示。陡坡上的流动为急流，如果陡坡段较长，在陡坡段下游水流趋于均匀流动，通过下游挑坎泄入下游河道。

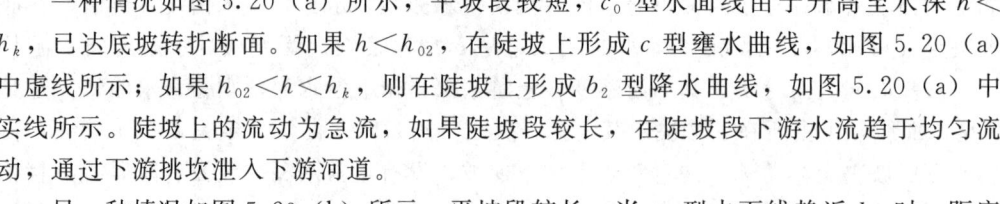

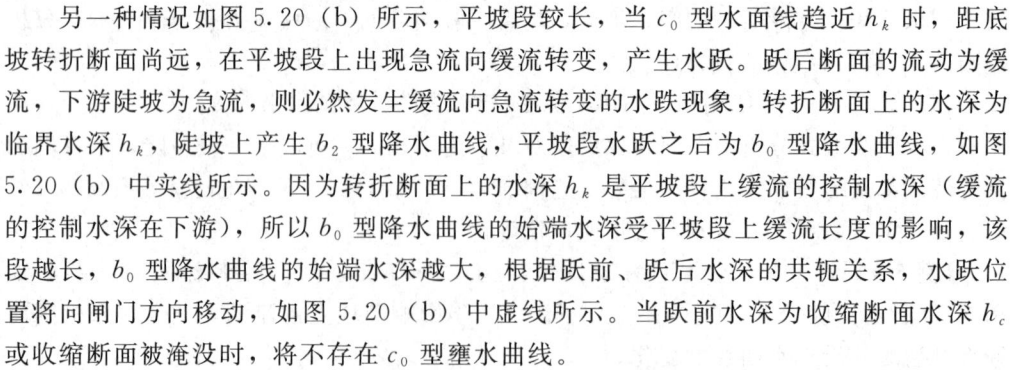

另一种情况如图 5.20（b）所示，平坡段较长，当 c_0 型水面线趋近 h_k 时，距底坡转折断面尚远，在平坡段上出现急流向缓流转变，产生水跃。跃后断面的流动为缓流，下游陡坡为急流，则必然发生缓流向急流转变的水跌现象，转折断面上的水深为临界水深 h_k，陡坡上产生 b_2 型降水曲线，平坡段水跃之后为 b_0 型降水曲线，如图 5.20（b）中实线所示。因为转折断面上的水深 h_k 是平坡段上缓流的控制水深（缓流的控制水深在下游），所以 b_0 型降水曲线的始端水深受平坡段上缓流长度的影响，该段越长，b_0 型降水曲线的始端水深越大，根据跃前、跃后水深的共轭关系，水跃位置将向闸门方向移动，如图 5.20（b）中虚线所示。当跃前水深为收缩断面水深 h_c 或收缩断面被淹没时，将不存在 c_0 型壅水曲线。

5.2.4.3　棱柱体明渠恒定非均匀渐变流水面线的水力计算

上面分析了棱柱体明渠各种水面线的变化规律，本节将研究明渠恒定非均匀渐变流水面线的计算问题。

计算明渠恒定非均匀渐变流水面线的基本方法是分段法，它适用于各种流动情况。下面分别介绍如何利用分段法计算棱柱体渠道、非棱柱体渠道的水面线。

1. 计算公式

前面已经推导出明渠恒定非均匀渐变流的基本微分方程式为

$$i\,\mathrm{d}l = \mathrm{d}h\cos\theta + (\alpha + \zeta)\mathrm{d}\left(\frac{v^2}{2g}\right) + J\,\mathrm{d}l$$

忽略局部水头损失，上式可写为 $\mathrm{d}\left(h\cos\theta + \frac{\alpha v^2}{2g}\right) = (i - J)\mathrm{d}l$

或
$$\mathrm{d}E_s = (i - J)\,\mathrm{d}l \tag{5.54}$$

式中 E_s ——断面比能，$E_s = h\cos\theta + \frac{\alpha v^2}{2g}$。

分段法是将整个流动分为有限的几段，并近似认为在每个流段内，断面比能和沿程水头损失成线性变化，这样可以把式（5.54）改写成差分的形式

$$\Delta E_s = (i - \bar{J})\Delta l \quad \text{或} \quad \Delta l = \frac{\Delta E_s}{i - \bar{J}} \tag{5.55}$$

式（5.55）就是分段法计算棱柱体明渠水面线的基本公式。式中 ΔE_s 为流段 Δl 下游断面与上游断面比能的差值。用 E_{su} 和 E_{sd} 分别表示上、下游断面的断面比能，则

$$\Delta E_s = E_{sd} - E_{su}$$

$\bar{J}$ 为流段的平均水力坡度，近似采用均匀流沿程水头损失的计算公式，则

$$\bar{J} = \frac{\bar{v}^2}{\bar{c}^2 \bar{R}} \tag{5.56}$$

式中 $\bar{v}$、$\bar{c}$、$\bar{R}$ ——流段上下游的流速、谢才系数、水力半径的平均值，$\bar{v} = \frac{v_u + v_d}{2}$

$\bar{c} = \frac{c_u + c_d}{2}$，$\bar{R} = \frac{R_u + R_d}{2}$。

2. 分段求和计算方法

用分段求和法计算水面线，首先应从控制断面开始，把非均匀流分成若干流段。流段的长度应适宜，因分段法是由差分方程代替了微分方程，所以计算精度与流段划分的长短有关。流段越短，精度越高，但工作量越大；反之则精度越低。划分流段时一般应注意以下两点：

（1）每段的断面形状及尺寸、糙率、底坡应尽可能一致，应在发生突变处的断面上分段。

（2）一般情况下，降水曲线和急流壅水曲线水面变化较快，分段宜短些；缓流壅水曲线水面变化较缓，分段可长些。

棱柱体渠道水面线计算一般有两种情况：第一种情况是已知某流段两端断面的水深，求该流段长度 Δl，可直接用式（5.55）求出 Δl，无须试算。在实际工程水力计算中，可从已知控制断面水深开始，直接按水深分段。例如，控制断面的水深为 h_1，依据水深变化情况，设水深 h_1、h_2、h_3、h_4……则 $h_1 \sim h_2$ 为第一流段，$h_2 \sim h_3$ 为第二流段，$h_3 \sim h_4$ 为第三流段……而后可按每一流段的两端水深，分别求出各流段相

应的长度 Δl_1、Δl_2、Δl_3……这样就可计算出非均匀流的水面线。第二种情况是已知流段一端的水深和流段长，求另一端的水深。可先假设另一端水深，用式（5.55）计算出 Δl，若算出的 Δl 和已知流段长度相等，则假设的水深即为所求。否则，重新假设水深再进行计算。例如，当棱柱体渠道总长度一定，按第一种情况计算出前面各断面间的距离之后，要确定最后一个流段的末端水深，便属于此种情况。

5.2.5　天然河道水面曲线计算及有关问题

水利工程渠槽中除棱柱体明渠外，还有非棱柱体明渠。例如，溢洪道陡槽的渐变段、水闸与上下游引水渠连接段的渐变段以及天然河道等就属于非棱柱体明渠。非棱柱体明渠水面线的计算，其计算公式和平均摩阻坡度的计算与棱柱体明渠相同。两者的主要区别是，非棱柱体渠道的过水断面面积与流程和水深有关，即 $A=f(l, h)$。因此，计算水面线之前，必须从控制断面开始按流程分段，才能计算出划分流段的各个断面的尺寸，再利用式（5.55）从控制断面开始逐段通过试算求出各个断面的水深。

天然河道蜿蜒曲折，无论是其横断面形状、底坡或糙率沿程均有变化，而且糙率还随水位不同及主槽滩地不同而异，这些因素就造成天然河道中水力要素变化复杂，一般情况下天然河道水流都是非均匀流。

根据天然河道的上述特点，计算水面曲线时需要根据水文及地形的实测资料，预先把河道分为若干计算河段。这种分段应使得河道横断面形状、底坡（或水面坡）及糙率在同一计算段内比较一致。当然，计算河段分得越多，计算结果也就越精确，但计算工作量及所需资料也就大大增加。分段的多少应当视具体情况而定。有人提出计算河段长度可取 2~4km，在天然状态下（未形成回水以前）每一段内的水位落差不应大于 0.75m。此外，支流汇入处应作为上、下游河段的分界。在断面变化较大或有转弯的情况下应考虑河床的局部阻力。

首先建立水面曲线计算公式。

对于天然河道，由于河底并非平面，水深变化不规则，而以水位 z 来表示水面变化规律。今将式（5.47）中河底高程与水深之和代之以水位，即 $z_0+h=z_1$，$(z_0+\mathrm{d}z_0)+(h+\mathrm{d}h)=z_2$，$v=v_1$，$v+\mathrm{d}v=v_2$，$\mathrm{d}h_f=\Delta h_f$，$\mathrm{d}h_j=\Delta h_j$，则式（5.47）可写为

$$z_1+\frac{\alpha_1 v_1^2}{2g}=z_2+\frac{\alpha_2 v_2^2}{2g}+\Delta h_f+\Delta h_j \tag{5.57}$$

式中 Δh_f 和 Δh_j 分别为断面 1 和 2 之间的沿程水头损失和局部水头损失。沿程水头损失可近似地用均匀流公式计算，即 $\Delta h_f=\frac{Q^2}{\overline{K}^2}\Delta l$，式中 $\overline{K}$ 为断面 1 和 2 的平均流量模数。局部水头损失 Δh_j 是由于过水断面沿程变化所引起的，可用下式计算：

$$\Delta h_j=\overline{\zeta}\left(\frac{v_2^2}{2g}-\frac{v_1^2}{2g}\right)$$

式中，$\overline{\zeta}$ 为河段的平均局部水头损失系数，与河道断面变化情况有关。在顺直河段，$\overline{\zeta}=0$。在收缩河段，水流不发生回流，其局部水头损失很小，可以忽略，取 $\zeta=0$。

在扩散河段，水流常与岸壁分离而形成回流，引起局部水头损失，扩散越大，损失越大。急剧扩散的河段，可取 $\bar{\zeta}=-(0.5\sim1.0)$；逐渐扩散的河段，取 $\bar{\zeta}=-(0.3\sim0.5)$。因扩散段的 $v_1>v_2$，而 Δh_j 是正值，故 $\bar{\zeta}$ 取负号。

将 Δh_f 和 Δh_j 的关系式代入式（5.57）得

$$z_1+\frac{\alpha_1 v_1^2}{2g}=z_2+\frac{\alpha_2 v_2^2}{2g}+\frac{Q^2 \Delta l}{\bar{K}^2}+\bar{\zeta}\left(\frac{v_2^2}{2g}-\frac{v_1^2}{2g}\right) \tag{5.58}$$

式（5.58）为天然河道水面曲线一般计算公式。

如所选河段比较顺直均匀，且横断面形状和断面面积变化都不大，有 $v_1\approx v_2$，河段两端断面的流速水头差和局部水头损失可略去不计，则式（5.58）可简化为

$$z_1-z_2=\frac{Q^2 \Delta l}{\bar{K}^2} \tag{5.59}$$

上式表明，在上述给定的条件下，水面坡度（测压管坡度）$\Delta z/\Delta l$ 等于水力坡度 $Q^2/\bar{K}^2$。利用式（5.58）或式（5.59），可进行水面曲线计算。

天然河道水面曲线的计算，就是求解式（5.58）。当式（5.58）中沿程损失和局部损失都考虑时，计算比较麻烦。鉴于当今计算能力的提高，沿程损失和局部损失均可加以考虑，直接应用式（5.58）进行试算，故本节仅介绍试算法。试算法原理同棱柱体渠道水面线计算的第二种情况。

计算天然河道水面曲线，应已知河道通过的流量 Q、河道糙率 n、河道平均局部水头损失系数 $\bar{\zeta}$、计算河段长度 Δl 以及控制断面水位 z。若已知下游控制断面水位 z_2，则可由下游向上游逐段推算，此时与 z_2 有关的量均属已知。下面根据恒定总流能量方程推导天然河道水面曲线计算的具体公式。

整理式（5.58）等号两边的已知量与未知量，并将 $v=Q/A$ 代入，则有

$$z_1+\frac{\alpha_1+\bar{\zeta}}{2g}\frac{Q^2}{A_1^2}-\frac{Q^2}{\bar{K}^2}\Delta l=z_2+\frac{\alpha_2+\bar{\zeta}}{2g}\frac{Q^2}{A_2^2} \tag{5.60}$$

上式等号右边为 z_2 的函数，可由已知条件求得，以 B 表示；左边为 z_1 的函数，以 $f(z_1)$ 表示，上式简化为 $\qquad f(z_1)=B \tag{5.61}$

若已知天然河道下游水位 z_2，计算时，先假设一系列 z_1，列表计算相应的 $f(z_1)$，并绘制出 $z_1\sim f(z_1)$ 曲线，当 $f(z_1)=B$ 时的 z_1 即为所求。依法逐段向上游推算，可得天然河道各断面水位。反之，若已知上游水位 z_1，则可从上游往下游逐段推算 z_2。

项目 5 能力与素质训练题

【能力训练】

5.1 某水库泄洪隧道，断面为圆形，直径 d 为 8m，底坡 i 为 0.002，粗糙系数 n 为 0.014，水流为无压均匀流，若按水力最佳断面设计原理，试求隧道中流量达到

最大时的水深，并计算其泄洪流量。

5.2 一梯形断面黏土渠道，初步设计底坡 i 为 0.005，边坡系数 m 为 1.5，糙率 n 为 0.025，流量为 5.0m³/s。(1) 已知底宽 b 为 2.0m，试用试算法和查图法求渠中正常水深，并校核渠中流速；(2) 若设定渠中正常水深为 $h_0=1.0$m，试设计渠道底宽 b；(3) 若宽深比 $\beta=1.5$，试求其断面尺寸及安全超高。

5.3 欲开挖一梯形断面土渠。已知流量 $Q=10$m³/s，边坡系数 $m=1.5$，粗糙系数 $n=0.02$，为防止冲刷的最大允许流速 1.0m/s，试求：①按水力最佳断面条件设计断面尺寸；②渠道的底坡 i 为多少？③若已知水深 $h=1.5$m，底宽 $b=5$m，底坡 $i=0.0005$，求 n 及 v。

5.4 某梯形渠道，底宽 $b=5$m，边坡系数 $m=1.5$，当通过流量 $Q=28$m³/s 时，正常水深 $h_0=2.58$m。求：①干扰波波速；②弗劳德数；③临界底坡；④判别水流的流态。

5.5 已知无压圆管，$d=4$m，$Q=15.3$m³/s 时的正常水深 $h_0=3.25$m。求：①临界水深；②临界流速；③弗劳德数；④判别均匀流动的流态。

5.6 已知梯形断面渠道的底宽 $b=1$m，边坡系数 $m=1$。在水平渠段上发生的水跃共轭水深分别为 $h'=0.2$m 和 $h''=0.6$m，求通过渠道的流量 q。

$$梯形断面形心的深度 h_c = \frac{h(3b+2bh)}{6(b+mh)}$$

【素质训练】

5.7 明渠水流的特点有哪些？发生明渠均匀流的条件有哪些？平坡和逆坡上能否发生均匀流？为什么？

5.8 在我国铁路现场中，路基排水的最小梯形断面尺寸一般规定如下：其底宽 b 为 0.4m，过流深度 h 按 0.6m 考虑，沟底坡度 i 规定最小值为 0.002。现有一段梯形排水沟在土层开挖（$n=0.025$），边坡系数 $m=1$，b、h 和 i 均采用上述规定的最小值，问此段排水沟按曼宁公式计算其通过的流量有多大？

5.9 一路基排水沟需要通过流量 Q 为 1.0m³/s，沟底坡度 i 为 4/1000，水沟断面采用梯形，并用小片石干砌护面，$n=0.02$，边坡系数 m 为 1。试按水力最佳断面条件决定此排水沟的断面尺寸。

【扩展阅读】

京 杭 大 运 河

京杭大运河始建于春秋时期，是世界上里程最长、工程最大的古代运河，也是最古老的运河之一，与长城、坎儿井并称为中国古代的三项伟大工程，并且使用至今，是中国古代劳动人民创造的一项伟大工程，是中国文化地位的象征之一。大运河南起余杭（今杭州），北到涿郡（今北京），途经今浙江、江苏、山东、河北四省及天津、北京两市，贯通海河、黄河、淮河、长江、钱塘江五大水系，主要水源为微山湖，大运河全长约 1794km。运河对中国南北地区之间的经济、文化发展与交流，特别是对沿线地区工农业经济的发展起了巨大作用。

  2002年，大运河被纳入了"南水北调"东线工程。2014年6月22日，第38届世界遗产大会宣布，中国大运河项目成功入选《世界文化遗产名录》，成为中国第46个世界遗产项目。2019年2月，中共中央办公厅、国务院办公厅印发了《大运河文化保护传承利用规划纲要》；2019年10月，京杭大运河通州城市段11.4km河道已正式实现旅游通航。2021年6月26日，京杭大运河北京段通航，创造多项新的历史。截至2022年4月28日，京杭大运河全线水流贯通。

  京杭大运河显示了中国古代水利航运工程技术领先于世界的卓越成就，留下了丰富的历史文化遗存，孕育了一座座璀璨明珠般的名城古镇，积淀了深厚悠久的文化底蕴，凝聚了中国政治、经济、文化、社会诸多领域的庞大信息。大运河与长城同是中华民族文化身份的象征。

项目 6

堰闸泄流能力分析与计算

【知识目标】

了解堰流与闸孔出流的概念；了解闸孔出流与堰流的特点及分类；掌握堰流及闸孔出流的流量公式。

【能力目标】

能够判别堰流与闸孔出流的水流现象；能够正确地进行实用堰与宽顶堰的水力计算；能够熟练进行闸孔出流的水力计算。

【素养目标】

培养学生的爱岗敬业意识；培养学生的安全意识；培养学生的团结协作能力；弘扬科学求实、精益求精的精神。

【项目导入】

溪口枢纽工程为青弋江灌区渠首工程，是一座具有灌溉、防洪、发电、城市供水等综合利用的大（1）型水利工程。枢纽由总干渠进水闸、泄洪闸和青左支渠进水闸等组成；该工程位于宣城市泾县，拦河蓄水，引水至泾县、宣城等地，从而处理好此区域的农田灌溉、城乡供水等问题。总干渠进水闸设在溢流坝右端，5孔，单孔净宽6m；节制闸闸型为开敞式实用堰，共14孔，单孔净宽10m；扩孔闸闸型为开敞式宽顶堰，共3孔，单孔净宽10m，堰顶高程50.0m；青左支渠进水闸位于枢纽工程左端，闸型为钢筋混凝土封闭式箱涵结构，设1孔，孔口尺寸（宽×高）2.0m×2.0m。枢纽工程的闸选择何种形式，过流能力如何计算呢？这首先需要了解堰闸的基本知识。

任务1 概　　述

在水利工程中，为了泄放洪水、引水灌溉、水力发电、给水等目的，常修建堰、闸等水工建筑物，以控制和调节水库或河渠的水位和流量。当这类建筑顶部闸门部分开启，水流受到闸门控制而从闸门下孔口泄出的水流称为闸孔出流，如图6.1（a）、（c）所示。当顶部闸门完全开启，闸门下缘脱离水面，闸门对水流不起控制作用，水流从建筑物顶部自由下泄，这种水流状态称为堰流，如图6.1（b）、（d）所示。

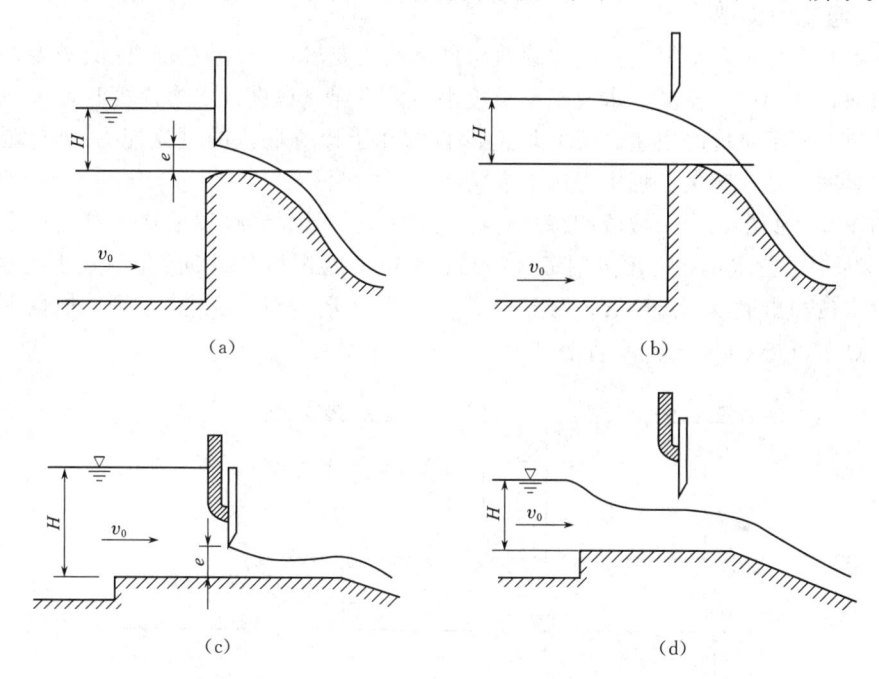

图6.1　堰流与闸孔出流

堰流与闸孔出流是两种不同的水力现象，但它们既有区别又有联系。堰流由于闸门对水流不起控制作用，水面线为一光滑连续的降水曲线；闸孔出流由于受闸门的控制，闸孔上、下游的水面是不连续的。也正是由于堰流及闸孔出流这种边界条件的差异，它们的水流特征及过水能力也各不相同。

堰流与闸孔出流也存在很多相同点：①堰流和闸孔出流都是建筑物对水流的局部阻碍，使上游水位壅高，从能量的角度上看，出流的过程都是一种势能转化为动能的过程；②这两者都是在较短的距离内流线发生急剧弯曲的急变流，离心惯性力对建筑物表面的压强分布及建筑物的过水能力均有一定影响，能量损失主要是局部水头损失，沿程水头损失可忽略不计。

在实际工程中，装有闸门的堰上，可能发生堰流或闸孔出流，这两种水流转换时与闸底坎型式、门型、闸门的相对开度、闸门在堰顶的位置等因素有关。

设 e 为闸门开启高度（闸门绝对开度），H 为堰顶水头，可根据堰闸型式和实测

的闸门相对开度 e/H 值来判别闸孔出流与堰流：

(1) 闸底坎为平顶坎时，$\frac{e}{H} \leqslant 0.65$ 时，为闸孔出流；$\frac{e}{H} > 0.65$ 时，为堰流。

(2) 闸底坎为曲线型坎时，$\frac{e}{H} \leqslant 0.75$ 时，为闸孔出流；$\frac{e}{H} > 0.75$ 时，为堰流。

任务 2　堰流的水力计算

6.2.1　堰流的类型

在水利工程中，常根据不同的建筑条件及使用要求，将堰做成不同的类型。不同类型的堰，其外形、厚度、水流现象及过水能力不同。在进行水力计算时，关注的是水流现象，而不是堰的用途。研究堰流的目的在于探讨堰流的过流能力 Q 与堰流其他特征量的关系，解决工程中提出的有关水力学问题。

如图 6.2 所示，表征堰流的特征量有：堰宽 b，即水流漫过堰顶的宽度；堰前水头 H，即堰上游水位在堰顶上的最大超高；堰壁厚度 δ 和它的剖面形状；下游水深 h 及下游水位高出堰顶的高度 Δ；堰上、下游高 P 及 P'；行近流速 v_0 等。根据堰流的水力特点，可按 δ/H 的大小将堰划分为三种基本类型。

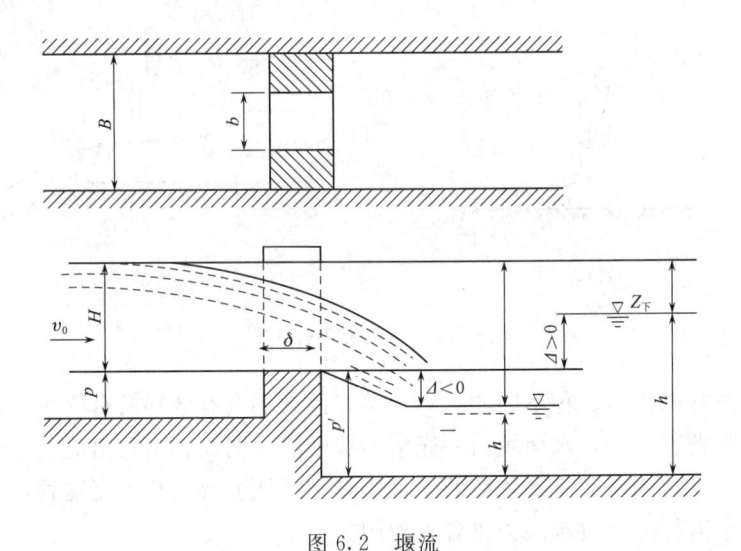

图 6.2　堰流

(1) 薄壁堰 $\delta/H \leqslant 0.67$，水流越过堰顶时，堰顶厚度 δ 不影响水流的特性，如图 6.3 (a) 所示。薄壁堰根据堰口的形状，一般有矩形堰、三角堰和梯形堰等。薄壁堰是主要用作量测流量的一种设备。

(2) 实用堰 $0.67 < \delta/H \leqslant 2.5$，堰顶厚度 δ 对水舌的形状已有一定影响，但堰顶水流仍为明显向下弯曲的流动。实用堰的纵剖面可以是曲线形 [图 6.3 (b)]，也可以是折线形 [图 6.3 (c)]。工程上的溢流建筑物常属于这种堰。

(3) 宽顶堰 $2.5 < \delta/H \leqslant 10$，堰顶厚度 δ 已大到足以使堰顶出现近似水平的流动

[图 6.3 (d)]，但其沿程水头损失还未达到显著的程度而仍可以忽略。水利工程中的引水闸底坝即属于这种堰。

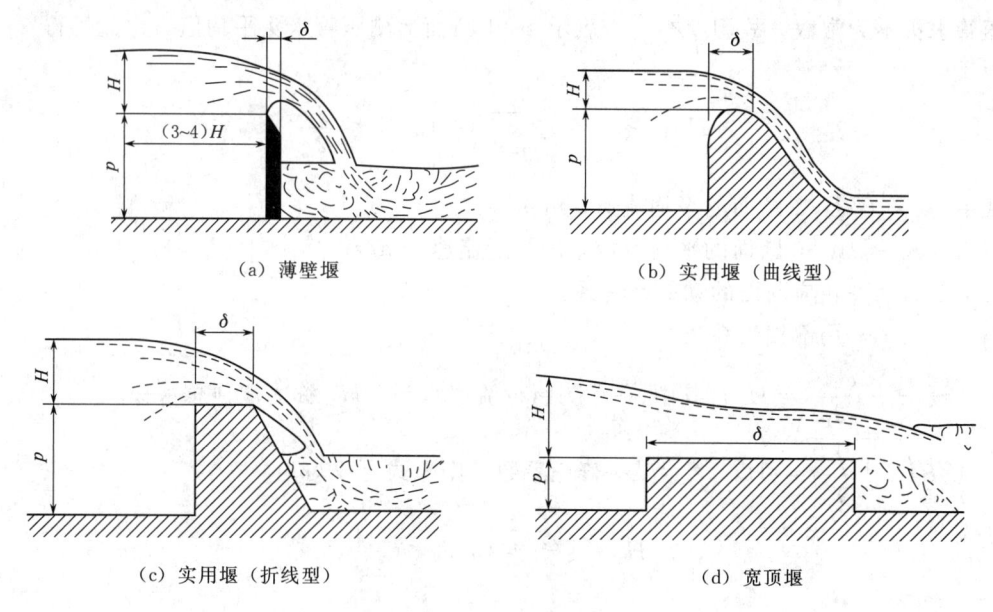

图 6.3 堰型与堰流
(a) 薄壁堰　(b) 实用堰（曲线型）　(c) 实用堰（折线型）　(d) 宽顶堰

如果坎厚度继续增加，当 $\delta/H > 10$ 时，沿程水头损失逐渐起主要作用，不再属于堰流的范畴。

6.2.2 堰流的基本公式

堰流形式虽多，但其流动却具有一些共同特征。水流趋近堰顶时，流线收缩，流速增大，动能增加而势能减小，故水面有明显降落。从作用力方面看，重力作用是主要的；堰顶流速变化大，且流线弯曲，属于急变流动，惯性力作用也显著；在曲率大的情况下有时表面张力也有影响；因溢流在堰顶上的流程短（$0 \leqslant \delta \leqslant 10H$），黏性阻力作用小。在能量损失上主要是局部水头损失，沿程水头损失可忽略不计（如宽顶堰和实用堰），或无沿程水头损失（如薄壁堰）。由于上述共同特征，堰流基本公式可具有同样的形式。

影响堰流性质的因素除了 δ/H 以外，堰流与下游水位的连接关系也是一个重要因素。当下游水深足够小，不影响堰流性质（如堰的过流能力）时，称为自由式堰流，否则称为淹没式堰流。开始影响堰流性质的下游水深，称为淹没标准。此外，当堰宽 b 小于上游渠道宽度 B 时，称为侧收缩堰，当 $b=B$ 时则称为无侧收缩堰。

如图 6.4 所示，现用能量方程式来推求堰流计算的基本公式。

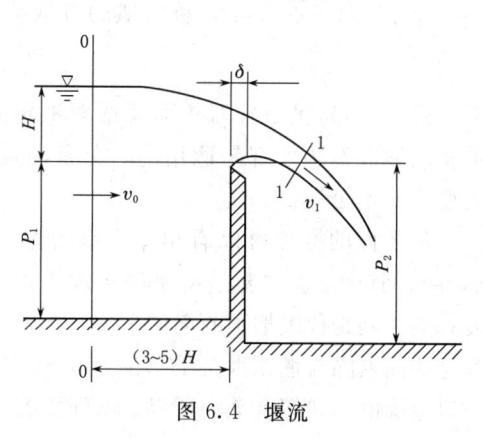

图 6.4 堰流

对堰前断面 0—0 及堰顶断面 1—1 列出能量方程，以通过堰顶的水平面为基准面。其中，0—0 断面为渐变流；而 1—1 断面由于流线弯曲属急变流，过水断面上测压管水头不为常数，故用 $\overline{\left(Z_1+\frac{p_1}{\gamma}\right)}$ 表示 1—1 断面上测压管水头平均值。由此可得

$$H + \frac{\alpha_0 v_0^2}{2g} = \overline{\left(Z_1+\frac{p_1}{\gamma}\right)} + (\alpha_1 + \zeta)\frac{v_1^2}{2g}$$

式中 v_1——1—1 断面的平均流速，m/s；

v_0——0—0 断面的平均流速，即行近流速，m/s；

α_0、α_1——相应断面的动能修正系数；

ζ——局部损失系数。

设 $H + \frac{\alpha_0 v_0^2}{2g} = H_0$，其中 $\frac{\alpha_0 v_0^2}{2g}$ 为行近流速水头，H_0 称为堰顶总水头。

令 $\overline{\left(Z+\frac{p}{\gamma}\right)} = \xi H_0$，$\xi$ 为某一修正系数。则上式可改写为

$$H_0 - \xi H_0 = (\alpha_1 + \zeta)\frac{v_1^2}{2g}$$

即 $v_1 = \frac{1}{\sqrt{\alpha_1 + \zeta}}\sqrt{2g(H_0 - \xi H_0)}$

因为堰顶过水断面一般为矩形，设其断面宽度为 b；1—1 断面的水舌厚度用 kH_0 表示，k 为反映堰顶水流垂直收缩的系数。则 1—1 断面的过水面积应为 $kH_0 b$；通过流量为

$$Q = kH_0 bv$$
$$= kH_0 b \frac{1}{\sqrt{\alpha_1 + \zeta}}\sqrt{2g(H_0 - \xi H_0)}$$
$$= \phi k\sqrt{1-\xi}\, b\sqrt{2g}\, H_0^{\frac{3}{2}}$$

式中，$\phi = \frac{1}{\sqrt{\alpha_1 + \zeta}}$，称为流速系数。

令 $\phi k \sqrt{1-\xi} = m$，称为堰的流量系数，则

$$Q = mb\sqrt{2g}\, H_0^{\frac{3}{2}} \tag{6.1}$$

式 (6.1) 虽是针对矩形薄壁堰推导而得的流量公式，但对堰顶过水断面为矩形的实用堰和宽顶堰都是适用的。只是流量系数所代表的数值不同。因此式 (6.1) 称为堰流基本公式。

从上面的推导可以看出：影响流量系数的主要因素是 ϕ、k、ξ，即 $m = f(\phi, k, \xi)$。其中：ϕ 主要是反映局部水头损失的影响；k 是反映堰顶水流垂直收缩的程度；而 ξ 则是代表堰顶断面的平均测压管水头与堰顶总水头之间的比例系数。显然，所有这些因素除与堰顶水头 H 有关外，还与堰的边界条件，例如，上游堰高 P 以及堰顶进口边缘的形状等有关。所以，不同类型、不同高度的堰，其流量系数各不相同。

在实际应用时，有时下游水位较高或下游堰高较小影响了堰的过流能力，这种堰流称为淹没出流，反之，称为自由出流。此时，可用小于1的淹没系数 σ 表明其影响，因此淹没式的堰流基本公式可表示为

$$Q = \sigma m b \sqrt{2g} H_0^{\frac{3}{2}} \tag{6.2}$$

当堰顶过流宽度小于上游来流宽度或是堰顶设有闸墩及边墩时，过堰水流就会产生侧向收缩，减少有效过流宽度，并增加局部阻力，从而降低过流能力。为考虑侧向收缩对堰流的影响，有两种处理方法，一种和淹没堰流影响一样，在堰流基本公式中乘以侧向收缩系数 ε；另一种是将侧向收缩的影响合并在流量系数中考虑。

下面将分别讨论薄壁堰、实用堰和宽顶堰的水流特点和过流能力。

任务3　薄壁堰流的水力计算

薄壁堰由于具有稳定的水头和流量关系，因此常作为水力模型试验或野外测量中一种有效的量水工具。常见的薄壁堰，根据堰板的开口形状，分为矩形薄壁堰、三角形薄壁堰和梯形堰等，如图6.5所示。

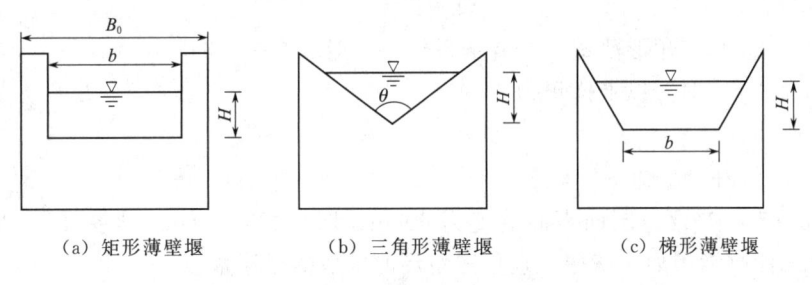

（a）矩形薄壁堰　　　（b）三角形薄壁堰　　　（c）梯形薄壁堰

图6.5　薄壁堰堰口形式

由于薄壁过堰水流不受堰顶厚度的影响，水舌下缘与堰顶呈线性接触，水面为单一跌落曲线。实践证明，自由出流时具有稳定的压强分布和流速分布，作用水头与流量的关系非常稳定，量测流量的精度高。

6.3.1　矩形薄壁堰流

矩形薄壁堰测量流量时，为确保较高的测量精度，一般要求：

（1）单孔无侧收缩。

（2）自由出流（下游水位较低，不影响堰的出流）。当下游水位超过堰顶一定高度时，堰的过水能力开始减小，这种溢流状态为淹没出流。在淹没出流时，水面有较大的波动，水头不易测准，作为测流设备不宜在淹没条件下工作。为了保证薄壁堰不被淹没，一般要求 $Z/P_2 > 0.7$。其中 Z 为上下游水位差，P_2 为下游堰高。

（3）堰上水头不宜过小（$H > 2.5\text{cm}$）。因为当 H 过小时，溢流水舌受表面张力影响，出流不稳定。

（4）自由水舌下缘的空间应于大气相通。否则，由于溢流水舌把空气带走，压强降低，水舌下面形成局部真空，也影响出流的稳定性。

在无侧收缩、自由出流时,矩形薄壁堰流的流量公式可用式 $Q=mB\sqrt{2g}H_0^{\frac{3}{2}}$。但实践中,将行近流速的影响计入流量系数,则把公式改写成为

$$Q=m_0 B\sqrt{2g}H^{\frac{3}{2}} \tag{6.3}$$

式中 m_0——考虑行近流速影响在内的流量系数。可按下列经验公式计算

$$m_0=0.403+0.053\frac{H}{P_1}+\frac{0.0007}{H} \tag{6.4}$$

式中 P_1——上游堰高;

H——堰前水头。

该公式适用条件:$H \geqslant 0.025\text{m}$,$H/P \leqslant 2$ 及 $P \geqslant 0.3$。

6.3.2 直角三角形薄壁堰流

在实验室量测较小流量时,若用矩形堰时水头过小,误差增大。为了提高测量精度,常采用直角三角形薄壁堰,如图 6.5 所示。三角形薄壁堰在小水头时堰口水面宽度较小,流量的微小变化将引起显著的水头变化,在量测小流量时比矩形堰的精度高。

直角($\theta=90°$)三角形薄壁堰的流量计算公式:

$$Q=CH^{2.47} \tag{6.5}$$

式中 C——直角三角形薄壁堰的流量系数,一般取 $C=1.343$。

当 $H>25\text{cm}$ 时,以上修正为

$$Q=1.343H^{2.47} \tag{6.6}$$

式中,H 以 m 计,Q 以 m^3/s 计。

【例 6.1】 当堰口断面水面宽度为 60cm,堰高 $P=50\text{cm}$,水头 $H=20\text{cm}$ 时,分别计算无侧收缩矩形薄壁堰、直角三角形薄壁堰的过流量。

解:(1)无侧收缩矩形薄壁堰:$B=b=0.6\text{m}$,$H=0.2\text{m}$,$P=0.5\text{m}$,由式(6.4)得流量系数

$$m_0=0.403+0.053\frac{H}{P}+\frac{0.0007}{H}=0.403+0.053\times\frac{0.2}{0.5}+\frac{0.0007}{0.2}=0.428$$

由式(6.3)得

$$Q=m_0 B\sqrt{2g}H^{\frac{3}{2}}=0.428\times 0.6\times\sqrt{2\times 9.8}\times 0.2^{\frac{3}{2}}$$
$$=0.1017(\text{m}^3/\text{s})=101.7(\text{L/s})$$

(2)直角三角形薄壁堰:$H=0.2\text{m}$ 时,

由式(6.6)有 $Q=1.343H^{2.47}=1.343\times 0.2^{2.47}=0.0252(\text{m}^3/\text{s})=25.2(\text{L/s})$

由上面的例题可以看出,在同样水头作用下,矩形薄壁堰的过流量大于直角三角形薄壁堰的过流量。

任务 4　实用堰流的水力计算

实用堰是水利工程中最常见的堰型之一,作为挡水及泄水建筑物的溢流坝,或净

水建筑物的溢流设备。根据堰的专门用途和结构本身稳定性要求，其剖面可设计成曲线或折线两类（图6.6）。用条石或当地材料修建的中、低溢流堰，堰顶剖面常做成折线型，称为折线型实用堰；较高的溢流坝为了增大过流能力，堰顶常做成适合水流特点的曲线型，称为曲线型实用堰。

曲线型实用堰在水利工程中应用广泛，常用于混凝土修筑的中、高水头溢流坝，堰顶的曲线形状与自由溢流水舌下缘形状相符合，可提高过水能力，下面主要介绍曲线型实用堰。曲线型实用堰，常有边墩和中墩，同时下游水位对堰的过流能力也可能产生影响，因此，须考虑侧收缩和淹没出流。

则计算实用堰的公式应为

$$Q = \sigma_s m \varepsilon B \sqrt{2g} H_0^{\frac{3}{2}}$$

实用堰流水力计算的主要内容是计算堰流的泄流量 Q，确定堰顶过水净宽 B 或堰顶高程 H，若堰为无侧收缩（$\varepsilon=1$）和自由出流（$\delta_s=1$）。

（a）曲线型实用堰（一）　　（b）曲线型实用堰（二）

（c）折线型实用堰（一）　　（d）折线型实用堰（二）

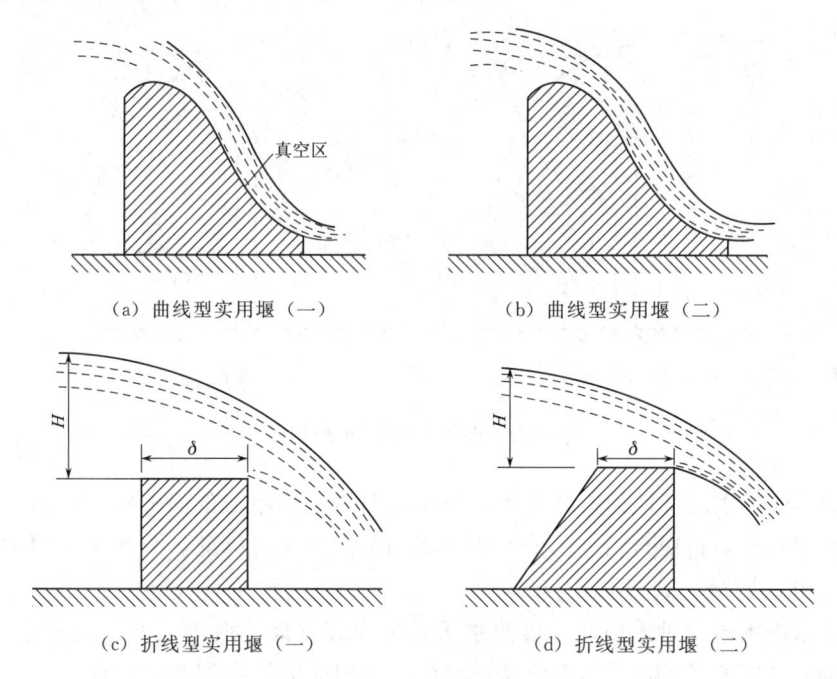

图6.6　实用堰示意图

6.4.1　曲线型实用堰的剖面组成及其设计

根据实验分析，影响实用堰过水能力的因素主要有两方面：一是实用堰的几何边界条件，包括实用堰的剖面形状和堰高等；二是堰流的水力要素，包括堰上水头、下游水深等。因此设计比较合理的曲线型实用堰应当考虑过水断面大、堰面不出现过大的负压和经济稳定等因素。曲线型实用堰一般由上游直线段 AB、堰顶曲线段 BC、下游斜坡段 CD 以及反弧段 DE 组成，上游直线段 AB 根据坝体的稳定和强度要求，可以做成铅直，也可以做成倾斜坡线；下游斜坡段 CD 的坡度主要依据堰的稳定和强度要求选定，一般采用 $1:0.7 \sim 1:0.6$；反弧段 DE 的作用是使下游斜坡段 CD 与下游河底平滑连接，避免水流直冲河床，并有利于溢流坝下游的消能。反弧段 DE 的反弧半径可根据堰的设计水头及下游堰高确定，如图 6.7 所示。

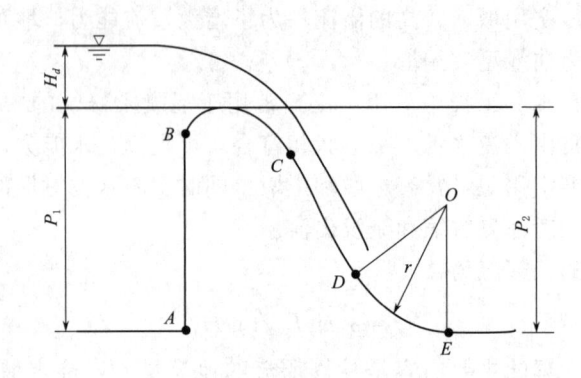

(a) 曲线型实用堰剖面组成

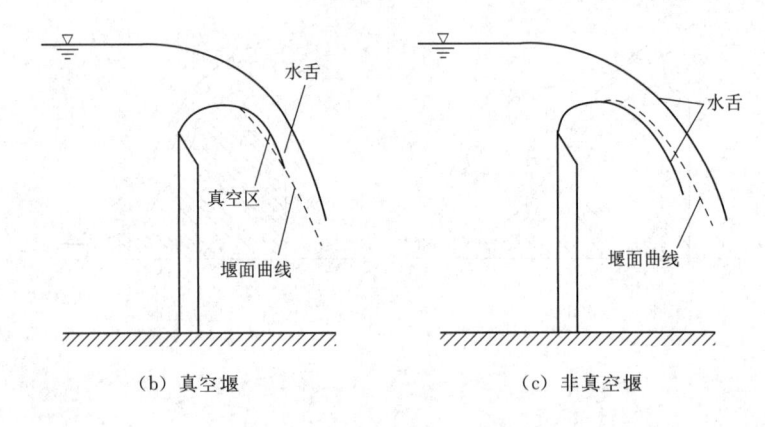

(b) 真空堰

(c) 非真空堰

图 6.7 曲线型实用堰剖面图

堰顶 BC 对水流特性的影响最大，是设计曲线型实用堰剖面形状的关键。堰顶曲线段常根据矩形薄壁堰自由出流时水舌下缘面的形状来设计的，分为真空堰和非真空堰两类［图 6.7（b）（c）］。

真空堰即水流溢过堰顶时，溢流水舌部分脱离堰面，堰顶表面出现真空（负压）现象的剖面［图 6.7（b）］。堰顶真空的存在可相应的增大堰的过流能力。但是堰面可能受到正负压力的交替作用，产生振动，且造成水流的不稳定；当真空达到一定的程度时，堰面还可能发生气蚀而遭到破坏。所以，真空剖面堰一般较少使用。非真空型堰是水流溢过堰顶时不出现负压现象的剖面［图 6.7（c）］。对于曲线型非真空剖面堰的研究，首先要求堰的溢流面有较好的压强分布，不产生过大的负压；其次要求流量系数较大，利于泄洪；最后，要求堰的剖面较瘦，以节省工程量及建造费用。

6.4.2 WES 实用堰水力计算

在实际工程中，实用堰根据剖面形状，可分为折线型实用堰和曲线型实用堰两类。折线型常用于中、小型溢流坝，具有取材方便和施工简单等优点。

1. WES 型实用堰堰顶曲线确定

WES 实用堰是美国陆军工程兵团水道实验站（Waterways Experiment Station）研究出的标准剖面。其剖面为曲线方程，便于施工控制，且堰的剖面较瘦，可节省工程量。下面主要介绍 WES 剖面实用堰的水力设计及计算问题。

（1）WES 剖面堰顶 O 点下游采用幂曲线，按如下方程计算：

$$x^n = kH_d^{n-1}y \tag{6.7}$$

式中　H_d——堰剖面的设计水头；

x、y——原点下游堰面曲线横、纵坐标；

n——与上游堰坡有关的指数，见表 6.1；

k——系数；当 $P_1/H_d > 1$ 时，k 值见表 6.1；当 $P_1/H_d \leqslant 1.0$ 时，取 $k = 2.0 \sim 2.2$。

（2）WES 剖面堰 O 点上游一般为三段圆弧如图 6.8（a）所示，两段复合圆弧形曲线如图 6.8（b）所示。图中 R_1、R_2、k、n、a、b 等参数见表 6.1。

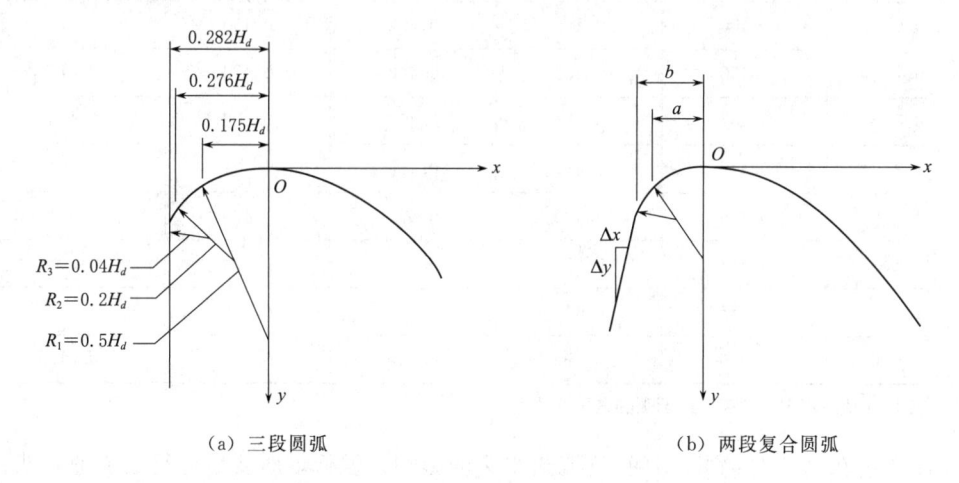

（a）三段圆弧　　　　　（b）两段复合圆弧

图 6.8　WES 剖面堰顶面及上下游堰面曲线

（3）堰剖面设计水头 H_d 的确定。一般情况下，对于上游堰高 $P_1/H_d \geqslant 1.33$ 的为高堰，取 $H_d = (0.75 \sim 0.95) H_{max}$；对于 $P_1/H_d < 1.33$ 的为低堰，取 $H_d = (0.65 \sim 0.85) H_{max}$，$H_{max}$ 为校核流量时的堰上最大水头。有时，在确定 WES 堰剖面的定型设计水头时，还应结合堰面允许负压值综合考虑。

表 6.1　　　　　　　　　　WES 剖面堰面曲线参数

上游堰面坡度 $\Delta y : \Delta x$	k	n	R_1	a	R_2	b
3：0	2.000	1.850	$0.50H_d$	$0.175H_d$	$0.20H_d$	$0.282H_d$
3：1	1.936	1.836	$0.68H_d$	$0.139H_d$	$0.21H_d$	$0.237H_d$
3：2	1.939	1.810	$0.48H_d$	$0.115H_d$	$0.22H_d$	$0.214H_d$
3：3	1.873	1.776	$0.45H_d$	$0.119H_d$		

2. WES 剖面实用堰流量系数 m

实验表明，当上游堰面为铅直时，WES 剖面实用堰的流量系数 m 主要取决于上游堰高与堰剖面设计水头之比 P_1/H_d（称为相对堰高）、堰顶全水头与设计水头之比（称为相对水头）及堰上游面的坡度。

一般情况下，高堰在计算中可不计行近流速。在这种情况下，当实际的工作水头等于设计水头，即 $H_0/H_d=1$ 时，流量系数 $m=0.502$。低堰行近流速加大，流量系数 m 随 P_1/H_d 减小而减小。m 值可在表 6.2 查得。

表 6.2　　　　　　　　　WES 剖面实用堰的流量系数 m

H_0/H_d	\multicolumn{5}{c}{P_1/H_d}
	0.2	0.4	0.6	1.0	≥1.33
0.4	0.425	0.430	0.431	0.433	0.436
0.5	0.438	0.442	0.445	0.448	0.451
0.6	0.450	0.455	0.458	0.460	0.464
0.7	0.458	0.463	0.468	0.472	0.476
0.8	0.467	0.474	0.477	0.482	0.486
0.9	0.473	0.480	0.485	0.491	0.494
1.0	0.479	0.486	0.491	0.496	0.501
1.1	0.482	0.491	0.496	0.502	0.507
1.2	0.485	0.495	0.499	0.506	0.510
1.3	0.496	0.498	0.500	0.508	0.513

注　表中 m 值适用于二圆弧、三圆弧和椭圆曲线堰头。

注意：在高堰时，可不计行近流速水头的影响，但低堰时要考虑行近流速水头。

3. WES 堰侧收缩系数 ε

实验证明：侧收缩系数 ε 与边墩、闸墩头部的形式、闸孔的尺寸和数目以及堰前总水头 H_0 有关。可用下面经验公式计算：

$$\varepsilon = 1 - 0.2[\zeta_k + (n-1)\zeta_0]\frac{H_0}{nb} \tag{6.8}$$

式中　n——闸孔数；
　　　H_0——堰顶全水头；
　　　b——单孔宽度；
　　　ζ_k——边墩形状系数；
　　　ζ_0——闸墩形状系数。

ζ_k 取决于边墩头部形状及进流方向。对于正向进水情况，可按图 6.9 选取。ζ_0 值取决于闸墩头部形状、闸墩伸向上游堰面的距离 L_u 及淹没程度 h_s/H_0，可查表 6.3。闸墩头部形状如图 6.10 所示。

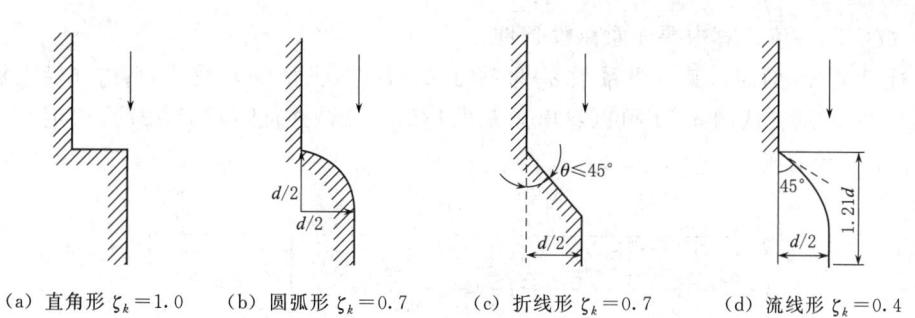

(a) 直角形 $\zeta_k=1.0$ (b) 圆弧形 $\zeta_k=0.7$ (c) 折线形 $\zeta_k=0.7$ (d) 流线形 $\zeta_k=0.4$

图 6.9　边墩形状平面示意图及形状系数

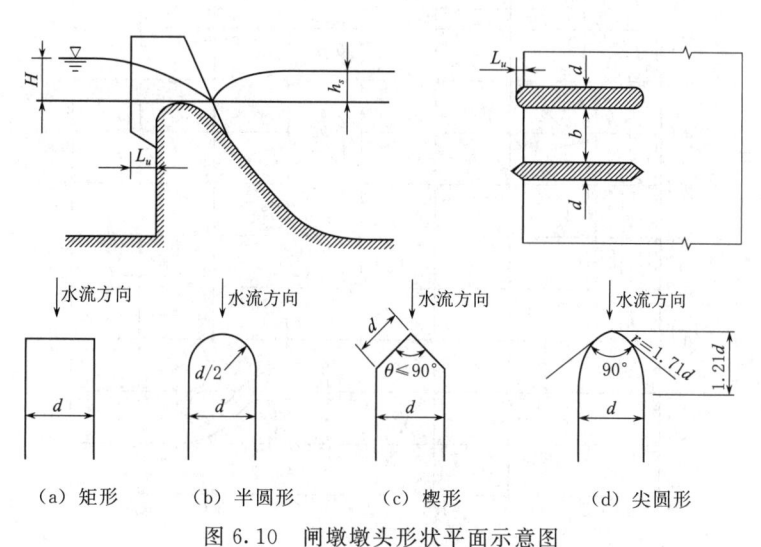

(a) 矩形   (b) 半圆形   (c) 楔形   (d) 尖圆形

图 6.10　闸墩墩头形状平面示意图

表 6.3　　　　　　　　　　闸墩形状系数 ζ_0 值

墩头形状 \ ζ_0	$L_u=H_0$	$L_u=0.5H_0$	$L_u=0$ $h_s/H_0<0.75$	$L_u=0$ $h_s/H_0=0.80$	$L_u=0$ $h_s/H_0=0.85$	$L_u=0$ $h_s/H_0=0.90$
矩形	0.20	0.40	0.80	0.86	0.92	0.98
楔形或半圆形	0.15	0.30	0.45	0.51	0.57	0.63
尖圆形	0.15	0.15	0.25	0.32	0.39	0.46

注　h_s 为超过堰顶的下游水深。

注意：式（6.8）在应用中，若 $\dfrac{H_0}{b}>1.0$ 时，仍按 $\dfrac{H_0}{b}=1.0$ 计算。

4. 淹没条件及淹没系数 σ_s

在实际工程中，一般高堰多为自由出流，而低堰存在淹没出流现象。以下两种情况可以导致淹没出流：①当下游水位超过堰顶，且 $h_s/H_0>0.15$ 时；②当 $h_s/H_0\leqslant 0.15$，同时 $P_2/H_0<2$ 时（这种情况属于下游护坦较高，即下游堰高 P_2 较小，使下游水位低于堰顶，受护坦影响，也产生淹没出流）。淹没出流时过堰水流受到下游水位的顶托，使流量降低。水力计算时用淹没系数 σ_s 反映其对过堰流量的影响，$\sigma_s<$

1.0。故实际堰流计算中要注意淹没条件。

对于 WES 剖面,其淹没系数 σ_s 取决于 h_s/H_0(纵坐标)及 P_2/H_0(横坐标),如图 6.11 所示。从图 6.11 可以看出当 $h_s/H_0 \leqslant 0.15$,并且同时 $P_2/H_0 \geqslant 2$ 时,为自由出流,$\sigma_s = 1.0$。

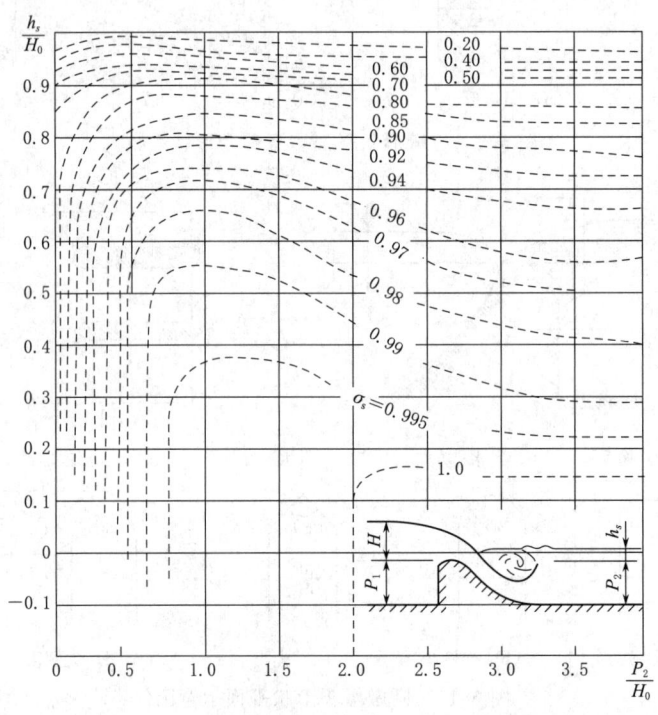

图 6.11 σ_s 与 h_s/H_0、P_2/H_0 的关系曲线图

淹没系数 σ_s 的确定方法:计算出 h_s/H_0 及 P_2/H_0,分别在纵坐标和横坐标上找到该点,过该点分别做一条水平线和一条铅垂线,两线交点落在两条淹没系数 σ_s 等值线之间,根据已知的淹没系数 σ_s 等值线的数值,采用直线内插方法,可求得两条直线交点处的淹没系数 σ_s 值。

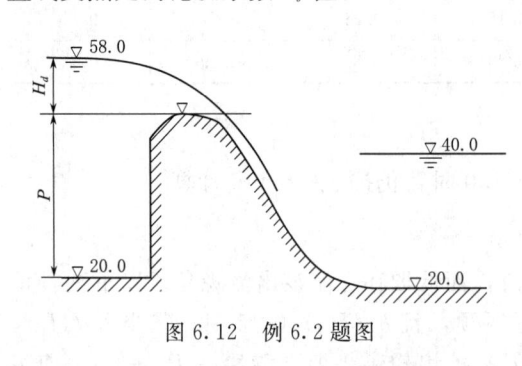

图 6.12 例 6.2 题图

总之,实用堰过流能力水力计算中,关键的问题还是根据不同边界和水流条件,确定相应的流量系数 m、淹没系数 σ_s 和侧收缩系数 ε。

【例 6.2】 宽 150m 的河道设有 WES 型实用堰,上游堰面垂直,如图 6.12 所示。闸墩头部为圆弧形,边墩为半圆形,共 7 孔,每孔净宽 10m。当设计流量为 5600m³/s 时,相应的上游水位为 58.0m,下游水位为 40.0m,上下游河床高程为 20.0m。确定该实用堰堰顶高程。

解:因堰顶高程等于上游水位减去堰上水头,则应先计算设计水头,再计算堰顶

高程。由堰流公式可得

$$H_0 = \left(\frac{Q}{\sigma_s \varepsilon m B \sqrt{2g}}\right)^{\frac{2}{3}}$$

(1) 初步估算 H。可假定 $H_0 \approx H$。由于侧收缩系数与上游作用水头有关，则可先假设侧收缩系数 ε，求出 H，再核算侧收缩系数 ε 值。因堰顶高程和水头 H_0 未知，先按自由出流计算，则取 $\sigma_s = 1.0$，然后再校核。由题意可知 $Q = 5600 \text{m}^3/\text{s}$，设 $\varepsilon = 0.90$，则

$$H_0 = \left(\frac{5600}{1.0 \times 0.90 \times 0.502 \times 7 \times 10 \times \sqrt{2 \times 9.8}}\right)^{\frac{2}{3}} = 11.70 (\text{m})$$

(2) 计算实际水头 H。查图 6.9 得边墩形状系数为 0.7，查表 6.3 得闸墩形状系数为 0.45，因 $\frac{H_0}{b} = \frac{11.70}{10} = 1.70 > 1.0$，应按 $\frac{H_0}{b} = 1.0$ 计算 ε，即

$$\varepsilon = 1 - 0.2\left[\zeta_k + (n-1)\zeta_0 \frac{H_0}{nb}\right] = 1 - 0.2 \times (7 - 1 \times 0.45 + 0.7) \times \frac{1}{7} = 0.903$$

用求得的 ε 近似值代入上式重新计算 H_0：

$$H_0 = \left(\frac{5600}{1.0 \times 0.903 \times 0.502 \times 70 \sqrt{2 \times 9.8}}\right)^{\frac{2}{3}} = 11.67 (\text{m})$$

又因 $\frac{H_0}{b} = \frac{11.67}{10} = 1.167 > 1.0$，仍按 $\frac{H_0}{b} = 1.0$ 计算，则所求的 ε 值不变，这说明以上所求的 $H_0 = 11.67 \text{m}$ 是正确的。

已知上游河道宽为 150m，上游设计水位为 58.0m，河床高程为 20.0m，近似按矩形断面计算上游过水断面面积：$A_0 = 150 \times (58.0 - 20.0) = 5700$ （m²）

$$v_0 = \frac{Q}{A_0} = \frac{5600}{5700} = 0.98 (\text{m/s})$$

则堰的设计水头 $H_d = H_0 - \frac{v_0^2}{2g} = 11.67 - \frac{0.98^2}{2 \times 9.8} = 11.67 - 0.049 = 11.62 (\text{m})$

(3) 堰顶高程＝上游设计水位$-H_d = 58.0 - 11.62 = 46.38$ （m）

因下游堰高 $P_2 = 46.38 - 20.0 = 26.38$ （m），$\frac{P_2}{H_0} = \frac{26.38}{11.67} = 2.26 > 2.0$，下游水面比堰顶低，$h_s/H_0 \leq 0.15$，满足自由出流条件，以上按自由出流计算的结果是正确的。

则最终确定该实用堰的堰顶高程为 46.38m。

任务 5　宽顶堰流基本公式的应用

当堰顶水平且堰顶厚度为 $2.5 < \delta/H \leq 10$ 时，在堰的进口处形成水面跌落，堰顶范围内产生一段流线近似平行堰顶的渐变流动，这种堰流即为宽顶堰流。工程实例中，宽顶堰的水流现象也十分常见。例如，小桥桥孔的过水，无压短涵管的过水，水

利工程中的节制闸、分洪闸、泄水闸,灌溉工程中的进水闸、分水闸、排水闸等,当闸门全开时都具有宽顶堰的水力性质。因此,宽顶堰理论与水工建筑物的设计有密切的关系。宽顶堰上的水流现象是很复杂的,当进口前沿较宽时,常设有闸墩及边墩,会产生侧向收缩;另外,当上游水头一定,下游水位升高至某一高程时,宽顶堰会由自由出流变为淹没出流,如图 6.13(a)自由式及(b)淹没式所示。

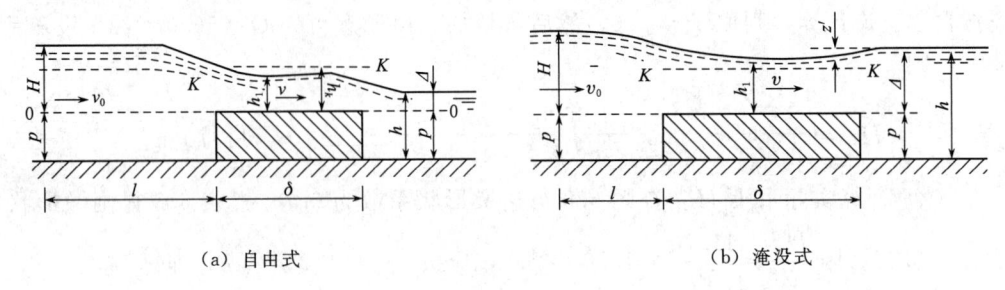

(a) 自由式

(b) 淹没式

图 6.13 宽顶堰过流示意图

6.5.1 有坎宽顶堰水力计算

1. 流量系数

宽顶堰上的水流主要特点,可以认为:自由式宽顶堰流在进口不远处形成一收缩水深 h_1(即水面第一次降落),此收缩水深 h_1 小于堰顶断面的临界水深 h_k,形成流线近似平行于堰顶的渐变流,最后在出口(堰尾)水面再次下降(水面第二次降落),如图 6.13 所示。

自由式无侧收缩宽顶堰的流量计算可采用堰流基本公式(6.1):

$$Q = mb\sqrt{2g} H_0^{\frac{3}{2}}$$

式中流量系数 m 取决于堰的进口形式以及堰的相对高度 P/H,具体可按经验公式计算。

(1) 对于直角进口的宽顶堰,如图 6.14(a),有

$$m = 0.32 + 0.01 \frac{3 - \frac{P_1}{H}}{0.46 + 0.75\left(\frac{P_1}{H}\right)} \quad \left[0 \leqslant \frac{P_1}{H} \leqslant 3\right] \tag{6.9}$$

(2) 对于圆角进口(当 $r/H \geqslant 0.2$,r 为圆角进口圆弧半径)的宽顶堰,如图 6.14(b),有

$$m = 0.36 + 0.01 \frac{3 - \frac{P_1}{H}}{1.2 + 1.5\left(\frac{P_1}{H}\right)} \quad \left[0 \leqslant \frac{P_1}{H} \leqslant 3\right] \tag{6.10}$$

由式(6.9)式(6.10)可知,当 $P_1/H \geqslant 3$ 时,流量系数 m 为常数,直角进口,$m=0.32$,圆角进口,$m=0.36$,是最小值;当 $P_1=0$ 时,流量系数 m 为最大值,$m=0.385$;当 $\left[0 \leqslant \frac{P_1}{H} \leqslant 3\right]$ 时,其流量系数在一定范围内变化,直角进口 $m=0.32\sim$

0.385，圆角进口 $m=0.36\sim0.385$。因此，宽顶堰流量系数的最大值为 0.385。

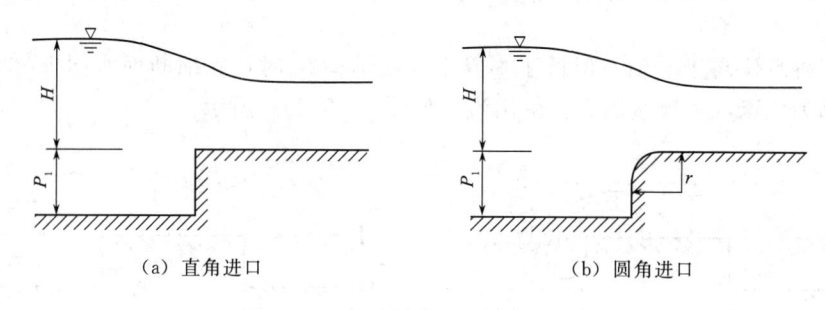

(a) 直角进口　　(b) 圆角进口

图 6.14　宽顶堰进口（堰头）形状

2. 侧收缩系数

影响侧收缩的主要因素是闸墩和边墩的首部形状、数目和闸墩在堰顶的相对位置及堰上水头等，侧收缩系数 ε 考虑上述影响，根据经验公式计算：

$$\varepsilon = 1 - \frac{a}{\sqrt[3]{0.2+\frac{P_1}{H}}}\sqrt[4]{\frac{b}{B}}\left(1-\frac{b}{B}\right) \tag{6.11}$$

式中　　a——墩形系数：当闸墩（或边墩）头部为矩形，堰顶为直角入口边缘时 $a=0.19$；当闸墩（或边墩）头部为圆弧形，堰顶入口边缘为直角或圆弧形时 $a=0.1$；

　　　　b——闸孔净宽；

　　　　B——上游引渠宽；

其余符号如图 6.14 所示。

上式应用条件为 $\frac{b}{B} \geqslant 0.2$ 且 $\frac{P_1}{H} < 3$，当 $\frac{b}{B} < 0.2$ 时，取 $\frac{b}{B} = 0.2$；当 $\frac{P_1}{H} \geqslant 3$ 时，取 $\frac{P_1}{H} = 3$。

对于多孔宽顶堰（有边墩及闸墩）侧收缩系数应取边孔及中孔的加权平均值：

$$\bar{\varepsilon} = \frac{(n-1)\varepsilon + \varepsilon'}{n} \tag{6.12}$$

式中　　n——孔数；

　　　　ε——中孔侧收缩系数，按式（6.12）计算，可取 $B=b+d$，b 为单孔净宽，d 为闸墩厚；

　　　　ε'——边孔侧收缩系数，$B=b+2\Delta$，Δ 为边墩边缘与上游同侧渠道水边线的距离。

3. 淹没系数

实验证明：当下游水位低于堰顶，宽顶堰为自由出流，进入堰顶水流因受堰坎垂直方向的约束，产生进口水面跌落，并在距离进口约 $2H$ 处形成收缩断面，收缩断面 1—1 处的水深自由 h_c 小于临界水深 h_k，此时堰顶上的水流为急流，并在出口后产生第二次水面跌落。所以，在自由出流的条件下，因进口水面跌落而变成堰顶上的急流状态。

当下游水位高于堰顶，但低于临界水深线 $K—K$ 时，收缩断面水深 $h_c < h_k$，堰顶水流仍为急流，宽顶堰仍为自由出流，如图 6.15（a）所示。

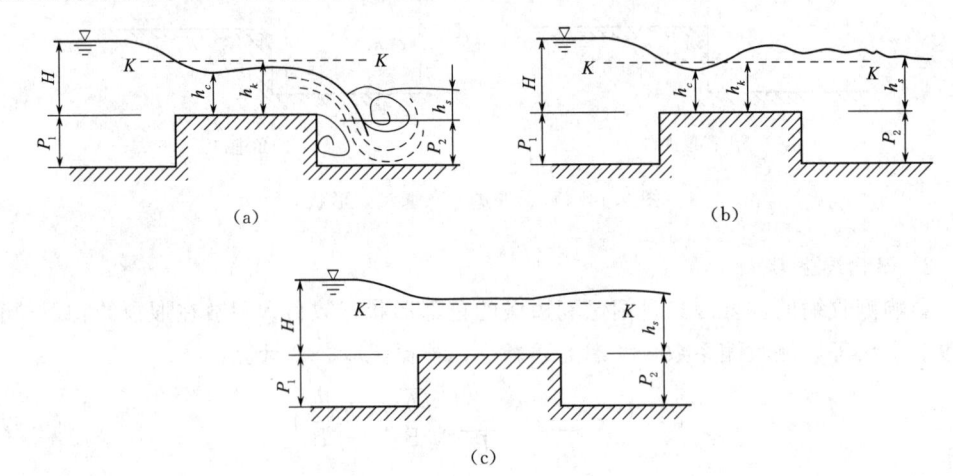

图 6.15　宽顶堰淹没过程示意图

当下游水位继续上升至高于 $K—K$ 线时，堰顶将产生水跃，如图 6.15（b）所示。随着下游水位不断升高，水跃位置不断向上游移动。实验证明：当堰顶以上的下游水深 $h_s \geqslant (0.75 \sim 0.85) H_0$，水跃移动到收缩断面上游，收缩断面水深 $h_c > h_k$，此时堰顶水流变为缓流状态，成为淹没出流，如图 6.15（c）所示。所以宽顶堰的淹没条件为：$h_s \geqslant 0.8 H_0$（取平均值）。

宽顶堰形成淹没后，堰顶中间段水面大致平行于堰顶，而由堰顶流向下游时，水流部分动能转换为势能，故下游水位略高于堰顶水面。

宽顶堰的淹没系数 σ_s 反映了下游水位对宽顶堰过流能力的影响，它随淹没度 $\dfrac{h_s}{H_0}$ 的增大而减小，具体的数值可以查表 6.4。

表 6.4　　淹　没　系　数

$\dfrac{h_s}{H_0}$	0.80	0.81	0.82	0.83	0.84	0.85	0.86	0.87	0.88	0.89
σ_s	1.00	0.995	0.99	0.98	0.97	0.96	0.95	0.93	0.90	0.87
$\dfrac{h_s}{H_0}$	0.90	0.91	0.92	0.93	0.94	0.95	0.96	0.97	0.98	
σ_s	0.84	0.82	0.78	0.74	0.70	0.65	0.59	0.50	0.40	

则自由式侧收缩宽顶堰的流量公式为

$$Q = m\varepsilon b \sqrt{2g} H_0^{\frac{3}{2}} \tag{6.13}$$

若为淹没式侧收缩宽顶堰，其流量公式只需在式（6.13）右端乘以淹没系数 σ 即可，即

$$Q = \sigma m \varepsilon b \sqrt{2g} H_0^{\frac{3}{2}} \tag{6.14}$$

6.5.2 无坎宽顶堰水力计算

实际工程中，当明渠水流流经桥墩、渡槽、隧洞的进口建筑物时，由于进口段的过水断面在平面上收缩，过水断面会减少，流速加大，部分势能转化为动能，也会形成水面跌落，这种水流现象称为无坎宽顶堰流（图6.16）。

无坎宽顶堰流的流量计算时，仍可使用宽顶堰的公式。但在计算中不再单独考虑侧向收缩的影响，而是把它包含在流量系数中一并考虑，即

$$Q = \sigma_s m_0 nb \sqrt{2g} H_0^{\frac{3}{2}} \tag{6.15}$$

式中 m_0——包含侧收缩影响在内的流量系数，可根据进口翼墙和闸墩的形状，闸孔宽度b与行近槽宽B_0的比值等因素，查表6.5可得。

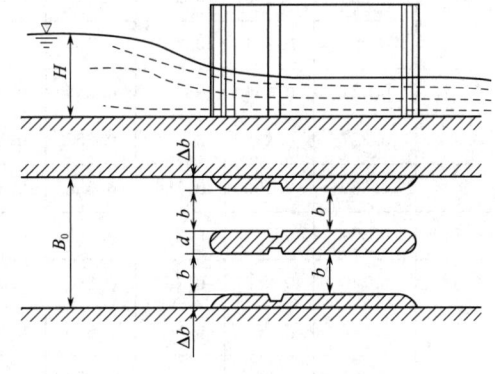

图 6.16 无坎宽顶堰示意图

无坎宽顶堰的流量系数因进口翼墙形式（图6.17）不同而异。

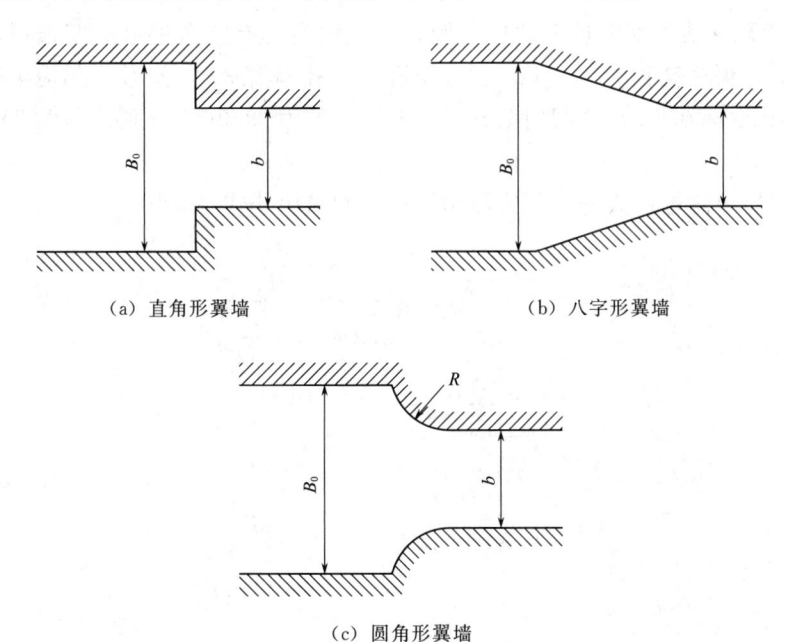

(a) 直角形翼墙

(b) 八字形翼墙

(c) 圆角形翼墙

图 6.17 无坎宽顶堰（进口）翼墙形式

多孔无坎宽顶堰的流量系数，应取边孔及中孔的加权平均值。

无坎宽顶堰的淹没系数 σ_s 可由表 6.4 查得。

表 6.5　　　　　　　　无坎宽顶堰的流量系数 m_0 值

b/B_0	直角形翼墙	八字形翼墙 ctgθ				圆角形翼墙 R/b				
		0.5	1.0	2.0	3.0	0.1	0.2	0.3	0.4	≥0.5
0	0.320	0.343	0.350	0.353	0.350	0.342	0.349	0.354	0.357	0.360
0.1	0.322	0.344	0.351	0.354	0.351	0.344	0.350	0.355	0.358	0.361
0.2	0.324	0.346	0.352	0.355	0.352	0.345	0.351	0.356	0.359	0.362
0.3	0.327	0.348	0.354	0.357	0.354	0.347	0.353	0.357	0.360	0.363
0.4	0.330	0.350	0.356	0.358	0.356	0.349	0.355	0.359	0.362	0.364
0.5	0.334	0.352	0.358	0.360	0.358	0.352	0.357	0.361	0.363	0.366
0.6	0.340	0.356	0.361	0.363	0.361	0.354	0.360	0.363	0.365	0.368
0.7	0.346	0.360	0.364	0.366	0.364	0.359	0.363	0.366	0.368	0.370
0.8	0.355	0.365	0.369	0.370	0.369	0.365	0.368	0.371	0.372	0.373
0.9	0.367	0.373	0.375	0.376	0.375	0.373	0.375	0.376	0.377	0.378
1.0	0.385	0.385	0.385	0.385	0.385	0.385	0.385	0.385	0.385	0.385

【例 6.3】　某灌溉渠道上的进水闸，闸底坎为具有圆角进口的宽顶堰，堰顶高程为 25.0m，渠底高程为 24.0m。共 3 个孔，每孔净宽 3m，闸墩头部为半圆形，闸墩厚 1m，边墩厚 0.4m。当闸门全开时，上游水位为 29.0m，下游水位为 25.0m，求过闸流量。

解：(1) 求流量系数 m。因为圆角进口，则采用公式 (6.10)：

$$m = 0.36 + 0.01 \frac{3 - \frac{P_1}{H}}{1.2 + 1.5\left(\frac{P_1}{H}\right)}$$

堰高　　　　　　　　$P = 25.0 - 24.0 = 1.0 \text{(m)}$

堰顶水头　　　　　　$H = 29.0 - 25.0 = 4.0 \text{(m)}$

$$m = 0.36 + 0.01 \times \frac{3 - \frac{P_1}{H}}{1.2 + 1.5 \frac{P_1}{H}}$$

$$= 0.36 + 0.01 \times \frac{3 - \frac{1}{4}}{1.2 + 1.5 \times \frac{1}{4}} = 0.377$$

(2) 求侧收缩系数。闸墩头部为半圆形，边墩头部为流线型，$a=0.10$，则边墩的侧收缩系数：

$$\varepsilon = 1 - \frac{a}{\sqrt[3]{0.2+\frac{P_1}{H}}} \sqrt[4]{\frac{b}{B}} \left(1-\frac{b}{B}\right)$$

$$= 1 - \frac{0.1}{\sqrt[3]{0.2+\frac{1}{4}}} \sqrt[4]{\frac{3}{3+2\times 0.4}} \times \left(1-\frac{3}{3+2\times 0.4}\right) = 0.974$$

中墩的侧收缩系数：

$$\varepsilon' = 1 - \frac{a}{\sqrt[3]{0.2+\frac{P_1}{H}}} \sqrt[4]{\frac{b}{B}} \left(1-\frac{b}{B}\right)$$

$$= 1 - \frac{0.1}{\sqrt[3]{0.2+\frac{1}{4}}} \sqrt[4]{\frac{3}{3+1}} \times \left(1-\frac{3}{3+1}\right) = 0.968$$

$$\bar{\varepsilon} = \frac{(n-1)\varepsilon + \varepsilon'}{n} = \frac{(3-1)0.974 + 0.968}{3} = 0.972$$

(3) 判别下游是否淹没。因 $h_s/H_0 = 1.0/4 = 0.25 < 0.8$，则为自由出流，$\sigma_s = 1.0$。

(4) 不计行近流速 v_0，故 $H_0 \approx H$，则流量：

$$Q = m\sigma_s \bar{\varepsilon} B\sqrt{2g} H_0^{\frac{3}{2}}$$

$$= 0.377 \times 1.0 \times 0.972 \times 3 \times \sqrt{19.6} \times 4.0^{\frac{3}{2}} = 38.97 (\text{m}^3/\text{s})$$

【拓展阅读】

永安、新发水库溃坝

2021年7月18日，受强降雨影响，内蒙古呼伦贝尔市莫力达瓦达斡尔族自治旗诺敏河支流上的永安水库、新发水库相继发生垮坝事故。事故导致万人受灾，农田被淹，冲毁桥梁、涵洞、公路多处，本着"人民至上、生命至上"原则，提前紧急疏散群众至安全地点，无人员伤亡。

永安水库位于嫩江流域诺敏河支流西瓦尔图河上，坝址位于莫力达瓦达斡尔族自治旗永安村，是一座以防洪、灌溉为主，兼有水产养殖、旅游等功能的小（1）型水库，水库总库容800万 m³。工程于1976年兴建，1978年停建，1992年扩建改造。大坝为混合土质坝，坝长310m，最大坝高14.54m，溢洪道为河岸开敞式，输水洞与溢洪道均布置在左岸。水库下游有永安村、西瓦尔图镇等村镇，水库下泄流量最终汇入位于坤密尔提河上的新发水库。

新发水库位于诺敏河左岸支流坤密尔提河上，是一座以防洪灌溉、供水为主，兼有发电、水产养殖、旅游等综合利用的三等中型水库。水库总库容3808万 m^3。工程主要由主坝、溢洪道及灌溉输水洞（管）等建筑物组成。主坝为碾压式均质土坝（混凝土心墙），坝长335m，最大坝高10.6m。开敞式溢洪道位于大坝右坝肩，设计泄洪流量254m^3/s、校核泄洪流量470m^3/s。水库下泄水流汇入诺敏河，并在尼尔基镇下游汇入嫩江。新发水库工程于1999年9月完建。2011年新发水库进行了除险加固。

极端暴雨造成永安水库水位暴涨，水库坝体连接坝段损坏，产生决口，进而导致永安水库大坝溃决。永安溃坝产生的洪水，快速演进到下游约10km的新发水库，新发水库库容3808万 m^3，右岸溢洪道无闸门控制，自然调节下泄洪水。由于永安溃坝洪水量大峰急，新发水库溢洪道宣泄不及，导致大坝漫顶溃决。溢洪道的泄流能力主要取决控制段能否通过设计流量，根据控制段的堰顶高程，溢流前缘总长，溢流时堰顶水头用一般水力学的堰流或孔流公式进行复核。科学分析及泄流能力精准计算是水利人的责任和担当。

此次溃坝事件导致人民财产受到重大损失，我们应该警钟长鸣，谨记"前事不忘，后事之师"。要认真汲取永安、新发两座水库溃坝事故经验教训，举一反三。

任务 6　闸孔出流的水力计算

闸门主要用来控制和调节河流或水库中的流量。闸下出流和堰流不同，堰流上下游水面线是连续的，闸下出流上下游水面线被闸门阻隔中断。因此，闸下出流的水流特征和过水能力，与堰流有所不同。闸孔出流水力计算的目的是：研究恒定闸孔出流过闸流量的大小与闸孔尺寸、闸门的开启高度、上下游水位、闸门类型及底坎形式等的关系，并给出相应的水力计算公式。下面分别进行阐述。

6.6.1　底坎为宽顶堰型的闸孔出流

如图 6.18 所示为平底上的平板闸门闸孔出流。水流自闸下出流，其水流特点是：在水流行近闸孔时，在闸门的约束下流线发生急剧弯曲；出闸后，流线继续收缩，并约在闸门下游（0.5~1）e 处出现水深最小的收缩断面，其收缩水深 $h_c<e$，用 $h_c=\varepsilon'e$ 表示，ε' 称为垂直收缩系数。收缩断面的水深 h_c 一般小于下游渠道中的临界水深 h_k，水流为急流

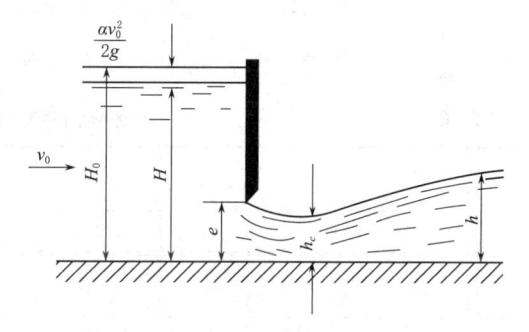

图 6.18　自由式闸下出流示意图

状态。而闸后渠道中的下游水深 h 一般大于临界水深 h_k，水流为缓流。水流从急流到缓流时，要发生水跃，闸孔出流受水跃位置的影响可分为自由出流及淹没出流。

收缩水深 h_c 的共轭水深为 h_c'' 时，若 $h \leqslant h_c''$，则水跃发生在收缩断面处或收缩断面下游。此时，下游水深 h 的大小不影响闸孔出流，形成自由式闸下出流，如图 6.18 所示。若 $h>h_c''$，则水跃发生在收缩断面上游，此水跃受闸门的限制，称为淹没水跃，此时闸下出流为淹没式，如图 6.19 所示。

1. 自由式闸下出流的水力计算

应用总流能量方程在图 6.18 的 H_0 断面及收缩断面，可得矩形闸孔的流量公式：

$$Q=\phi b h_c\sqrt{2g(H_0-h_c)}$$

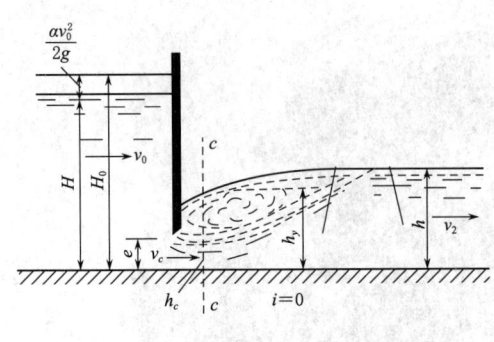

图 6.19 淹没式闸下出流示意图

收缩断面水深 h_c 可表示闸孔开度 e 与垂直收缩系数 ε' 的乘积，即

$$h_c = \varepsilon' e$$

则

$$Q = \phi b \varepsilon' e \sqrt{2g(H_0 - \varepsilon' e)}$$

又设 $\mu_0 = \varepsilon' \phi$，$\mu_0$ 为宽顶堰闸孔出流的基本流量系数，则得

$$Q = \mu_0 b e \sqrt{2g(H_0 - \varepsilon' e)} \qquad (6.16)$$

为便于实际应用，上式可简化为

$$Q = \mu b e \sqrt{2gH_0} \qquad (6.17)$$

$$\mu = \mu_0 \sqrt{1 - \varepsilon' \frac{e}{H_0}} = \varepsilon' \varphi \sqrt{1 - \varepsilon' \frac{e}{H_0}}$$

式中　μ——宽顶堰闸孔自由出流的流量系数；

　　　b——矩形闸孔宽度；

　　　H_0——包括行近流速水头在内的闸前水头；

　　　φ——流速系数，依闸门形式而异，当闸门底板与引水渠道齐平时，$\varphi \geqslant 0.95$；当闸门底板高于引水渠道底时，形成宽顶堰堰坎，$\varphi = 0.85 \sim 0.95$；

　　　ε'——垂直收缩系数，它与闸门相对开启高度 $\dfrac{e}{H}$ 有关，对于平板闸门的闸孔垂直收缩系数 ε' 可由表 6.6 查得。

表 6.6　　　　　　　　　　　平板闸门垂直收缩系数 ε'

$\dfrac{e}{H}$	0.10	0.15	0.20	0.25	0.30	0.35	0.40
ε'	0.615	0.618	0.620	0.622	0.625	0.628	0.630
$\dfrac{e}{H}$	0.45	0.50	0.55	0.60	0.65	0.70	0.75
ε'	0.638	0.645	0.650	0.660	0.675	0.690	0.705

表中的最大 $\dfrac{e}{H}$ 为 0.75，表明当 $\dfrac{e}{H} > 0.75$ 时，闸下出流转变成堰流。

流量系数 μ 可按南京水利科学研究院的经验公式计算：

$$\mu = 0.60 - 0.176 \frac{e}{H}$$

对于弧形闸门的闸孔，垂直收缩系数 ε' 主要与闸门下缘切线与水平向夹角 θ 的大小有关，可根据表 6.7 确定。ε' 与 θ 之间（图 6.20）的关系可查表 6.7。

θ 值可按下式计算：

$$\cos\theta = \frac{c - e}{R} \qquad (6.18)$$

式中 c——弧形闸门的转轴高度；

R——弧形闸门的旋转半径。

2. 淹没式闸下出流的水力计算

如图 6.19 所示，若 $h>h_c''$，则水跃发生在收缩断面上游，此水跃受闸门的限制，此时在闸门后发生了淹没水跃。闸孔淹没出流时下游水位变化将影响闸孔过流能力，淹没系数 σ_s 就是用来反映下游水深对过闸水流的淹没影响程度，它也体现了下游水位变化对闸孔过流能力的影响程度。故实际计算时，将平底闸孔自由出流公式（6.17）右端乘上淹没系数 σ_s，从而求得淹没闸孔出流的流量。

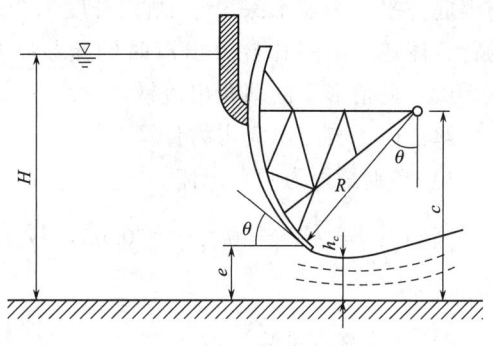

图 6.20　平底坎弧形闸门下出流

$$Q_s=\sigma_s\mu be\sqrt{2gH_0} \tag{6.19}$$

根据南京水利科学研究院的研究，淹没系数 σ_s 与 $\dfrac{h_t-h_c''}{H-h_c''}$ 有关，可查图 6.21 得。

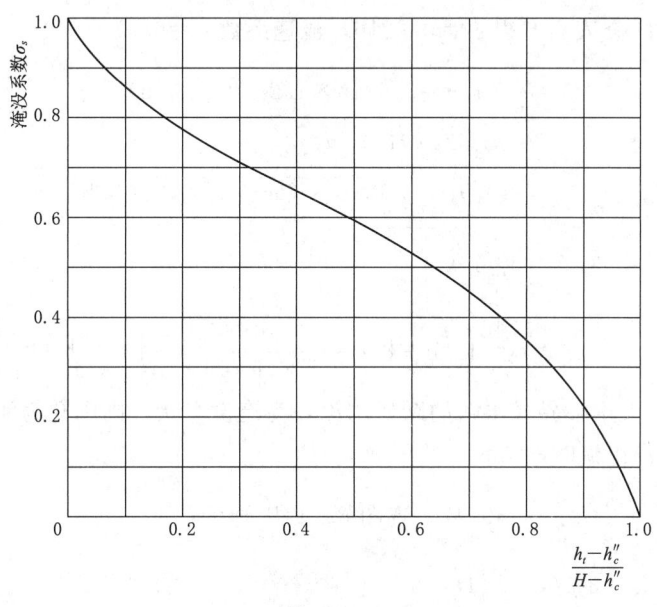

图 6.21

表 6.7　　　　　　　　　弧形闸门垂直收缩系数 ε'

θ	35	40	45	50	55	60	65	70	75	80	85	90
ε'	0.789	0.766	0.742	0.720	0.698	0.678	0.622	0.646	0.635	0.627	0.622	0.620

【例 6.4】 某矩形渠道中修建一水闸，闸宽 $b=3$m，闸门为平板闸门，闸底板与渠底齐平，闸前水深 5m，闸门开度 1.2m，下游水深较小，为自由出流，不计闸前的行近流速，求闸孔自由出流时的流量。当下游水位升高为 4.0m 时，其他条件不变，试求此情形下的闸孔出流量。

解：（1）自由出流水力计算。

1）判别是否为闸孔出流。

因为 $\dfrac{e}{H} = \dfrac{1.2}{5} = 0.24 < 0.65$，故为闸孔出流，忽略闸上游流速水头的影响 $H \approx H_0$。

2）计算流量系数。

利用公式 $\mu = 0.60 - 0.176\dfrac{e}{H}$，求得 $\mu = 0.60 - 0.176 \times 0.24 = 0.558$

3）计算流量。

$$Q = \mu b e \sqrt{2gH_0} = 0.558 \times 3 \times 1.2 \times \sqrt{2 \times 9.8 \times 5} = 59.67 (\text{m}^3/\text{s})$$

（2）下游水位升高时的闸孔出流量计算。

1）判别闸后水跃形式。

因闸后的水深 $h_t = 4.0\text{m} > e = 1.2\text{m}$，则可能为淹没出流。

由 $\dfrac{e}{H} = 0.24$ 查表 6.6 得 $\varepsilon' = 0.6216$，流速系数 $\varphi = 0.97$

则
$$h_c = \varepsilon' e = 0.6216 \times 1.2 = 0.746 (\text{m})$$

$$v_c = \varphi \sqrt{2g(H_0 - h_c)}$$
$$= 0.97 \times \sqrt{19.6 \times (5 - 0.746)} = 8.86 (\text{m/s})$$

$$h_c'' = \dfrac{h_c}{2}\left(\sqrt{1 + 8\dfrac{v_c^2}{gh_c}} - 1\right)$$
$$= \dfrac{0.746}{2}\left(\sqrt{1 + 8 \times \dfrac{8.86^2}{9.8 \times 0.746}} - 1\right) = 3.10(\text{m}) < h_t$$

即下游水深大于临界式水跃的跃后水深，为淹没水跃，则闸孔为淹没出流。

2）闸孔淹没出流时的流量：

由 $\dfrac{h_t - h_c''}{H - h_c''} = \dfrac{4 - 3.1}{5 - 3.1} = 0.47$，查图 6.21 得 $\sigma_s = 0.68$。

实际流量：$Q = \sigma_s \mu b e \sqrt{2gH_0}$
$$= 0.68 \times 0.558 \times 3 \times 1.2 \times \sqrt{2 \times 9.8 \times 5} = 40.57 (\text{m}^3/\text{s})$$

6.6.2 底坎为实用堰型的闸孔出流

实际工程中，大型水利工程往往采用曲线形实用堰。图 6.22 为实用堰顶闸孔出流，曲线型实用堰上的闸孔泄流时，由于闸前水流是在整个堰前水深范围内向闸孔汇集，因此出孔水流的收缩比平底上的闸孔出流更充分、更完善。但是，出闸后的水舌在重力作用下，紧贴堰面下泄，无明显的收缩断面。

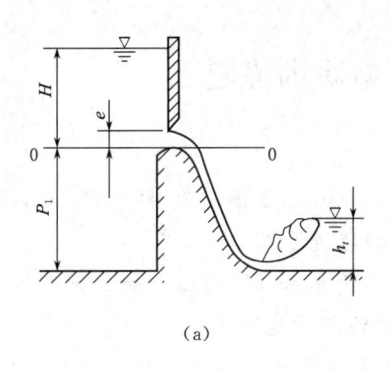

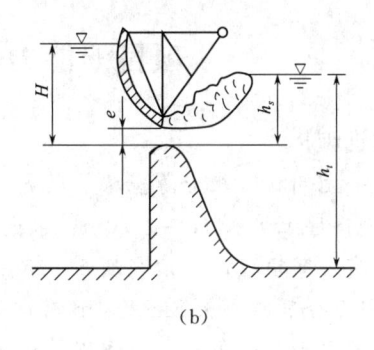

图 6.22　曲线型实用堰闸孔出流

实际工程中，由于下游水位过高而使曲线型实用堰顶闸孔形成淹没出流的情况十分少见，因此本任务对曲线型实用堰顶的闸孔，只讨论自由出流的情况。

实验表明，影响曲线型实用堰顶闸孔出流流量系数的因素包括：闸门形式（平板门或弧形门）、闸门相对开度 e/H 闸门的位置、堰剖面曲线的形状等。弧形门还有门轴高度、弧门半径；平板门还应包括闸门底缘的外形。其中闸门形式和闸门相对开度的影响是主要的。

1. 平板闸门

坎底为曲线型实用堰的平板闸孔，闸孔出流的流量系数可按下列经验公式计算：

$$\mu = 0.65 - 0.186\frac{e}{H} + \left(0.25 - 0.357\frac{e}{H}\right)\cos\theta \quad (6.20)$$

式中 θ 值如图 6.23 所示。

2. 底坎为曲线型实用堰的弧形闸门

对于底坎为曲线型实用堰的弧形闸门出流，流量系数 μ 可按表 6.8 参考选用。

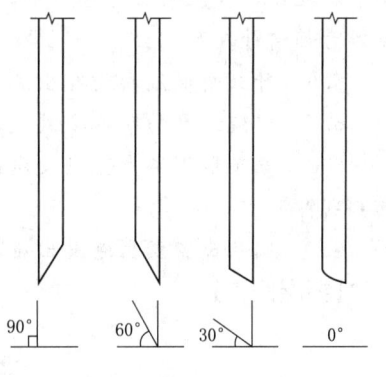

图 6.23

表 6.8　　曲线型实用堰顶弧形闸门的流量系数 μ 值

$\dfrac{e}{H}$	0.05	0.10	0.15	0.20	0.25	0.30	0.35	0.40	0.50	0.60	0.70
μ	0.721	0.700	0.683	0.667	0.652	0.638	0.625	0.610	0.584	0.559	0.735

【例 6.5】　某水库溢流坝共 5 个孔，每孔净宽为 6m；坝顶设弧形闸门。试求当坝顶水头 H 为 5m，各孔均匀开启，开度 e 为 1m 时，通过闸孔的流量（不计行近流速水头）。

解：查表 6.8 得 $\mu = 0.667$，则通过闸孔的流量为

$$Q = \mu nbe\sqrt{2gH}$$
$$= 0.667 \times 5 \times 6 \times 1 \times \sqrt{2 \times 9.8 \times 5} = 198.07(\text{m}^3/\text{s})$$

项目6 能力与素质训练题

【能力训练】

6.1 一无侧收缩矩形薄壁堰,堰宽 $b=0.50\text{m}$,上游堰高 $P_1=0.4\text{m}$,堰为自由出流,今测得堰上水头 $H=0.20\text{m}$,求通过的堰流量 Q。

6.2 有一宽顶堰,堰顶宽度 $\delta=16\text{m}$,堰上水头 $H=2\text{m}$,如上下游水位及堰高均不变,当 δ 分别减小至 8m 及 4m 时,是否还属于宽顶堰?

6.3 某水利枢纽中有一溢流坝,已知坝上游设计水位为 259m,相应的下游水位为 235m,设计流量为 $1300\text{m}^3/\text{s}$,坝址处上下游河床底高程为 215m。坝剖面采用上游垂直的 WES 堰。溢流坝分 3 孔,每孔宽度 12m,中间闸墩头部采用流线型,边墩采用圆弧形。试确定堰顶高程。

6.4 某平底水闸,采用平板闸门。已知:水头 $H=4\text{m}$,闸孔宽 $b=5\text{m}$,闸门开度 $e=1\text{m}$,行近流速 $v_0=1.2\text{m/s}$,试求下游为自由出流时的流量。

【素质训练】

6.5 "堰"与"闸"的含义分别是什么?从古老的四川都江堰到当代的长江三峡水利枢纽,漫长的历史进程中,修建了数以万计的、各种各样的堰和闸,堰闸的过流能力如何计算?

6.6 什么叫堰流和闸孔出流?堰流和闸孔出流有何区别和联系?

6.7 堰流计算的基本公式及适用条件是什么?影响流量系数的主要因素有哪些?

6.8 宽顶堰下游产生淹没水跃时,是否一定是淹没出流?宽顶堰的淹没出流如何判别?

6.9 闸孔出流发生淹没出流时,下游是否一定为淹没水跃?

【拓展阅读】

王 家 坝 闸

王家坝闸位于淮河中上游分界处左岸安徽省阜南县境内淮河濛洼蓄洪工程入口,地处河南与安徽两省三县三河交汇处(固始、淮滨、阜南三县,淮河、洪河、白鹭河三河),因坝建在阜南县王家坝镇而得名。

王家坝闸是淮河濛洼蓄洪区的主要控制工程,建于 1953 年,2003 年拆除重建。淮河特殊的地理条件,使得位于三河交界的王家坝闸具有极其重大的意义,从而有了千里淮河"第一闸"的称号。淮河全长 1000km。王家坝闸以上至淮河源头河南省的桐柏山为淮河上游,落差达 178m,占淮河总落差 200m 的 90%,河道比降为万分之五,上游坡陡水急,洪水直冲王家坝,使王家坝遭受巨大的抗洪压力。王家坝闸也被誉为淮河防汛的"晴雨表",是淮河灾情的"风向标"。濛洼蓄洪区自 1953 年建成,至 2020 年前,共计 12 年 15 次滞蓄洪水,平均 4 年一次。其中 1954 年、1968 年大水,堤防发生决口、溃破达 26 处之多。2020 年 7 月 20 日 8 时 32 分至 7 月 23 日,王家坝再次开闸泄洪。

　　自 2007 年，王家坝闸开闸蓄洪后，时隔 13 年，"千里淮河第一闸"再次开闸泄洪，蒙洼蓄洪区启用。面对汹涌的洪水，面对突如其来的灾难，蒙洼蓄洪区群众没有退缩，他们拖家带口、牵牛赶鸭转移，这种舍小家、为大家的精神令全国人民肃然起敬。家是最小国，国是千万家。舍小家为大家、先国家后个人，从来都是中华文化的核心基因和中华民族的精神标识，是把中华儿女团结在一起的强大精神力量。

　　王家坝每一次开闸泄洪，都为削减淮河洪峰，确保两淮能源基地、京九和京沪交通大动脉、淮北大堤及沿淮大中城市的防洪安全立下汗马功劳。坚固的闸基上，至今仍有洪峰通过的印记，其中，也包含了无数蒙洼百姓的牺牲与奉献。几十年来，几代阜南百姓用开闸蓄洪的壮举诠释了"舍小家为大家、舍局部顾全局"的伟大意义，也用奉献、坚守、不屈与乐观，展现出王家坝人民的浓厚家国情怀。

项目 7

泄水建筑物下游消能水力分析与计算

【知识目标】

掌握泄水建筑物下游常见的消能形式及各自特征；会判别泄水建筑物下游水流衔接形式。

【技能目标】

结合工程案例，能进行泄水建筑物下游水流分析、衔接形式的判别；能进行挑流式消能水力计算；会进行底流式消能水力计算；能用 Excel 进行各种消力池的水力计算，编写水力计算报告。

【素质目标】

培养学生严谨认真、科学求实的态度；培养学生的爱岗敬业精神；培养学生细致耐心、善于观察的能力；培养学生的团结协作精神；培养学生的自主学习能力和创新精神。

【项目导入】

如图 7.1 所示为一溢流坝，单宽流量 $q=80\text{m}^3/(\text{s}\cdot\text{m})$，上下游水位差为 $\Delta Z=60\text{m}$，若不计流速水头及坝面能量损耗，上下游能量差近似等于上下游水位差，即 $\Delta E=60\text{m}$。那么单位宽度河床上每秒钟应消除的能量为 $N=\rho gq\Delta E=9800\times 80\times 60=47000000(\text{W})=47000(\text{kW})$，通常选用适当的措施，在下游较短的距离内消除多余能量 ΔE，并使高速下泄的集中水流安全地转变为下游的正常缓流。

图 7.1 某溢流坝示意图

消能指的是在泄水建筑物和落差建筑物中，为防止或减轻水流对水工建筑物及其下游河渠等的冲刷破坏而修建的工程设施，其目的是为了消耗、分散水流的能量。

本项目的主要任务是根据技术要求对常见的泄水建筑物下游进行消能水力分析与计算，选取合适的消能措施及其水力要素，保证泄水建筑物安全、经济、高效运行，保护下游河道安全和人民群众生命财产的安全。

任务 1　下泄水流特点及消能方式

在水利工程中，为了控制、利用水流，在河、渠中修建了闸、坝等泄水建筑物，使上游水位抬高，上下游形成明显的落差，从而改变了原河渠的水力特性。此外，为了合理布置枢纽和节省工程造价，泄水建筑物的泄流宽度一般都小于原河渠宽度。因此自闸、坝下泄的水流多为流速高、单宽流量大、能量集中的急流，下泄至下游河道时与河道中的水流状态不相适应，易产生两种流态的水流衔接问题。如不妥善进行衔接与消能处理，将会导致以下严重的后果：

（1）下游河床及其岸坡将遭受高速水流的冲刷破坏，会危及建筑物本身安全。

（2）因溢流宽度缩窄，单宽流量集中，下游水流运动的平面分布更加复杂化，不利于整个枢纽的运行。

因此从水力学角度看，必须解决下面两个问题：

（1）解决水流从高水位向低水位过渡时的水流衔接问题。

（2）解决因单宽流量集中以及较大的水位差转化为较大动能时对下游河道的冲刷，即消能问题。

只有解决好上述问题，才可保证建筑物的安全以及避免下泄水流对枢纽其他建筑物（电站和航运建筑物）的不利影响。

水流的衔接与消能是一个问题的两个方面，两者不是孤立的，一定的衔接形式恰好表明了相应消能机理的实质，解决消能问题，同时也解决水流的衔接问题。

若不采取有效工程措施消除下泄水流能量，会冲刷紧接泄水建筑物的河槽，危及建筑物的安全。所以，需在泄水建筑物下游设置消能工程，以消除下泄水流能量，保护建筑物的安全。

目前，实际工程中常采用的水流衔接与消能形式主要有以下三种。

7.1.1　底流式衔接与消能

由项目 5 可知，建筑物下泄的急流向下游缓流过渡时，必然发生水跃。通过水跃产生的表面旋滚和强烈的湍动消除大量的能量，使流速急剧下降，跃后水位迅速回升并与下游水流衔接。因水跃区高流速的主流位于底部，故称为底流式衔接与消能，如图 7.2 所示。这种消能形式主要用于中、低水头的闸、坝，可适应较差的地质条件，消能效果较好。

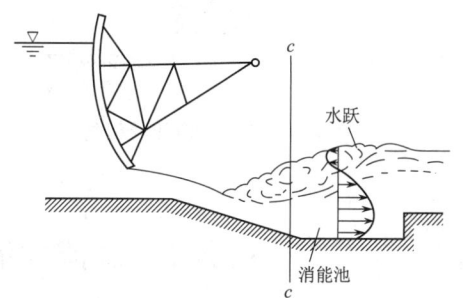

图 7.2　底流式衔接与消能

7.1.2　挑流式衔接与消能

这种消能方式是借助泄水建筑物末端修建的挑流鼻坎，利用水流的动能，将水流挑射到远离建筑物的河床中，与下游水流衔接，称为挑流式衔接与消能，如图 7.3 所示。射出的水股在空中扩散、掺气消耗掉部分动能，然后落入下游河床形成的水垫中，大部分能量在水股跌入水垫后通过水股两侧形成的水滚而消除。这种消能形式主要用于中、高水头、且单宽流量较大时的情形。

7.1.3 面流式衔接与消能

利用建筑物末端设置的跌坎，将高速水流导向下游水流表层，主流与河床间由巨大的底部旋滚隔开，以减轻高速主流对河床的冲刷。水流能量主要通过表层主流的扩散、流速分布调整及底部反向旋滚与主流的相互作用而消耗。由于高流速的主流位于下游水流表层，故称其为面流式衔接与消能，如图 7.4 所示。这种消能形式要求下游具有较高和较稳定的水位，一般用于有排冰、漂木等要求的泄水建筑物。

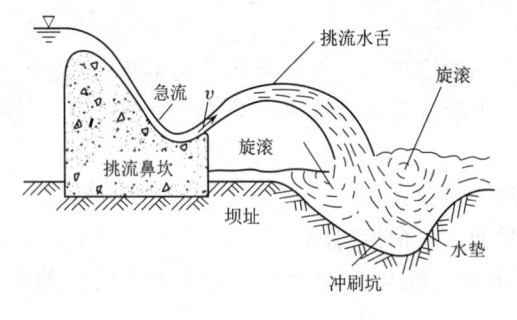

图 7.3 挑流式衔接与消能

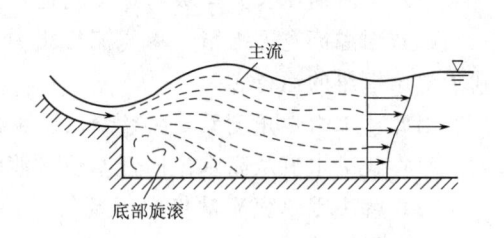

图 7.4 面流式衔接与消能

实际工程中采用的衔接消能形式除上述三种基本形式外，还有戽流式消能、孔板式消能、竖井涡流消能、对冲式消能、宽尾墩消能等。在工程实践中，具体采用哪种消能方式必须结合工程的运用要求，并兼顾水力地形、地质条件等进行综合分析，因地制宜地加以选择。这些消能形式一般是基本消能方式的结合或者是在工程具体条件下的发展应用。如图 7.5 所示就是一种底流与面流相结合的形式，称为戽流式衔接与消能。

重要的水利工程往往需要进行水工模型试验确定消能方式。本项目只介绍最常用的底流式和挑流式衔接与消能的分析和计算。

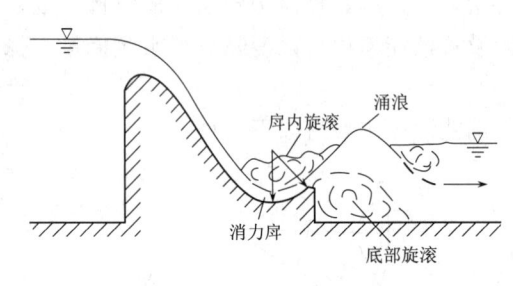

图 7.5 戽流式衔接与消能

任务 2　底流式消能水力分析与计算

7.2.1 底流式衔接的主要形式

经闸、坝下泄的水流在泄流过程中，势能不断转化为动能。在建筑物下游某过水断面上水深达到最小值，而流速达到最大值，这个断面称为收缩断面，该断面水深为收缩水深 h_c。收缩断面水深 h_c 一般小于临界水深 h_k，水流呈急流；而河道下游水深 h_t，往往大于临界水深 h_k，水流呈缓流，水流从急流向缓流过渡，必然发生水跃。水跃发生的位置，有三种情况：正好在收缩断面处开始发生，在收缩断面以前发生，在收缩断面以后发生,这是三种不同的水跃形式,会发生何种形式的水跃,取决于建筑物下游收缩断面水深 h_c 的跃后水深 h_c'' 与下游水深 h_t 的孰大孰小。判断方法是:先以 $h_c = h'$(即以收缩断面水深作为跃前水深),将 h_c 代入水跃方程求得跃后水深 h_c'',然后将求得的 h_c'' 与下游水深 h_t 比较,可出现 $h_t = h_c''$、$h_t < h_c''$、$h_t > h_c''$ 三种情况,由此可判断出发生何种水跃(h_c'' 求解方程见项目5任务2)。

1. 临界式水跃衔接

当 $h_t = h_c''$ 时,表明此时下游水深 h_t 正好等于收缩断面水深 h_c 所对应的跃后水深 h_c'',水跃恰好在收缩断面处开始发生,称这种水跃为临界式水跃,这种水流衔接称为临界式水跃衔接,如图7.6所示。

2. 远离式水跃衔接

当 $h_t < h_c''$ 时,表明此时下游水深 h_t 小于与收缩断面水深 h_c 相对应的共轭水深 h_c''。下游水深 h_t 即为实际跃后水深,由水跃函数曲线可知,较小的跃后水深要求较大的跃前水深与之相对应,因而 h' 应大于 h_c,所以应从收缩断面后、在水深增大到正好等于 h_t 的共轭水深 h_c'' 时开始发生水跃,如图7.7所示。称这种水跃为远离式水跃,这种衔接称为远离式水跃衔接。

3. 淹没式水跃衔接

当 $h_t > h_c''$ 时,这种情况与上一种情况正好相反。即收缩水深要求的跃后水深比下游实际水深小,水跃被水深较大的下游水流向前推移,收缩断面被淹没,因而称这种水跃为淹没式水跃,这种衔接为淹没式水跃衔接。如图7.8所示。

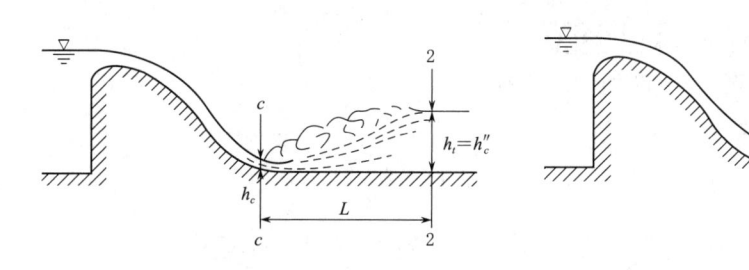

图 7.6 临界式水跃衔接

图 7.7 远离式水跃衔接

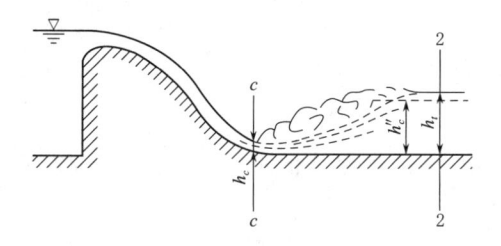

图 7.8 淹没式水跃衔接

根据理论和实验研究表明,临界式水跃的水流能量损失最大,其消能效果最好。但临界式水跃不稳定,当流量稍有增大或下游水深稍有减小时,很容易转变为远离式水跃。远离式水跃其消能效果较差,且从收缩断面到跃前断面为急流,流速较大,对河床的冲刷能力很强，不利于建筑物的安全。对于淹没式水跃，当淹没系数 $\sigma>1.2$ 时，消能率降低，但当淹没系数 $\sigma=1.05\sim1.10$ 时，淹没式水跃的消能效果接近临界式水跃，而且不易变为远离式水跃。综上所述，选取淹没系数 $\sigma=1.05\sim1.10$ 的稍有淹没的水跃衔接形式进行消能最为有利。

7.2.2 收缩断面水深计算

闸、坝等泄水建筑物下泄水流要经过收缩断面并且发生水跃，以水跃的形式与下游水流衔接，研究表明：水跃发生在收缩断面前后的位置不同，则发生不同的水跃衔接形式，而水跃衔接形式决定了是否需要采取消能措施，判断会发生哪一种水跃衔接形式又与收缩断面水深 h_c 有关，所以底流式衔接与消能的水力计算第一步要求计算 h_c，第二步由 h_c 计算 h_c'' 并判别水跃衔接形式，由水跃衔接形式决定是否需要进行消能，第三步才是进行消能计算。

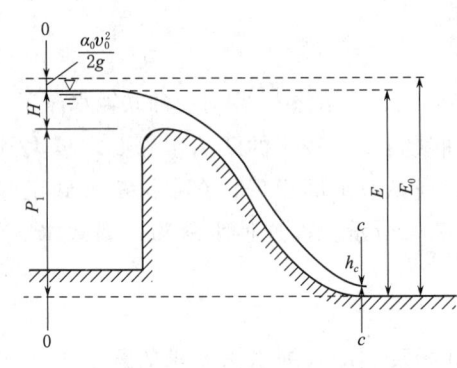

图 7.9 某曲线型溢流堰

1. 基本方程

以图 7.9 所示的溢流坝为例，建立收缩断面水深计算的基本方程。通过收缩断面底部的水平面为基准面，对断面 0—0 和断面 c—c 列能量方程，可得下式：

$$E_0 = h_c + \frac{\alpha_c v_c^2}{2g} + h_\omega \tag{7.1}$$

式中 h_c、v_c——收缩断面的水深与流速；
      h_ω——0—0 至 c—c 断面的水头损失；
      E_0——堰前总水头。

由图 7.9 可以看出 $E_0 = P_1 + H_0 = P_1 + H + \dfrac{\alpha_0 v_0^2}{2g}$

令 $h_\omega = \zeta v_c^2/2g$，流速系数 $\varphi = 1/\sqrt{\alpha_c + \zeta}$，则式 (7.1) 可写为

$$E_0 = h_c + \frac{v_c^2}{2g\varphi^2} = h_c + \frac{Q^2}{2g\varphi^2 A_c^2} \tag{7.2}$$

式中 Q——下泄流量；
      A_c——收缩断面面积。

式 (7.2) 为计算 h_c 的一般公式。

对矩形断面：$A_c = bh_c$，取单宽流量 $q = \dfrac{Q}{b}$，式 (7.2) 可以写成如下形式：

$$E_0 = h_c + \frac{q^2}{2g\varphi^2 h_c^2} \tag{7.3}$$

从式 (7.3) 可以看出，求 h_c 要解三次方程，需要用试算法求解。对于矩形断面，可用迭代逼近的方法计算。由式 (7.3) 可得出迭代式为

$$h_{ci+1} = \frac{q}{\varphi\sqrt{2g(E_0 - h_{ci})}} \tag{7.4}$$

式（7.4）虽是针对溢流堰导出的公式，但对闸下出流也完全适用。

φ——泄水建筑物的流速系数，φ 值的大小主要取决于建筑物的形式和尺寸，初估可按表 7.1 选取；也可用经验公式计算，对于高坝可采用式（7.5）计算；对于坝前水流无明显掺气，且 $P_1/H<30$ 的曲线型实用堰，可采用式（7.6）计算：

$$\varphi=\left(\frac{q^{\frac{2}{3}}}{s}\right)^{0.2} \tag{7.5}$$

式中　s——上游水位至收缩断面底部的垂直距离，单位以 m 计。

$$\varphi=1-0.0155\frac{P_1}{H} \tag{7.6}$$

式中　P_1——上游堰高；

　　　H——堰前水头。

2. 计算方法

计算步骤如下：

（1）令 $h_c=0$ 代入式（7.4）的右边计算得 h_{c1}。

（2）将 h_{c1} 仍代入式（7.4）的右边计算得 h_{c2}，比较 h_{c1} 和 h_{c2}，如两者相等，则 h_{c2} 即为所求 h_c。否则，再将 h_{c2} 代入式（7.4）的右边计算得 h_{c3}，再比较，如不满足，再计算，就这样逐次渐近，直至两者近似相等为止。求出收缩断面水深 h_c 之后，可由水跃方程算出 h_c''。

以上给出的求解收缩断面水深 h_c 及其要求的共轭水深 h_c'' 的方法，不仅适用于溢流堰，对于水闸和其他泄水建筑物也完全适用。

对于梯形断面，求 h_c 及 h_c''，除用公式（7.4）试算外，也可用图表求解。有关这方面的内容可参考有关的水力学书籍。

求出收缩断面的水深 h_c 及其共轭水深 h_c'' 之后，将 h_c'' 与下游水深 h_t 进行比较，即可判别建筑物下游水流的衔接形式。

【例 7.1】　某曲线型溢流堰如图 7.9 所示，堰顶高程 330.5m，下游河底高程为 325m，当下泄单宽流量 $q=8.0\text{m}^3/(\text{s}\cdot\text{m})$ 时，堰上总水头 $H_0=2.06\text{m}$，下游矩形断面河槽的水深 $h_t=2.0\text{m}$，求下游收缩断面水深 h_c，并判断水流的衔接形式。

解：（1）试算法计算 h_c。

根据题意，可得 $E_0=P_1+H_0=330.5-325+2.06=7.56\text{m}$，查表 7.1 得流速系数 $\varphi=0.9$，将 q、E_0、φ 的数值代入式（7.4），用试算法计算 h_c。

表 7.1　　　　　　　　　泄水建筑物的流速系数 φ 值

建筑物泄流方式	图　形	φ
表面光滑的曲线型实用堰平板闸闸孔自由出流		0.85~0.95

续表

建筑物泄流方式	图形	φ
表面光滑的曲线型实用堰自由出流 ①溢流面长度较短 ②溢流面长度中等 ③溢流面长度较长		①1.00 ②0.95 ③0.90
平板闸闸孔自由出流		0.97~1.00
折线型断面实用堰自由出流		0.80~0.90
宽顶堰自由出流		0.85~0.95
无闸门跌水		1.00
末端设闸门的跌水		0.97~1.00

$$h_{ci+1} = \frac{q}{\varphi\sqrt{2g(E_0 - h_{ci})}} = \frac{8.0}{0.9 \times \sqrt{2 \times 9.8 \times (7.56 - h_{ci})}}$$

令 $h_{c1} = 1.0$m 代入上式右边，得 h_{c2}：

$$h_{c2} = \frac{q}{\varphi\sqrt{2g(E_0 - h_{ci})}} = \frac{8.0}{0.9 \times \sqrt{2 \times 9.8 \times (7.56 - 1.0)}} = 0.784 \text{(m)}$$

同理得 $h_{c3} = 0.771$m，$h_{c4} = 0.771$m，因为，h_{c3} 与 h_{c4} 十分接近，故取 $h_c = 0.771$m。

详细计算过程见表 7.2。

表 7.2　　　　　　　　　　　　　收缩断面水深计算表

	A	B	C	D	E	F
1	$q=$	8.0	$E_0=$	7.56	$\alpha=$	0.9
2	h_{c1}	h_{c2}	h_{c3}	h_{c4}	h_{c5}	h_{c6}
3	1.0	0.784	0.771	0.771	0.771	0.771

（2）判断溢流堰下游水跃形式。

单宽流量对应的临界水深为

$$h_k = \sqrt[3]{\frac{q^2}{g}} = \sqrt[3]{\frac{8.0^2}{9.8}} = 1.869\text{m}$$

因 $h_c < h_k < h_t$，泄水建筑物收缩断面处水流为急流，下游渠道水流为缓流，则在下游渠道产生水跃。h_c 的共轭水深 h_c'' 为

$$h_c'' = \frac{h_c}{2}\left(\sqrt{1+\frac{8q^2}{gh_c^3}}-1\right) = \frac{0.771}{2}\left(\sqrt{1+\frac{8\times 8.0^2}{9.8\times 0.771^3}}-1\right) = 3.745(\text{m})$$

因 $h_c'' > h_t = 2.0\text{m}$，则在泄水建筑物收缩断面处发生远离式水跃，需设置底流式消能工。

7.2.3　消力池的水力计算

如果判定泄水建筑物下游发生临界式或远离式水跃，则需增加下游水深迫使其能发生淹没系数 $\sigma=1.05\sim1.10$ 的淹没式水跃，但没有必要增加整个河道的水深，只需在靠近建筑物下游较短的距离内建一消力池（即水池），使池内水深增大到能够产生 $\sigma=1.05\sim1.10$ 的淹没式水跃即可，底流式消能就是利用上述建消力池的方法，使池内恰好产生淹没式水跃达到消能的目的。消力池的水力计算就是求消力池的池深和池长。由于池内水流湍急，池底需进行强化加固，这种加固结构称为"护坦"。

实际工程中常见的消力池有三种：

（1）挖深式消力池（又称消力池）：主要适用于河床易开挖且造价比较经济的情况，在泄水建筑物下游原河床下挖即降低护坦高程，形成所需消力池，使池内产生所需水跃，如图 7.10（a）所示。

（2）坎式消力池（又称消力坎）：当河床不易开挖或开挖太深造价不经济时，可在原河床上修建一道坎（墙），使坎前形成消力池，壅高池内水深，使池内产生所需水跃，如图 7.10（b）所示。

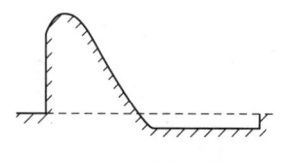

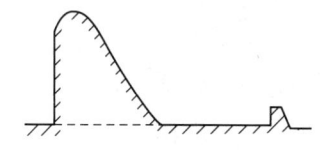

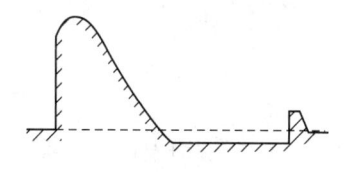

（a）挖深式消力池　　　　（b）坎式消力池　　　　（c）综合式消力池

图 7.10　消力池

（3）综合式消力池：当单纯开挖，开挖量太大，单纯建坎，坎又太高，不经济，

且坎后易形成远离式水跃，冲刷河床，可两者兼用。这种既降低护坦高程，又修建消力坎的消力池称为综合式消力池，如图7.10（c）所示。

本任务只讨论矩形断面的挖深式消力池和坎式消力池的水力计算。消力池的水力计算主要包括池深（或坎高）及池长的计算。

7.2.3.1 挖深式消力池的水力计算

1. 消力池池深 S 的确定

将下游河床下挖一深度 S 后，形成消力池，池内水流现象如图7.11所示。出池水流由于垂向收缩，过水断面减小，动能增加，形成一水面跌落 Δ_z，其出池水流可视为宽顶堰流，由图7.11中可得池末水深 h_T。

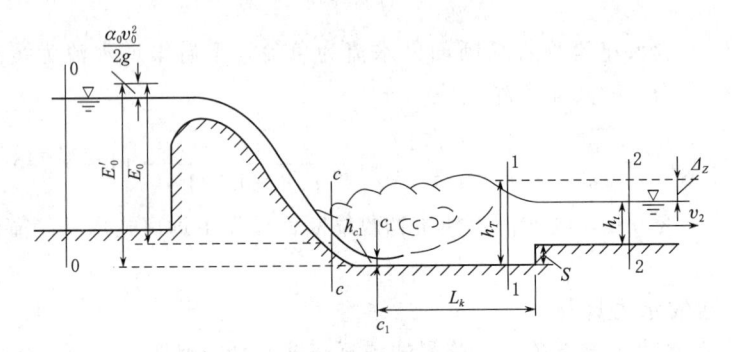

图 7.11 挖深式消力池的水力计算

$$h_T = S + h_t + \Delta_z \tag{7.7}$$

为保证池内发生稍有淹没的淹没式水跃，要求池末水深 $h_T > h_c''$

即要求 $\quad h_T = \sigma h_c'' = S + h_t + \Delta_z$

式中 σ——淹没系数，通常取 1.05~1.10。

由上述条件可得池深 S 的计算公式为

$$S = \sigma h_c'' - (h_t + \Delta_z) \tag{7.8}$$

水面跌落 Δ_z 的计算公式，可通过对消力池出口断面 1—1 及下游断面 2—2 列能量方程（以通过断面 2—2 底部的水平面为基准面）得

$$\Delta_z + \frac{v_1^2}{2g} = \frac{v_2^2}{2g} + \zeta \frac{v_2^2}{2g}$$

以 $v_1 = \dfrac{q}{h_T}$，$v_2 = \dfrac{q}{h_t}$，$\varphi' = \dfrac{1}{\sqrt{1+\zeta}}$ 代入上式得

$$\Delta_z = \frac{q^2}{2g}\left[\frac{1}{(\varphi' h_t)^2} - \frac{1}{(\sigma h_c'')^2}\right] \tag{7.9}$$

式中 φ'——消力池出口的流速系数，一般取 0.95。

应当注意的是，应用式（7.8）和式（7.9）求解池深 S 时，式中的 h_c'' 应是护坦降低以后的收缩断面水深 h_c 对应的跃后水深。而护坦高程降低 S 值后，E_0 增至 $E_0' = E_0 + S$，收缩断面位置下移，据式（7.4）可知 h_c 值必然发生改变，与其对应的 h_c'' 值也随之改变。显然，S 与 h_c'' 之间是一复杂的隐函数关系，所以求解 S 一般采用试

算法。

求解 S 试算步骤：

（1）估算池深 S。初估时可用略去 Δ_z 的近似式。

$$S = \sigma h_c'' - h_t \tag{7.10}$$

式中取 $\sigma = 1.05$

式中 h_c''——近似用建池前 h_c'' 代替建池后 h_c''，仅供估算用。

（2）计算建池后的 h_c 和 h_c''。

$$h_{ci+1} = \frac{q}{\varphi\sqrt{2g(E_0' - h_{ci})}} \quad (\text{式中 } E_0' = E_0 + S) \tag{7.11}$$

$$h_c'' = \frac{h_c}{2}\left(\sqrt{1 + \frac{8q^2}{gh_c^3}} - 1\right)$$

（3）计算 Δ_z（建池后 h_c''）。 $\Delta_z = \frac{q^2}{2g}\left[\frac{1}{(\varphi' h_t)^2} - \frac{1}{(\sigma h_c'')^2}\right]$

（4）计算 σ（建池后 h_c''）。 $\sigma = \frac{S + h_t + \Delta_z}{h_c''} \tag{7.12}$

若 σ 在 1.05～1.10 的范围内，则消力池深度 S 满足要求，否则调整 S，重复（2）～（4）步骤，直到满足要求为止。

2. 消力池长度 L_k 的计算（适用消力池、消力坎）

消力池除需具有足够的深度外，还需有足够的长度，以保证水跃不冲出池外，防止对下游河床产生不利影响。实验表明，池内淹没水跃因受池末端竖立壁坎产生的反向力作用，由池内收缩断面算起的水跃长度 L_j' 比平底渠道中产生的自由水跃长度 L_j 短 20%～30%，则

$$L_j' = (0.7 \sim 0.8)L_j$$

当泄水建筑物为曲线型实用堰时，消力池长度 L_k 等于池内水跃长度 L_j'，即

$$L_k = L_j' = (0.7 \sim 0.8)L_j \tag{7.13}$$

$$L_j = 6.9(h_c'' - h_c) \quad (h_c'' \text{ 和 } h_c \text{ 为建池后跃后和跃前水深})$$

式中 L_j——平底渠中自由水跃长度，详见项目 5 任务 2。

当泄水建筑物为跌坎或宽顶堰时，消力池长度还应考虑跌坎或宽顶堰到收缩断面间的距离，具体计算请参阅《水力计算手册》或其他有关水力学书籍。

3. 消力池的设计流量 Q_S、Q_L

上述消力池池深、池长的计算是在固定某一流量情况下进行的，而建好后的消力池要通过一定范围内的各种流量，那么，用哪一个流量来计算池深和池长，才能使全部流量变化范围内都能保证在池内发生稍有淹没的淹没式水跃呢？显然，应考虑最不利的情况，即要选取具有最大池深和最大池长的流量作为消力池的设计流量（Q_S：池深设计流量；Q_L：池长设计流量）。

由简化公式（$S = \sigma h_c'' - h_t$）可知，（$\sigma h_c'' - h_t$）差值最大时池深 S 最大，因此（$\sigma h_c'' - h_t$）差值最大时所对应的流量就是设计流量，所以，只要在包含 $Q_{\max}$、$Q_{\min}$ 在内的流量变化范围内选取几个 Q 值，算出相应的 h_c''、h_t，绘出 Q 与（$\sigma h_c'' - h_t$）的

关系曲线，从曲线上选取最大（$\sigma h_c'' - h_t$）对应的流量，即为消力池池深的设计流量 Q_S。实践表明，池深的设计流量一般比 Q_{max} 小。

需注意，池长的设计流量不等于池深的设计流量，即 $Q_S \neq Q_L$，一般情况，水跃长度随流量增大而增大，因此，池长的设计流量 Q_L 就是建筑物所通过的最大流量 Q_{max}。

综上所述，给出底流式衔接与消能水力计算的思路步骤：

(1) 求建池前 h_c。

(2) 求建池前 h_c''，判断水跃衔接形式。

(3) 经判别为临界或远离式水跃时拟建消力池：①求池深 S；②求池长 L_k。

【例 7.2】 某水闸单宽流量 $q = 12.50 \text{m}^3/(\text{s} \cdot \text{m})$，上游水位 28.00m，下游水位 24.50m，渠底高程 21.00m，闸底高程 22.00m，如图 7.12 所示，拟在闸下游建一挖深式消力池，求消力池尺寸（出池水流流速系数 $\varphi' = 0.95$）。

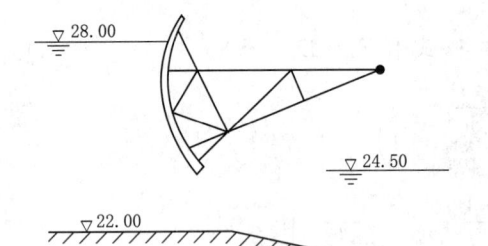

图 7.12 建筑物下游衔接形式水力计算

解： 1. 确定池深 S

(1) 估算池深 S。
$$S = \sigma h_c'' - h_t = 1.05 \times 4.56 - 3.50 = 1.288(\text{m})$$

(2) 计算建池后的 h_c 和 h_c''。
$$E_0' = E_0 + S = 7.22 + 1.288 = 8.508(\text{m})$$

将 q、E_0、φ 的数值代入式 $h_{ci+1} = \dfrac{q}{\varphi \sqrt{2g(E_0 - h_{ci})}}$

经计算求得 $h_c = 1.091$m

$$h_c'' = \frac{h_c}{2}\left(\sqrt{1 + \frac{8q^2}{gh_c^3}} - 1\right) = \frac{1.091}{2} \times \left(\sqrt{1 + \frac{8 \times 12.5^2}{9.8 \times 1.091^3}} - 1\right) = 4.89(\text{m})$$

(3) 计算 Δz。
$$\Delta z = \frac{q^2}{2g}\left[\frac{1}{(\varphi' h_t)^2} - \frac{1}{(\sigma h_c'')^2}\right]$$
$$= \frac{12.5^2}{2 \times 9.8}\left[\frac{1}{(0.95 \times 3.5)^2} - \frac{1}{(1.05 \times 4.89)^2}\right] = 0.419(\text{m})$$

(4) 计算 σ。
$$\sigma = \frac{S + h_t + \Delta z}{h_c''} = \frac{1.288 + 3.5 + 0.419}{4.89} = 1.065$$

σ 在 1.05~1.10 范围内，所以池深满足要求，为方便施工，池深取 $S = 1.3$m。

2. 确定池长

$$L_k = (0.7 \sim 0.8) L_j$$
$$L_j = 6.9(h_c'' - h_c) = 6.9 \times (4.89 - 1.091) = 26.21(\text{m})$$

$$L_k = (0.7 \sim 0.8)L_j = 0.7 \times 26.21 \sim 0.8 \times 26.21 = 18.35 \sim 20.97 (\text{m})$$

取池长 $L_k = 20\text{m}$。

7.2.3.2 坎式消力池的水力计算

1. 坎高 C 的计算

当河床不易开挖或开挖不经济时，可在护坦末端修筑消力坎，壅高坎前水位形成消力池，以保证在建筑物下游产生稍有淹没的淹没式水跃。池内水流现象，如图 7.13 所示，坎式消力池池内水流现象与挖深式消力池基本相同，但出池水流是折线型实用堰流。同理，为保证池内产生稍有淹没的淹没式水跃，坎前水深 h_T 应为

$$h_T = \sigma h_c''$$
$$h_T = C + H_1$$

式中 C——坎高；

H_1——坎顶水头。

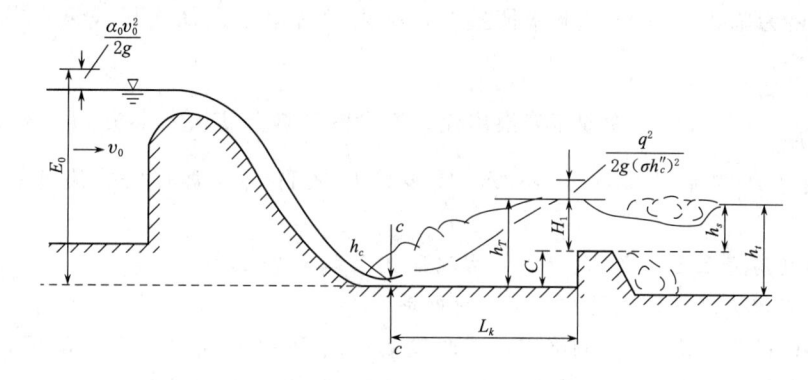

图 7.13 坎式消力池的水力计算

则坎高

$$C = \sigma h_c'' - H_1$$

坎顶水头 H_1 可用堰流公式计算：

$$H_1 = H_{10} \frac{v_0^2}{2g} = \left(\frac{q}{\sigma_s m_1 \sqrt{2g}}\right)^{\frac{2}{3}} - \frac{q^2}{2g(\sigma h_c'')^2}$$

则

$$C = \sigma h_c'' + \frac{q^2}{2g(\sigma h_c'')^2} - \left(\frac{q}{\sigma_s m_1 \sqrt{2g}}\right)^{\frac{2}{3}} \tag{7.14}$$

$$\sigma_s = f\left(\frac{h_t - c}{H_{10}}\right) = f\left(\frac{h_s}{H_{10}}\right)$$

式中 m_1——折线型实用堰的流量系数，一般取 $m_1 = 0.42$；

σ_s——消力坎淹没系数，其大小与下游水深和坎高有关。

实验表明：当 $\frac{h_s}{H_{10}} \leqslant 0.45$ 时，出池水流为堰流自由出流，$\sigma_s = 1$；当 $\frac{h_s}{H_{10}} > 0.45$ 时，出池水流为堰流淹没出流，σ_s 值可根据相对淹没度 $\frac{h_s}{H_{10}}$ 查表 7.3 确定。

表 7.3　　　　　　　　　消力坎的淹没系数 σ_s 值

h_s/H_{10}	≤0.45	0.50	0.55	0.60	0.65	0.70	0.72	0.74	0.76	0.78
σ_s	1.00	0.990	0.985	0.975	0.960	0.940	0.930	0.915	0.900	0.885
h_s/H_{10}	0.80	0.82	0.84	0.86	0.88	0.90	0.92	0.95	1.00	
σ_s	0.865	0.845	0.815	0.785	0.750	0.710	0.651	0.535	0.000	

计算时，开始坎高尚未确定，无法判别过坎水流是否为堰流淹没出流，一般先按堰流自由出流考虑，取 $\sigma_s=1$，利用式（7.14）可求出坎高 c_1。而后再求出 $\dfrac{h_t-c_1}{H_{10}}$ 的数值，判别过坎水流是否为堰流自由出流。

若 $\dfrac{h_t-c_1}{H_{10}} \leqslant 0.45$，为堰流自由出流，$c_1$ 即为所求的消力坎高度。

应当指出的是：如果消力坎出池水流为自由出流，则应校核坎后的水流衔接情况，如坎后为临界或远离式水跃衔接时，必须设置第二道消力坎或采取其他消能措施。

若 $\dfrac{h_t-c_1}{H_{10}} > 0.45$，为堰流淹没出流。淹没的影响会使坎上水头 H_1 增大，要使消力池内水跃的淹没系数 σ_s 不变，需要降低坎高 c_1。消力坎的流速系数一般取 0.90~0.95。

2. 坎式消力池池长 L_k 的计算（方法同挖深式消力池）

3. 坎式消力池设计流量 Q_c、Q_L 的确定

坎高 C 的设计流量 Q_c 的确定：选取包括 $Q_{\max}$ 和 $Q_{\min}$ 在内的若干 Q 值，分别计算出其相应的坎高 C 值，绘制 $Q \sim C$ 曲线，最大 C 值对应的流量即为坎高的设计流量。实践表明一般情况 $Q_c < Q_{\max}$。

坎式消力池池长的设计流量 Q_L 即是消力池通过的最大流量。须知 $Q_L \neq Q_c$。

【例 7.3】　某 WES 剖面堰堰顶高程 456.50m，下游河床底部高程 420.00m，泄流单宽流量为 20.00m³/(s·m) 时，堰上水头 4.50m，下游水深 8.30m，流速系数 $\varphi=0.9$，试判断是否需建消力池，若需建请按消力坎式消力池设计尺寸。

解：1. 判断下游水流衔接情况

因为 　　　　　$\dfrac{P_1}{H} = \dfrac{456.50-420.00}{4.50} = 8.11 > 1.33$

所以为高坝，可忽略行近流速水头，$H_0 \approx H = 4.50\text{m}$。

$$E_0 = P_2 + H_0 = (456.50-420.00) + 4.50 = 41.00(\text{m})$$

$$h_c = \dfrac{\dfrac{q}{\varphi\sqrt{2g}}}{\sqrt{E_0-h_c}} = \dfrac{\dfrac{20}{0.9 \times \sqrt{19.6}}}{\sqrt{41.00-h_c}}$$

经计算得 $h_c = 0.79\text{m}$。

$$h_c'' = \dfrac{h_c}{2}\left(\sqrt{1+\dfrac{8q^2}{gh_c^3}}-1\right) = \dfrac{0.79}{2} \times \left(\sqrt{1+\dfrac{8\times 20^2}{9.8\times 0.79^3}}-1\right) = 9.78\text{m} > h_t = 8.30\text{m}$$

故下游发生远离式水跃，需建消力池。

2. 确定消力坎式消力池尺寸

（1）坎高计算：

$$C = \sigma h_c'' + \frac{q^2}{2g(\sigma h_c'')^2} - H_{10}$$

$$H_{10} = \left(\frac{q}{\sigma_s m_1 \sqrt{2g}}\right)^{\frac{2}{3}}$$

设消力坎为自由出流，$\sigma_s = 1$，取 $m_1 = 0.42$，则

$$H_{10} = \left(\frac{20}{0.42\sqrt{2 \times 9.8}}\right)^{\frac{2}{3}} = 4.87(\text{m})$$

$$C_1 = 1.05 \times 9.78 + \frac{20^2}{2 \times 9.8 \times (1.05 \times 9.78)^2} - 4.87 = 5.59(\text{m})$$

$$h_s = h_t - C_1 = 8.30 - 5.59 = 2.71(\text{m})$$

$$\frac{h_s}{H_{10}} = \frac{2.71}{4.87} = 0.556 > 0.45$$

所以消力坎为淹没出流，$\sigma_s < 1$，采用逐次渐近法重算坎高。

据 $\frac{h_s}{H_{10}} = 0.556$，查表 7.3 得 $\sigma_s = 0.984$

$$H_{10} = \left(\frac{20}{0.984 \times 0.42\sqrt{2 \times 9.8}}\right)^{\frac{2}{3}} = 4.92(\text{m})$$

$$C_2 = 1.05 \times 9.78 + \frac{20^2}{2 \times 9.8 \times (1.05 \times 9.78)^2} - 4.92 = 5.54(\text{m})$$

$$h_s = h_t - C_2 = 8.30 - 5.54 = 2.76(\text{m})$$

由 $\frac{h_s}{H_{10}} = \frac{2.76}{4.92} = 0.561$，查表 7.3 得 $\sigma_s = 0.983$

则 $$H_{10} = \left(\frac{20}{0.983 \times 0.42\sqrt{2 \times 9.8}}\right)^{\frac{2}{3}} = 4.93(\text{m})$$

$$C_3 = 1.05 \times 9.78 + \frac{20^2}{2 \times 9.8 \times (1.05 \times 9.78)^2} - 4.93 = 5.53(\text{m})$$

因 C_3 与 C_2 很接近，故取 $C = 5.53\text{m}$，实际坎高可取为 5.50m。

（2）池长计算：

$$L_k = (0.7 \sim 0.8) L_j$$

$$L_j = 6.9 (h_c'' - h_c) = 6.9 \times (9.78 - 0.79) = 62.03(\text{m})$$

$$L_k = 0.7 \times 62.03 \sim 0.8 \times 62.03 = 43.42 \sim 49.62(\text{m})$$

取池长为 46m。

7.2.4 底流式消能的其他形式及辅助设施

7.2.4.1 特例的消力池形式

当下游水深较大、泄水建筑物下游形成淹没度过大的水跃时，消能效果将大为降

低，甚至形成高速潜流，使下游较长范围内的河床受到冲刷。此时可采用斜坡消力池或戽式消力池等特殊形式的消力池。

1. 斜坡消力池

斜坡消力池是指消力池护坦不采用平底，而采用有一定坡度的倾斜护坦，如图 7.14 所示。当下游水位偏高时，水跃发生在倾斜护坦较后的某个位置。

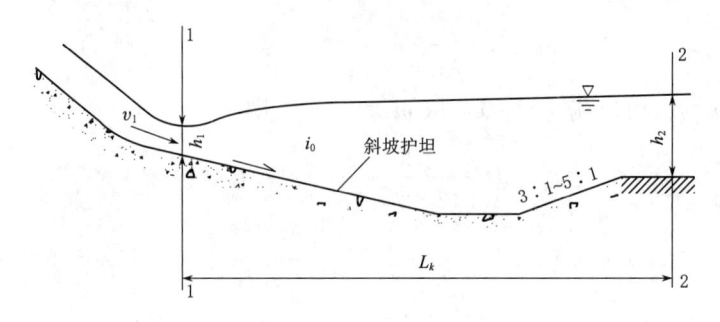

图 7.14 斜坡消力池

目前，斜坡护坦上水跃的水力计算尚无完善的方法。设计时可用试算法，先假定跃前水深 h'，计算跃前断面的弗汝德数 Fr_1；根据 Fr_1 和护坦的倾斜坡度 i_0 值，由图 7.15（a）求出两个共轭水深的比值 $\dfrac{h''}{h'}$ 进而求得 h''；由图 7.15（b）可求出水跃长度 L_j 与第二共轭水深 h'' 的比值 L_j/h''，算出水跃长度 L_j；根据 h'' 和 L_j 反求跃前水深 h'，用以与假定的跃前水深 h' 相比较，如不符合，则重设 h'，再次计算，直到假定的 h' 与算得的 h' 近似相等为止。

2. 戽式消力池

当下游水深较大，且有一定变化范围时，可在泄水建筑物末端修建一个具有较大

(a)

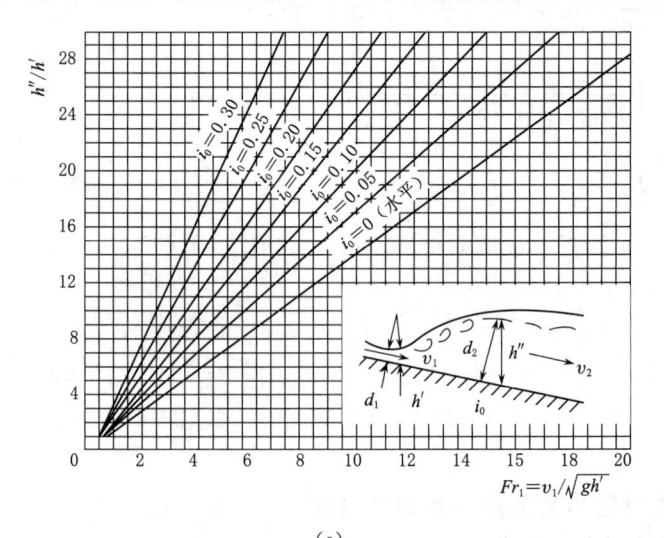

图 7.15（一） 斜坡消力池水跃水深和跃长求解

(b)

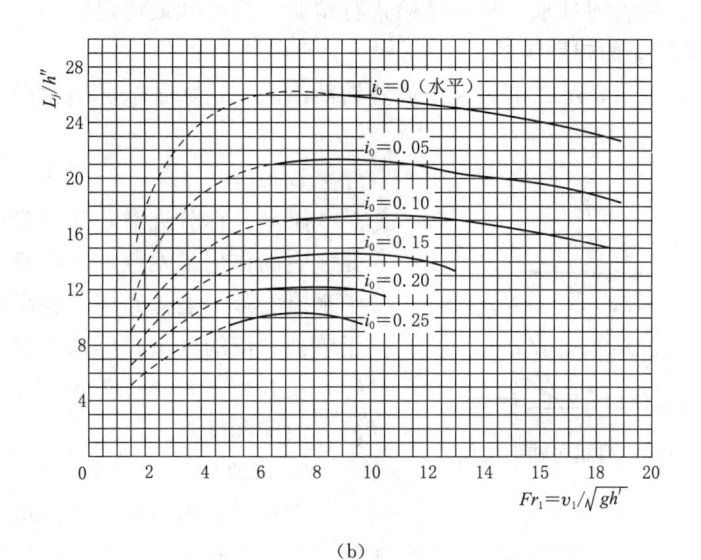

图 7.15（二） 斜坡消力池水跃水深和跃长求解

反弧半径和挑角的低鼻坎的凹面戽斗，即消力戽。受一定下游水深的顶托作用，从泄水建筑物下泄的高速水流在戽内形成剧烈的表面旋滚，主流沿鼻坎挑起，形成涌浪并向下游扩散，戽坎下出戽主流与河床之间产生一个反向旋滚，有时涌浪之后还会产生一个微弱的表面旋滚。消力戽就是利用这三个旋滚和一个涌浪产生强烈的紊动摩擦和扩散作用，取得良好的消能效果，典型的戽流流态，如图 7.16 所示。

当下泄单宽流量过大时，为了加大戽内旋滚体积，增加消能效果，从戽体最低断面开始，设置一段水平池底，使戽体形似消力池，但却保持戽流特点，因而称为戽式消力池，如图 7.17 所示。其水力计算请参阅有关水力计算的手册或文献。

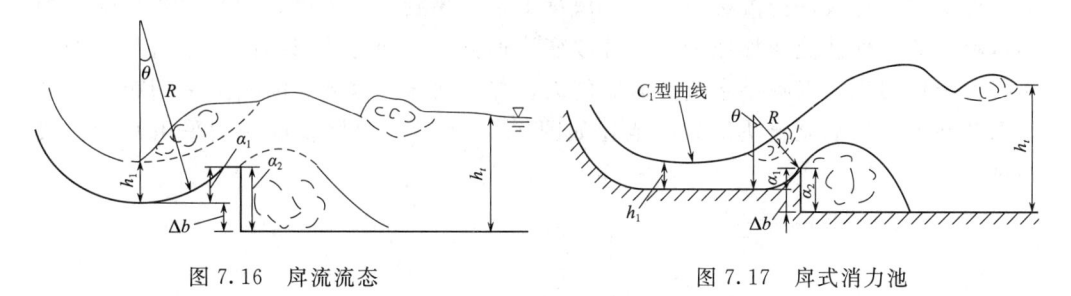

图 7.16　戽流流态

图 7.17　戽式消力池

3. 窄缝式消能

窄缝式消能工是一种高效的收缩式消能工，它借助侧壁的收缩，迫使水流变形，增强紊动和掺气，形成竖向和纵向扩散的挑流流态，减小单位面积的入水能量，减轻对下游河床的冲刷，特别适合解决高山狭谷河流的消能泄洪问题。另外，窄缝式消能工也便于水流转向，容易顺应下游河道。自 1954 年葡萄牙的卡勃利尔（Cabril）拱坝首先采用窄缝消能工以来，至少已有二十多个枢纽采用了窄缝消能技术，但是到现在为止，窄缝消能工并无成熟的设计方法，一般都是参照已有的工程经验，选择收缩段的体型和尺寸，然后通过水力模型试验进行检验、修改和最终定案。

7.2.4.2 底流消能的辅助消能工

为提高消能效果，可在消力池中设置辅助消能工，如趾墩、消力墩、尾坎等，如图 7.18 所示。

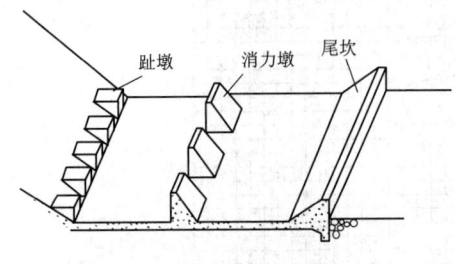

图 7.18 底流式消能之辅助消能工

1. 趾墩

趾墩又称分流墩，常布置在消力池入口处。它的作用是发散入池水股，加剧消力池中水流的紊动混掺作用，提高消能效率。对于单独加设的趾墩，可以增大收缩断面水深 h_c，使共轭水深 h_c'' 减小，因此，可以减小消力池的深度 S。

2. 消力墩

常布置在消力池内的护坦上。它的作用除了分散水流、形成更多漩涡以提高消能效果外，还有迎拒水流、对水流产生反冲击力。根据动量方程分析可知，消力墩对水流的反冲击力将降低水跃的共轭水深，从而可以减小消力池的池深 S。

3. 尾坎

其作用是将池末流速较大的底部水流挑起，改变下游的流速分布，使面层流速较大，底部流速较小，从而减轻出池水流对池后河床或海漫的冲刷作用。

辅助消能工的水力计算，可查阅有关水力计算手册。

4. 护坦下游的河床加固

由于出消力池水流紊动仍很剧烈，底部流速较大，故对河床仍有较强的冲刷能力。所以，在消力池后，除岩质较好，足以抵抗冲刷外，一般都要设置较为简易的河床保护段，这段保护段称为海漫。海漫不是依靠旋滚来消能，而是通过加糙、加固过流边界，促使流速加速衰减，并改变流速分布，使海漫末端的流速沿水深的分布接近天然河床，以减小水流的冲刷能力，保护河床。因此，海漫通常用粗石料或表面凹凸不平的混凝土块铺砌而成，如图 7.19 所示。海漫长度一般采用经验公式估算。

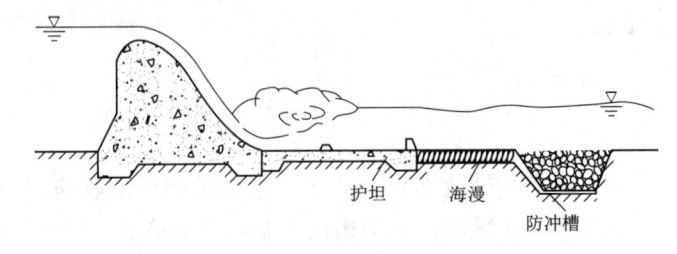

图 7.19 护坦下游河床加固（海漫、防冲槽）

海漫下游水流仍具有一定冲刷能力，会在海漫末端形成冲刷坑。为保护海漫基础的稳定，海漫后一般应设置比冲刷坑略深的齿槽或防冲槽。具体设计可参阅有关书籍。

任务3 挑流式消能的水力分析与计算

挑流式衔接消能是通过泄水建筑物末端的鼻坎，将下泄的高速水流挑向空中，然后跌入离建筑物较远的下游河道的一种衔接消能方式。它是利用水流在空中的扩散、掺气和混掺以及跌入冲坑时，在水股的两侧形成巨大的旋滚产生强烈的紊动，而消耗大量余能的。

挑流消能的优点是构造简单，不需修建大量的下游护坦，便于维修；缺点是挑流引起的水流雾化严重，尾水波动大；当河床基岩破碎或河床狭窄、岸坡陡峻时，可能造成河床严重冲刷或岸坡塌滑。对于中、高水头的泄水建筑物，特别是下游河床的岩石比较完整、抗冲能力较强的工程，多采用挑流消能。

挑流消能的水力计算内容：选定鼻坎形式，确定反弧半径、坎顶高程和挑射角，估算水股挑距、冲坑深度以及对建筑物的影响等。

7.3.1 挑流射程的计算

挑流射程是指挑流鼻坎下游壁面至冲刷坑最深点的水平距离。由图7.20可知，挑流射程 L 应包括空中射程 L_0 和水下射程 L_1，即

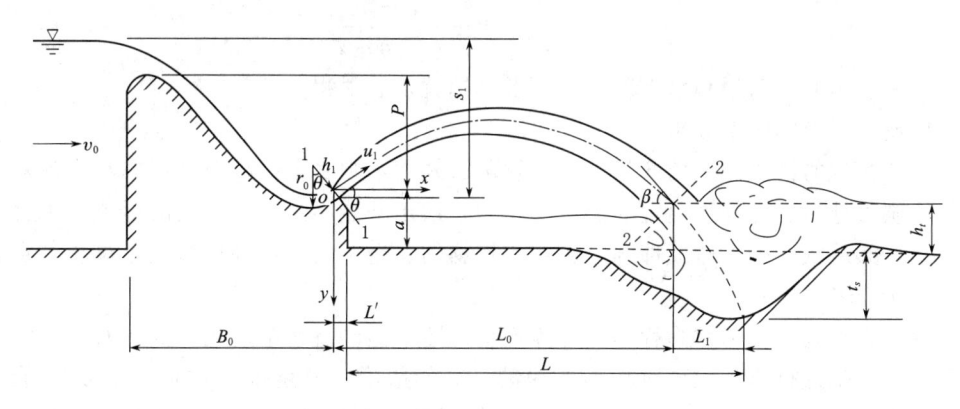

图7.20 挑流射程的计算

$$L = L_0 + L_1 \tag{7.15}$$

按自由抛体的理论估算空中射程 L_0 得

$$L_0 = \frac{u_1^2 \sin\theta \cos\theta}{g} \left[1 + \sqrt{1 + \frac{2g\left(a - h_t + \frac{h_1}{2}\cos\theta\right)}{u_1^2 \sin^2\theta}} \right]$$

式中 h_1——1—1断面水深。

令 $v_1 = u_1$，代入上式，对于高坝略去 h_1 得

$$L_0 = \varphi^2 s_1 \sin 2\theta \left[1 + \sqrt{1 + \frac{a - h_t}{\varphi^2 s_1 \sin^2\theta}} \right] \tag{7.16}$$

式中　s_1——上游水位与挑坎顶点的高差；
　　　θ——鼻坎挑射角；
　　　a——坎高，下游河床到坎顶的高度；
　　　h_t——冲刷坑后的下游水深；
　　　φ——流速系数。

我国长江水利科学研究院在分析模型试验和原型观测资料基础上，得出了如下经验公式

$$\varphi = \sqrt[3]{1 - \frac{0.055}{K^{0.5}}} \tag{7.17}$$

式中　$K = \dfrac{q}{\sqrt{g}\, s_1^{1.5}}$，称为流能比。

式（7.17）适用于 $K = 0.004 \sim 0.15$，对于 $K > 0.15$ 时，φ 值按 0.95 计算。

水下射程 L_1：

$$L_1 = \frac{t_s + h_t}{\tan\beta} \tag{7.18}$$

式中　t_s——冲刷坑深度。

入射角 β 可按下式求得

$$\tan\beta = \sqrt{\tan^2\theta + \frac{a - h_t}{\varphi^2 s_1 \cos^2\theta}} \tag{7.19}$$

分别求出空中射程和水下射程，两者之和就是总射程。

挑流射程影响因素分析：

（1）鼻坎的挑角。挑角 θ 越大，入射角 β 越大，则水下射程减小，并且水流对河床的冲刷力越强；另外当通过的流量不大时，由于动能不足，在鼻坎的反弧段上会形成旋滚，然后跌在脚下造成冲刷，影响建筑物的安全。所以，根据试验，鼻坎的适宜挑角是 15°～35°。

（2）鼻坎高程。鼻坎高程越低，鼻坎出口断面上的流速也越大，因而有利于增加射程。同时降低挑坎高程可以减小工程量，降低造价。但是挑坎过低一方面可能会使水股下缘通气不充分，形成真空，在水舌外缘大气压力作用下减小射程，降低挑流效果；另一方面，当下游水位超过鼻坎高程到一定程度时也可能使水流挑不出去，达不到挑流消能的目的。故工程中一般取挑坎的最低高程等于或稍低于下游最高水位。

（3）反弧半径 R。反弧半径大小，对射程远近是有一定影响的。根据经验一般取 $R = (4 \sim 10) h$，h 为校核洪水位时反弧段最低处的水深。当流速高或单宽流量较大时 R 取较大值。

7.3.2　冲刷坑深度的估算

由于影响冲刷坑深度的因素较为复杂，工程上常采用经验公式进行估算。我国制定的《混凝土重力坝设计规范》（NB/T 35026—2014）中规定，冲刷坑深度按下式估算：

$$t_s = K q^{\frac{1}{2}} z^{\frac{1}{4}} - h_t \tag{7.20}$$

式中 t_s——冲刷坑深度，m；

z——上下游水位差，m；

q——单宽流量，m³/(s·m)；

K——抗冲刷系数，与岩石性质有关。坚硬完整的基岩 $K=0.9 \sim 1.2$，坚硬但完整性较差的基岩 $K=1.2 \sim 1.5$，软弱破碎、裂隙发育的基岩 $K=1.5 \sim 2.0$。

7.3.3 冲刷坑稳定校核

冲刷坑对坝身的影响，一般用挑坎末端至冲刷坑最深点的平均坡度表示，即

$$i = \frac{t_s}{L_0 + L_1} \tag{7.21}$$

i 值越大，坝身越不安全。根据工程实践经验，许可的最大临界坡 i_c 值，一般取 $i_c = \frac{1}{2.5} \sim \frac{1}{5}$。当 $i < i_c$ 时，就认为冲刷坑不会危及坝身的安全。

在进行挑流消能计算时，应首先估算冲刷坑深度 t_s，再分别求出空中射程 L_0 和水下射程 L_1，最后求出挑坎末端至冲刷坑最深点的平均坡度 i，判断冲刷坑深度对坝身的影响。

【例 7.4】 某溢流堰坝顶高程 161.0m，下游河床是坚硬但节理、裂隙均较发育的岩石，其高程为 120.00m，拟采用挑流消能。初拟挑角 $\theta = 25°$，挑坎高程为 138.00m。当上游水位为 170.15m，下游水位为 132.5m，单宽流量为 49.0m³/(s·m) 时，试计算下泄水流射程和冲刷坑深度并检验冲刷坑是否危及坝身安全。

解：根据所给条件算出下列数据：

上游水位与挑坎顶点高差 $s_1 = 170.15 - 138.00 = 32.15(\text{m})$

坎高 $a = 138.00 - 120.00 = 18.00(\text{m})$

上游水深 $h_t = 132.50 - 120.00 = 12.50(\text{m})$

$\sin 25° = 0.423 \quad \cos 25° = 0.906$

(1) 计算空中挑距。

流能比 $K = \dfrac{q}{\sqrt{g} s_1^{1.5}} = \dfrac{49.0}{\sqrt{9.8} \times 32.15^{1.5}} = 0.086$

流速系数 $\varphi = \sqrt[3]{1 - \dfrac{0.055}{K^{0.5}}} = \sqrt[3]{1 - \dfrac{0.055}{0.086^{0.5}}} = 0.933$

所以，空中挑距

$$L_0 = \varphi^2 s_1 \sin 2\theta \left[1 + \sqrt{1 + \dfrac{a - h_t}{\varphi^2 s_1 \sin^2 \theta}} \right]$$

$$= 0.933^2 \times 32.15 \times 0.766 \times \left[1 + \sqrt{1 + \dfrac{18.00 - 12.50}{0.933^2 \times 32.15 \times 0.423^2}} \right]$$

$$= 52.49(\text{m})$$

(2) 估算冲刷坑深度 t_s。

因岩石坚硬完整性较差，选 $K = 1.25$，

$$t_s = 1.25q^{1/2}z^{1/4} - h_t = 1.25 \times 49^{1/2} \times 37.65^{1/4} - 12.5 = 9.17(\text{m})$$

（3）计算水下挑距。

$$\tan\beta = \sqrt{\tan^2\theta + \frac{a - h_t}{\varphi^2 s_1 \cos^2\theta}}$$

$$= \sqrt{\tan^2 25° + \frac{18.00 - 12.50}{0.933^2 \times 32.15 \times 0.906^2}} = 0.676$$

$$L_1 = \frac{t_s + h_t}{\tan\beta} = \frac{9.17 + 12.50}{0.676} = 32.06(\text{m})$$

总挑距　　　　$L = L_0 + L_1 = 52.49 + 32.06 = 84.55(\text{m})$

校核冲刷坑对坝身的影响　　$i = \dfrac{t_s}{L} = \dfrac{9.17}{84.55} = 0.108 < \dfrac{1}{5}$

故可以认为冲刷坑不会危及坝身安全。

项目7能力与素质训练题

【能力训练】

7.1　在河道上建一无侧收缩曲线型实用堰，堰高 $P_1 = P_2 = 10\text{m}$。当单宽流量 $q = 8\text{m}^3/(\text{s}\cdot\text{m})$ 时，堰的流量系数 $m = 0.45$，流速系数 $\varphi = 0.95$。若下游水深分别为：$h_{t1} = 5.00\text{m}$，$h_{t2} = 4.61\text{m}$，$h_{t3} = 3.5\text{m}$，试分别判别下游水流衔接形式。

7.2　某矩形单孔引水闸，闸门宽等于河底宽，闸前水深 $H = 8\text{m}$。闸门开度 $e = 2.5\text{m}$ 时，下泄单宽流量 $q = 12\text{m}^3/(\text{s}\cdot\text{m})$，下游水深 $h_t = 3.5\text{m}$，闸下出流的流速系数 $\varphi = 0.97$。要求判明下游水流的衔接情况。如需消能，请设计消力池池深、池长。

7.3　在矩形河槽中筑一曲线型溢流坝，下游坝高 $P_2 = 12.5\text{m}$，流量系数 $m = 0.502$，侧收缩系数 $\varepsilon = 0.95$，溢流时坝上水头 $H = 3.5\text{m}$，下游水深 $h_t = 5\text{m}$，坝的流速系数 $\varphi = 0.95$，试判别是否需建消力池，如需要请按消力坎式设计消力池尺寸。

7.4　在某矩形渠道修建单孔泄洪闸，闸底板与渠底齐平，平板闸门，闸上游水深 $H = 5\text{m}$，下游水深 $h_t = 2.5\text{m}$，闸门开度 $e = 2\text{m}$，不计闸前行近流速。（1）试判断下游的衔接形式；（2）若为远驱式水跃，试设计消力坎式消力池。

【素质训练】

7.5　工程中常见的水流衔接和消能措施有哪些？其消能原理是什么？如何防止冲刷破坏的发生？

7.6　底流式消能要求泄水建筑物下游的水流衔接形式是什么？如不满足可采取哪些工程措施？

7.7　新安江水利枢纽主要的消能形式是什么？

【拓展阅读】

新 安 江 水 电 站

新安江水电站是中国第一座自行设计、自制设备、自己施工建造的大型水力发电站，被人们誉为"长江三峡的试验田"，电站位于中国浙江省钱塘江上游新安江上，距杭州市170km，是一座混凝土宽缝重力坝，大坝气势宏伟，坝顶长426m，高105m，宽100m，采用矩形差动式挑流鼻坎进行挑流消能。电站于1957年4月开工，1960年4月第一台机组发电，1978年10月全部投产。1963年，新安江水电站由周恩来总理亲自批准成为对外宣传展览项目，先后被命名为"浙江省爱国主义教育基地"和"杭州市红色旅游教育基地"。

水库有多年调节性能，电站主要担负华东电网调峰、调频和事故备用，并有防洪、灌溉、航运、养殖、旅游、水上运动、林果业等综合效益。至1990年底，累计发电430.21万kW·h，总产值达27.05亿元，为电站总造价3.92亿元的6.9倍。坝址以上流域面积10480km^2，多年平均年径流量112.5亿m^3，多年平均流量357m^3/s。工程按千年一遇洪水设计，万年一遇洪水校核。遭遇20年一遇到1000年一遇洪水的情况下，经水库调节可以削减洪峰流量22%~28%，免除或减轻下游建德、桐庐、富阳等城镇和30万亩农田的洪水灾害。1960—1988年已拦蓄大于10000m^3/s的洪水11次，减少直接经济损失1.1亿元以上。

新安江水电站不断发展创兴，新安江水电厂所属多种经营企业从1979年兴办，通过多年的不懈努力，已初步形成了水电站运行管理、电力安装检修、水电备品配件、消防产品、房地产、商贸、旅游为一体的多行业经济实体。不仅承担了新安江水力发电厂大型水轮发电机组、送出设备的安装检修任务，还承接了天荒坪抽水蓄能电站、宜兴抽水蓄能电站机组大修、小修以及电站设备检修等重大项目，解决了多项国产及进口发电机组与变电设备的重大技术难题，同时还直接从事水力发电设备的备品配件、电力设施的水喷雾灭火消防产品的生产。自主开发的弹性塑料瓦获得了国家科学技术委员会"科学技术成果鉴定证书"，已在新安江水力发电厂、富春江电厂、紧水滩电厂、葛洲坝电站、向山电厂、丰满电厂、大化电厂、岩滩电厂等大、中型发电机组上广泛应用，运行良好，国内市场占有率45%以上。新安江电厂多种经营与哈尔滨电机厂多家公司合作，承接了洪石岩水电站发电机定子、龙津河、广西里定、金鸡滩等电厂机组线圈的制造工作。

水电站大坝之西，就是千岛湖，因建水电站而形成的人工湖（新安江水库）千岛湖。新安江水电站控制流域面积10442km^2，占新安江流域面积的89.4%。水库具有多年调节性能，设计正常高水位108m，相应面积580km^2，水库总库容为220亿m^3。1959年，周恩来总理为新安江水电站题词：为我国第一座自己设计和自制设备的大型水力发电站的胜利建设而欢呼！

新安江水电站在我国已建水电工程中是投资省、速度快、质量好、效益大的一项工程。1978年获全国科学大会的科技成果奖。它的建成，反映了我国20世纪50年代水电建设事业发展的水平，并在科研、设计、施工等方面为我国水电事业的发展积累了宝贵经验，也为国内多座大中型水电站输入了大量人才。

参 考 文 献

[1] 王世策. 水力分析与计算 [M]. 郑州：黄河水利出版社，2019.
[2] 罗全胜，王勤香. 水力分析与计算 [M]. 郑州：黄河水利出版社，2011.
[3] 陈明杰，潘孝兵. 水力分析与计算 [M]. 北京：中国水利水电出版社，2010.
[4] 四川大学水力学与山区河流开发保护国家重点实验室. 水力学：上、下册 [M]. 5版. 北京：高等教育出版社，2016.
[5] 张耀先，丁新求. 水力学 [M]. 2版. 郑州：黄河水利出版社，2008.
[6] 何文学. 水力学 [M]. 2版. 北京：中国水利水电出版社，2013.
[7] 熊亚南. 水力学基础 [M]. 北京：中国水利水电出版社，2016.
[8] 中华人民共和国水利部. SL 265—2016 水闸设计规范 [S]. 北京：中国水利水电出版社，2016.
[9] 中华人民共和国住房和城乡建设部，中华人民共和国国家质量监督检验检疫总局. GB 50288—2018 灌溉与排水工程设计标准 [S]. 北京：中国计划出版社，2018.
[10] 中华人民共和国水利部. SL 687—2014 村镇供水工程设计规范 [S]. 北京：中国水利水电出版社，2014.